개정판

식품미생물학

Food Micro Biology

머리말

우리 선조들은 미생물의 존재도 모르던 시절부터 누룩으로 술을 담그고, 가을철 수확한 채소로 김치를 담가 채소가 귀한 겨울 내내 비타민과 식이섬유를 공급하는 지혜를 갖추었습니다. 경험과 직관에 의해 계절별로 다양한 발효식품을 발전시켰고, 안전한 식품을 섭취하기 위해 다양한 가열조리법과 절임 등 저장기술을 개발하여 식품의 부패와 식중독을 예방하여 건강한 생활을 영위하는 데 직접 활용했습니다.

선조들이 미생물의 존재 및 생김새나 크기도 모르고 미생물을 활용했다면, 그 이후 세대는 현미경을 이용하게 되면서 생물의 생김새와 특징에 따라 미생물을 구분할 수 있었습니다. 오늘날 우리는 획기적으로 발전한 현대 분자생물학적 기술을 통해 생명체를 계통학적으로 구분하여 미생물 탄생의 기원을 추적하는 시대에 살고 있습니다. 광범위하게 많은 식품미생물을 열심히 규명해 왔지만 현재 우리가 키울 수 있고 존재를 밝힌 미생물은 아직까지 전체 미생물의 1%도 채 안 되어 우리가 활용할 수 있는 미생물의 과학적 활용도 및 가능성은 참으로 무궁무진하다고 할 것입니다.

그러나 국내에서 오랫동안 미생물을 다양한 발효식품으로 활용했음에도 불구하고, 학문으로서 식품미생물학은 유럽에서 본격적으로 시작되어 미국과 일본을 통해 우리에게 전파된 만큼 그동안 상당 부분 익숙하지 않은 용어 및 개념으로 공부하였고, 학생들에게는 식품미생물학이 어렵다고 인식되었습니다. 이 책은 식품과학, 식품미생물학, 유전공학을 전공한 저자들이 전공자뿐만 아니라 일반인도 식품미생물학이 어떤 학문인지 쉽게 이해할 수 있도록 개념 설명을 강화하여 알기 쉽게 도표를 활용하여 기술하였습니다. 또한 식품미생물의 특성에 따른 최신 주요 이슈와 과학기술의 발전에 따라 최신 내용을 반영하였습니다.

이 책을 통해 우리가 매일 접하는 식품 환경에서 우리는 어떤 미생물과 밀접한 상호작용을 하는지 이야기하고 싶습니다. 식품미생물의 개별 특징과 미생물이 잘 생육할 수 있는 환경을 알게 되면, 맞춤식 관리로 우리에게 유익한 미생물은 잘 키우고 유해한 미생물은 억제하여 우리 인체에 유익한 방향으로 식품관리를 할 수 있을 것입니다. 식품미생물학은 식품학에서 하나의 큰 축이며, 식품위생학, 식품저장학, 식품발효학, 식품공학, 식품조리학, 단체급식학, HACCP, 식품위생법규와 같은 교과목의 기초가 되고, 산업계에서도 활용 분야가 확장되는 중요한 학문입니다. 이 책에서는 미생물학의 발전과정, 미생물의 구조 및 분류체계, 다양한 식품 미생물의 종류 및 특성, 미생물의 생육 및 생육인자, 미생물의 제어와 식품가공, 발효식품과 미생물, 부패와 식중독 미생물, 식품품질검사와 미생물 검출법을 통해 식품미생물학의 기초와 응용 분야를 다루었습니다.

특히 각 주제별로 대표적인 실험을 사례로 제시하여 미생물의 특성과 식품에서 미생물에 의한 변화를 시각적으로 이해할 수 있게 실험을 선택적을 활용할 수 있도록 제시하였습니다.

끝으로 이 책이 나오기까지 많은 도움을 주신 파워북 사장님을 비롯한 직원 여러분께 감사드립니다.

2021년 8월

저자 일동

[차례]*

CHAPTER 3 **세균의 형태와 분류**

CHAPTER 4 **중요한 세균**

CHAPTER 7 바이러스, 박테리오파지

CHAPTER 8 미생물의 생육과 생육에 영향을 미치는 요인

FOOD MICROBIOLOGY ● chapter 1

미생물학의 개요 및 분류

1. 미생물학의 역사와 발전
2. 분류학적 특징
3. 미생물의 명명법
4. 미생물의 분류법

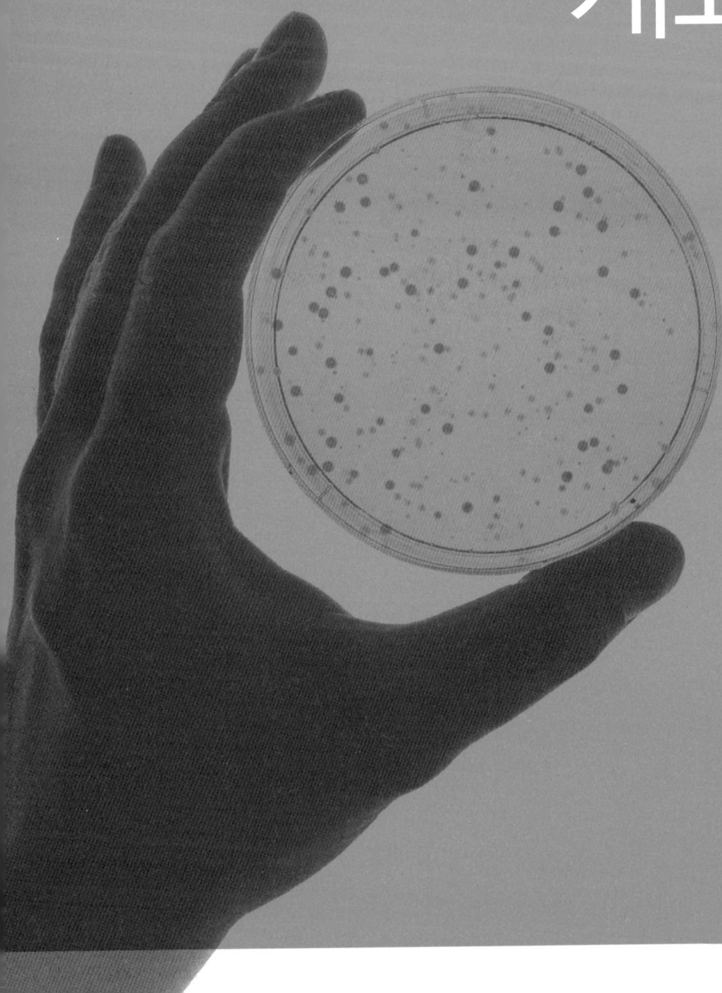

학습목표

1. 미생물의 주요 역사적 사건을 통해 미생물학이 우리의 생활에 미친 영향을 알아본다.
2. 많은 종류의 미생물을 구분하는 분류체계와 미생물 이름을 짓는 명명법을 이해한다.

1 미생물학의 역사와 발전

미생물Microorganisms, Microbes은 '작은micro'과 '생물bios'의 합성어로 작은 생명체라는 의미를 가지고 있다. 인간의 눈은 최소 0.1 mm 이상이 되어야 볼 수 있는데 미생물의 대표격인 세균은 1 마이크로미터μm 수준이다. 이렇듯 세균은 0.1 mm의 100분의 1 크기이므로 인간의 눈으로 볼 수 없다. 미생물은 작기 때문에 눈으로 볼 수 없어서 현미경이라는 도구를 통해서 확대 관찰이 가능하며, 미생물의 관찰은 현미경 개발 이후에 가능해졌다. 미생물은 지구에 존재하는 생명체의 60%를 차지한다.

1675년 네덜란드 발명가 레벤후크Antony van Leeuwenhoeck는 최초로 대물렌즈와 오목렌즈를 사용하여 270배 배율의 현미경을 개발해 식물세포, 치아에 존재하는 세균, 연못에 사는 생물을 관찰하고 기록하여 미생물의 존재를 밝혀내고 소동물animacules이라 이름 지었다.

프랑스 과학자 파스퇴르Louis Paeteur는 미생물학의 기초를 다지는 데 큰 역할을 하였다. 2000년 전 아리스토텔레스Aristoteles가 주장한 자연발생설은 생물은 어버이 없이도 생길 수 있다는 학설로서 사람들은 오랫동안 이 사실을 믿었다. 그러나 파스퇴르는 자연발생설은 잘못된 이론이고 생물이 발생하기 위해서는 반드시 그 어버이가 있어야 한다는 생물속생설biogenesis을 주장하였다. 생명속생설을 증명하기 위해 1861년 파스퇴르는 유리병 입구가 S자 형으로 구부러진 플라스크에 육즙을 넣고 플라스크 목을 열처리한 후 육즙을 끓였더니 며칠이 지나도 육즙에 미생물이 발생하지 않는 것과 S자 관의 목을 잘라 방치하면 미생물이 발생하는 것을 보여 주어 미생물의 발생을 공기 중에 존재하는 미생물이나 포자 때문이라고 설명하였다.

또한 파스퇴르는 와인의 산패가 발효 효모 이외에 젖산균에 오염될 때 발생한다는 것을 밝혔으며, 발효된 와인을 60℃의 낮은 온도에서 살균하는 저온살균법pasterization을 고안하여 맛의 변화를 최소화하면서 젖산균을 살균하여 와인의 산패를 방지할 수 있게 하였다.

영국의 틴달John Tyndall도 깨끗하게 살균된 무균 상자 안에 끓인 육즙을 두면 미생물이 다시 발생하지 않는 것을 보여 주었다. 그리고 일부 세균은 열에 약할 때(영양세포 상태)와 열에 강할 때(포자 상태)가 있음을 밝혔고, 이렇게 포자를 형성하는 세균을 간헐멸균tyndallization 방법으로 포자를 발아시킨 후 다시 가열하여 완전 멸균하는 방법을 고안하였다.

간헐멸균

영국의 존 틴달은 열로 가열하는 살균이 열에 강한 포자를 완전히 살균하지 못하는 것을 밝혔고, 이 문제를 해결하기 위하여 끓는 물에 30분간 살균하고 하루 동안 상온에 방치하는 방식으로 3일에 걸쳐 열 살균을 3회 실시하여 포자까지 살균하는 간헐멸균을 개발함

독일의 코흐Robert Koch는 세균학의 창시자로 불린다. 탄저병이 유행할 때 관심을 가지게 된 코흐는 1876년에 탄저병에 걸린 동물의 혈액을 쥐에게 주사하자 쥐가 죽는 것을 확인하고 병의 원인이 이 미생물임을 밝혔다. 코흐는 한 종류만

생활 속 tip

생활 속의 간헐살균법

된장찌개가 다른 국보다 쉽게 부패하는 이유 중 하나는 된장에 세균의 포자가 많이 존재하기 때문이다. 이들 포자는 끓였을 때도 일부 포자가 살아남을 정도로 내열성이 크다. 찌개가 식으면 포자는 영양분이 풍부한 식품이라는 환경과 상온이라는 좋은 온도 조건에서 다시 영양세포로 바뀌어 세포수를 늘리면서 식품을 부패시킨다. 따라서 끓여놓은 된장찌개의 부패를 방지하기 위하여 아침저녁으로 여러 차례 된장찌개를 끓이면 된장찌개가 부패하지 않는 것은 간헐멸균법과 같은 원리라고 할 수 있다.

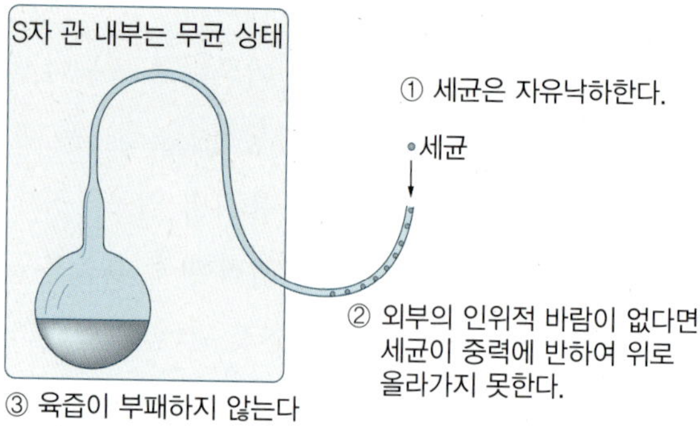

그림 1-1 파스퇴르의 배양 플라스크

파스퇴르는 육즙을 넣어 끓인 다음 그대로 방치하면 바람 없는 공기 중의 미생물이 공중 낙하하기 때문에 공기 중 잡균은 가늘고 긴 유리관부를 통해서 플라스크 내에 침입할 수 없어 플라스크에 미생물이 자연 발생하지 않는 것을 증명하였다.

의 병원균을 순수 배양하기 위해 젤라틴을 첨가한 고체배지를 만들어 세균의 순수 분리pure culture에 성공하였다. 예를 들어, 액체배지 내 섞여 있는 미세한 균들을 나누어 구분하기는 어렵다. 그러나 감자를 반으로 자르고 난 후에 감자 단면에서 자란 곰팡이의 모양과 색깔이 구별된다면 거리가 떨어져 있는 곰팡이를 나누어 구분할 수 있다. 이렇게 고체배지를 활용하면 균을 순수하게 구분하여 나눌 수 있다. 고체배지의 표면에 한 종류의 미생물의 집합체인 군집colony을 형성시키고 여러 번 배지medium를 옮겨서 한 군집colony의 세포를 배양culture함으로써 순수하게 한 종류의 세균을 분리할 수 있는 원리를 이용하였다. 이어 결핵균과 콜레라균을 발견하고 특정 병원균이 특정 질병을 일으킨다는 것을 증명하였다.

또한 코흐는 면전(솜마개)을 이용한 사면배양방법도 고안하였다. 제자인 하세Hasse 부인은 젤라틴 대신 오늘날 미생물 실험에 응고제로 사용하는 한천agar을 이용하여 고체배지를 만들었고, 또 다른 제자인 페트리R. J. Petri는 원형의 얇은 접시와 뚜껑으로 구성된 유리 재질의 페트리 접시를 고안하여 미생물을 눈으로 쉽게 관찰하고 분리하는 실험을 더욱 편리하게 하였다.

이렇듯 파스퇴르, 틴달, 코흐의 연구 이후, 오랫동안 믿어온 자연발생설은 더 이상 사실이 아니며 생명체의 탄생은 어버이로부터 비롯된다는 생물속생설이

액체배지와 고체배지의 세균 분리 용이성 비교

액체배지(액체영양분)에 여러 미생물이 섞여 있는 경우에는 특정 미생물만을 골라내기 쉽지 않다. 이에 코흐는 고체배지를 만들어 미생물을 고체배지 표면에 키우는 방식으로 특정 미생물만을 골라내는 순수 분리방법을 성공하였다.

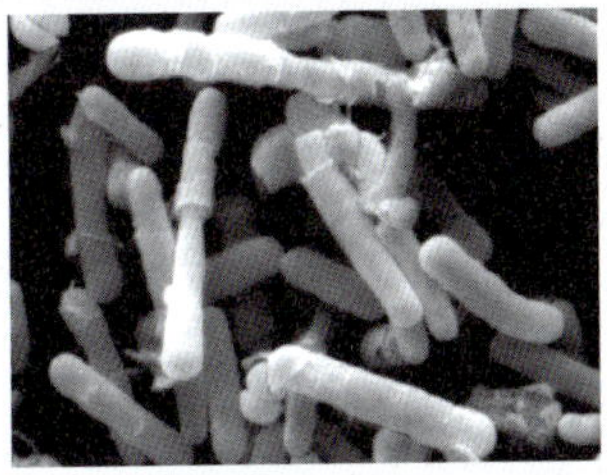

그림 1-2 액체배지

작은 균들이 액체 속에 섞여 있어서 개별적으로 일일이 구분하기 어렵다(현미경으로 확대, 관찰 가능하다).

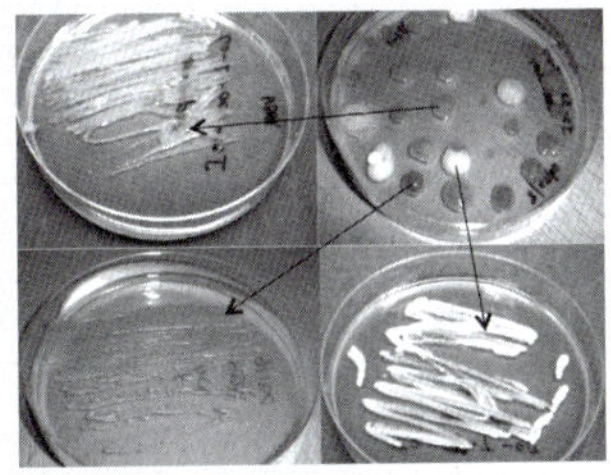

그림 1-3 고체배지

한 종류의 균을 군집(덩어리 집단)으로 모을 수 있어서 균별로 순수 분리가 가능하다(인간의 눈으로 확인 가능하다).

인정받게 되었다.

한편, 발효란 미생물이 자신이 가지고 있는 효소를 이용해 식물이나 동물 같은 유기물을 분해시키는 과정을 통해 인간에게 쓸모 있는 물질을 만드는 과정이다. 파스퇴르는 살아 있는 미생물이 있어야 발효가 일어난다고 생각했다. 그러나 1897년 뷰흐너E. Buchner는 효모를 모래와 규조토로 갈아서 효모를 죽여 무세포 효모 추출액을 만들고 여기에 설탕을 넣었는데, 이처럼 살아 있는 미생물 없이도 알코올 발효가 일어나는 것을 확인하였다. 이 무세포 추출 여과액을 zymase라고 명명하여 효소에 의한 발효를 연구하게 되었다. 이후 1940년대에 이 발견을 통해 생물 세포 내에서 당이 분해되어 에너지를 얻는 물질대사의 과정인 해당경로glycolysis가 밝혀졌고, 1950년대에 아미노산과 핵산 관련 물질의 발효연구가 진행되었다.

1910년대 1차 세계대전 때 알코올 발효 공업과 탄약의 원료가 되는 아세톤, 부탄올 공업이 발달하였다. 한편 2차 세계대전 때 플레밍Alexander Fleming에 의해 푸른곰팡이*Penicillum*로부터 얻을 수 있는 최초 항생물질인 페니실린penicillin을 발견하여 그람양성균 치료에 사용할 수 있었다. 그 후 1943년 토양미생물학자인

그림 1-4 왓슨과 크릭의 이중나선구조의 DNA 모형

왁스만S. A. Waksman은 흙 속의 방선균인 *Streptomyces* 속으로부터 항생물질인 스트렙토마이신streptomycin을 발견하여 그람음성균인 결핵균 치료에 이용할 수 있는 길을 열었다. 이렇게 미생물공업이 발달하면서 대량으로 발효물질을 생산함으로써 산업적으로 이용할 수 있게 되었다.

1950년에는 왓슨James Watson과 크릭Francis Crick이 생명체의 유전물질인 DNA의 모습은 이중나선이라는 구조 모형을 제시하였고, 이는 미생물을 이용한 유전학 연구와 생명현상을 분자 수준에서 다루는 분자생물학의 토대를 쌓을 수 있도록 하였다.

레벤후크에 의해 미생물을 최초 관찰한 이후, 파스퇴르와 코흐에 의해 기초가 다져진 미생물학은 20세기에 영역을 더욱 확장하여 미생물을 이용하여 공업적으로 유기산, 아세톤, 부탄올을 생산하였다. 아울러 생명현상을 연구할 때 미생물을 편리한 연구재료로 이용하여 생물학 발전에 기여하였다. 미생물을 배양하

생활 속 tip

젤라틴을 이용한 고체배지 생성 원리

물과 함께 끓이면 녹고, 냉각하면 고체화되는 젤라틴은 젤리 제조에 이용된다. 곰탕이나 편육에도 젤라틴 성분이 많아 냉각하면 젤리처럼 응고되는 성질이 있다. 바다에서 얻는 한천(agar)도 끓이면 물에 녹고, 식히면 굳는 성질이 있어서 배지와 함께 물을 첨가하여 끓인 후 미생물 배양접시(petri dish)에 부어 식혀서 고체배지를 만드는 데 이용된다.

코흐의 미생물 순수 분리실험

두 종류 이상의 미생물이 액체배지(liquid media: 미생물을 키우기 위한 영양분)에 섞여 있으면 구분하기 어렵다. 그러나 고체배지를 만들면 된장 위에 색깔이 다른 두 가지 곰팡이가 피었을 때처럼 육안으로 구분할 수 있다. 코흐는 젤라틴을 영양분과 함께 끓였다가 식히면 젤리처럼 굳는 성질을 이용하여 고체배지를 만들었다. 고체배지에 미생물을 키우기 위해서는 도말법(streak method: 펴 바른 표본을 만드는 방법)을 이용하였다. 그 후 배양(인공적 환경에서 미생물을 키우는 것)하면 미생물 종류별로 다른 모양의 집락 혹은 군집이 생성되는데, 원하는 집락만 살균한 도구를 이용하여 새로운 배지에 옮겨서 반복 배양하면 특정한 종류의 미생물을 순수하게 분리할 수 있다.

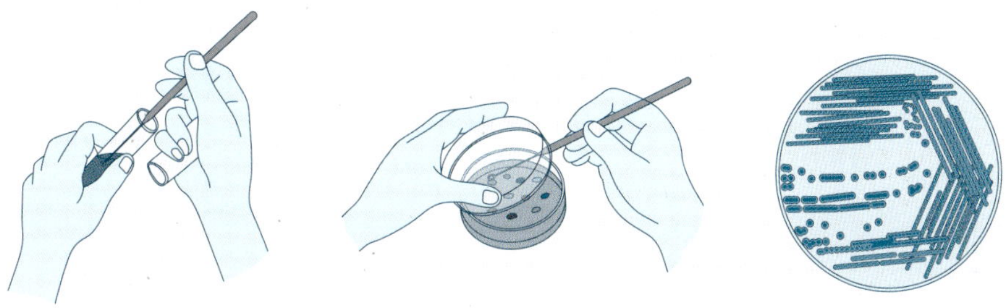

여러 미생물 섞여 있음

한 가지 미생물 분리

그림 1-5 도말법으로 두 가지 이상 콜로니 배양 후 반복배양

여 얻은 항생물질인 페니실린과 스트렙토마이신의 발견은 의약품에 활용되었다. 이후 미생물학을 이용하여 효소의 생산, 아미노산 및 핵산의 발효공학으로 활용영역이 넓어졌다. 오늘날 미생물을 이용하여 유전생화학, 유전공학, 생명공학까지 다양한 영역으로 활용되어 인류가 처한 문제를 해결하는 데 도움을 주고 있다.

2 분류학적 특징

과거 1700년대부터 생물계는 동물계와 식물계로 분류하고, 일반미생물을 식물로 분류하며 엽상미생물문으로 취급한 엥글러Eichler의 분류체계를 이용하였다. 미생물을 분류하기 위해서는 큰 범위에서 생물학적 기능 여부에 따라 생물과

표 1-1 주요 식품미생물의 고전적 분류방법에 의한 위치

<table>
<tr><td rowspan="16">엽상
식물</td><td rowspan="10">균류</td><td rowspan="2">분열
균류</td><td>세균
(원핵세포)</td><td colspan="4">Bacillus, E. coli, 젖산균, 초산균, 낙산균 등</td></tr>
<tr><td>방선균
(원핵세포)</td><td colspan="4">Streptomyces(항생물질 생산균)</td></tr>
<tr><td>점균류</td><td colspan="5"></td></tr>
<tr><td rowspan="7">진균류</td><td></td><td></td><td>곰팡이</td><td>효모</td><td>버섯</td></tr>
<tr><td rowspan="2">조상균류</td><td>난균류</td><td>난균류 곰팡이</td><td>–</td><td>–</td></tr>
<tr><td>접합균류</td><td>Mucor
Rhizopus
Absidia</td><td>–</td><td>–</td></tr>
<tr><td rowspan="4">순정균류</td><td>자낭균류</td><td>Aspergillus
Penicillum
Monascus</td><td>자낭포자효모
(Saccharomyces
등 대다수)</td><td>일부버섯(송로, 동충하초, 망삿갓버섯)</td></tr>
<tr><td>담자균류</td><td>–</td><td>Rhodosporidium 등
극소수</td><td>대부분의 버섯</td></tr>
<tr><td rowspan="2">불완전균류</td><td rowspan="2">Cladosporium
Fusarium
Botrytis</td><td>사출포자효모
(Sporobolomyces
등)</td><td></td></tr>
<tr><td>무포자효모
(Candida 등 다수)</td><td></td></tr>
<tr><td rowspan="5">조류</td><td>남조류
(원핵세포)</td><td colspan="5">과거 남조류는 최근 남세균으로 바뀌어 세균으로 분류가 바뀜</td></tr>
<tr><td>홍조류</td><td colspan="5">김, 우뭇가사리</td></tr>
<tr><td>갈조류</td><td colspan="5">미역, 다시마</td></tr>
<tr><td>녹조류</td><td colspan="5">클로렐라</td></tr>
<tr><td>규조류</td><td colspan="5">규조토 형성</td></tr>
<tr><td>지의류</td><td colspan="6"></td></tr>
<tr><td>동물</td><td>원생동물</td><td colspan="6">아메바 등</td></tr>
</table>

무생물로 나누고, 생물은 동물과 식물로 구분하였다. 동물과 식물의 구분은 세포벽의 존재 여부에 따라 세포벽이 있으면 식물, 없으면 동물로 분류한다.

세포벽이 없는 원생동물은 동물로 분류하고, 나머지 미생물(곰팡이, 버섯, 효모, 방선균, 세균, 조류 등)은 세포벽이 있어서 식물로 분류한다.

식물은 꽃이 있으면 현화식물, 꽃이 없으면 은화식물로 분류하고, 은화식물은 선태식물(이끼식물), 양치식물(고사리 등), 엽상식물(잎, 뿌리, 줄기 없는 식물)로 나

눈다. 원생동물을 제외한 대부분의 미생물은 엽상식물이다. 엽상식물은 또 균류, 조류, 지의류로 나뉘는데, 대부분 식품미생물은 균류와 조류에 속한다. 균류는 특히 분열균류, 점균류, 진균류로 나뉜다. 분열균류에는 세균과 방선균이 있으며, 진균류에는 곰팡이, 버섯, 효모가 있으나 명확한 구분이라기보다는 유사한 특성에 의한 분류라고 할 수 있다.

이 책에서는 식품과 깊은 연관이 있는 곰팡이, 버섯, 효모, 세균, 방선균, 조류, 바이러스(박테리오파지)에 대해서 중점적으로 설명한다.

근래 들어서 원핵세포와 진핵세포의 미세구조가 밝혀졌고, 이 둘의 근본적 차이로 인하여 원핵생물 계통과 진핵생물 계통으로 나눌 수 있었다.

진화론적 측면에서 최근 유전자 분석으로 RNA 염기배열 등 생명의 계통을 살펴본 결과, 현재의 생명체는 35억 년 전에 조상생물로부터 진화하였는데 세균(박테리아), 고세균(아케아), 진핵세포를 가진 계통으로 진화되었다. 생물의 계통발생학적 관계를 규명하면 진화가 진행된 순서를 추정할 수 있다. 특히 리보솜 ribisome에 존재하며 단백질 합성에 관여하는 rRNA는 생물의 진화에 따라 염기

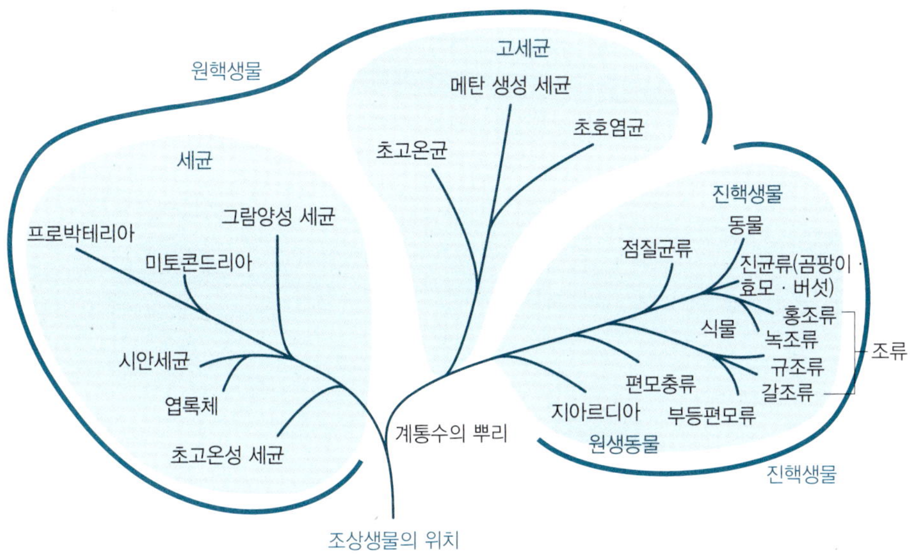

그림 1-6 유전자 분석으로 살펴본 생명의 계통수: 지구의 모든 생물의 진화를 역추정하여 얻은 계통수
계통수는 세 가지 도메인(영역), 곧 세균, 고세균, 진핵생물로 나뉜다.

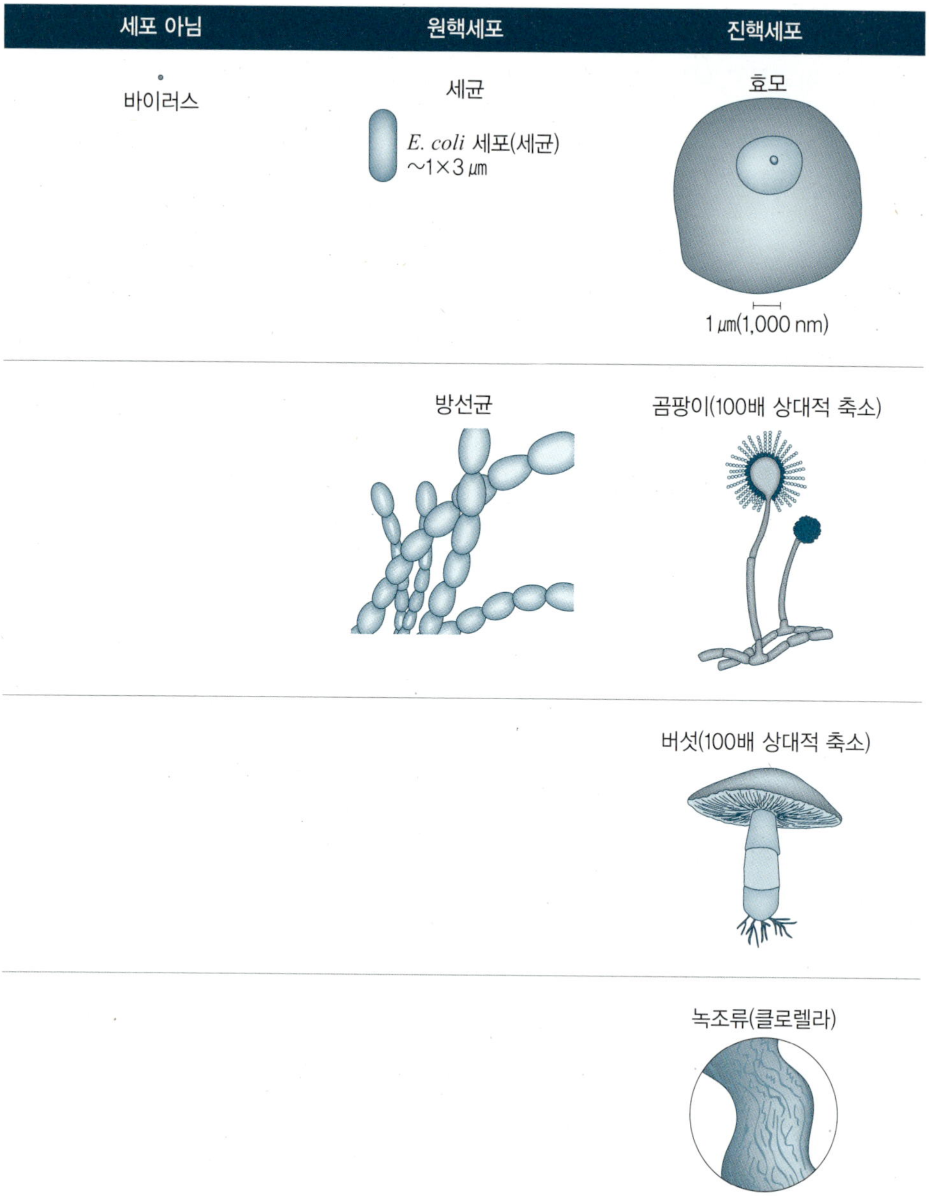

그림 1-7 식품미생물의 종류 및 크기 비교

변화가 적기 때문에 생물의 계통적 관계를 추정하기에 적합한 것으로 고려되고 있다. 1990년 우즈C. R. Woose는 16S rRNA로 생명의 도메인(영역)을 진정세균, 고세균, 진핵생물로 분류하였다.

진핵세포를 가진 생물체는 동물animals, 식물plants 그리고 곰팡이, 효모, 버섯과 같은 진균류fungi와 원생동물Protista 등이 있다. 원핵세포 중 미토콘드리아나 엽록체는 독자적 DNA를 가지고 있는데, 이들이 진핵세포로 이동하여 소기관으로 발달하였다고 여겨진다.

1) 원핵세포 미생물

(1) 세균, 진정세균

세균bacteria은 자연계에 광범위하게 존재하는 미생물이다. 최근 원핵생물 중 고세균이 세균과 다른 계를 이루고 있음이 밝혀져서 고세균과 구분하기 위하여 세균을 진정세균eubacteria이라고도 한다. 세균은 몸이 하나의 세포로 이루어진 가장 작고 하등한 미생물로 박테리아라고도 한다. 박테리아라는 이름은, 바실러스 박테리아의 모양이 길쭉한 형태의 타원형인 데 기반하여 '작은 막대기'라는 뜻의 고대 그리스어 박테리온baktērion에서 비롯되었다.

세균은 미생물 중에서도 핵이 없고, 세포내 기관도 매우 간단하고 그 크기도 작아 눈으로 볼 수 없으며, 독립된 원핵(원시핵)세포prokaryotic cell, prokaryotes로 구성된 하등의 단세포 생물(원핵생물)로서 2분열법으로 증식하는 것이 특징이다. 엽록소가 없기 때문에 광합성을 할 수 없다. 따라서 땅 속, 물 속, 공기 속, 사람의 몸 속 등 어느 곳에나 양분이 있으면 기생한다. 세균이 자라기 위해서는 양분과 함께 알맞은 온도와 습도 및 산소가 필요하다.

세균에는 인간에게 이로운 유용세균과 해를 끼치는 유해세균이 있다. 유용세균은 식품을 가공하거나 발효식품 제조에 활용되거나 항생물질로 이용된다. 유해세균에는 여러 질병을 일으키는 파상풍균, 콜레라균, 디프테리아균, 결핵균 등이 있다.

남세균 또는 시아노박테리아는 광합성을 통해 산소를 만드는 세균이다. 예전에는 남세균을 남조류blue green algae라고 불렀다. 부영양화가 심한 수역에서 녹조현상을 일으키는 미크로시스티스Microcystis와 수돗물에서 이취미를 유발하는 포미디움Phormidium, 아나베나Anabaena 등이 남조류에 해당된다.

방선균은 세균에 포함되는데 방선균문Actinobacteria에 속한다. 몸은 실 모양이고 가지를 내기도 하며, 다른 세균류와 달리 외생포자를 만들기 때문에 곰팡이와 비슷하나 세포가 원핵성이고 그람 염색에 양성으로 반응한다.

(2) 고세균

고세균(아케아Archaea)은 핵이 없고 그 크기가 작아서 기본적으로는 원핵생물에 속한다. 하지만 세균과 근본적으로 여러 차이점을 가지고 있으며, 진핵생물과도 확연히 다른 특성이 있기 때문에 이 둘 중 어느 쪽에도 속하지 않는 새로운 생물군으로 분류된다. 고세균이 세균과 다른 가장 큰 특징은 세포막을 구성하는 지질의 구성과 세포벽의 구성에서 차이가 있다. 대개 고세균은 유전자와 관련한 분자생물학적으로도 세균과 많은 차이가 있고, 오히려 진핵생물과 유사점이 많다.

고세균은 극한 환경에 사는 특성이 있다. DNA 유무를 확인하는 PCR법polymerase chain reaction은 미생물 동정에 활용한다. 이때 열에 안정한 DNA 중합효소가 필요한데, 이는 고세균에서 얻어서 사용하고 있다. 또한 고세균은 석유물질 중 잘 분해되지 않는 메테인 계열을 분해할 수 있으므로 환경문제 개선이나 토양 개량 등에 활용되는 등 그 이용이 확대되고 있다.

2) 진핵세포 미생물

(1) 균류

균류fungi는 진핵생물의 분류 중 하나로, 효모와 곰팡이, 버섯 등이 포함된다. 균류는 동물, 식물, 세균 등과 구별되는 독립된 계이며, 진균류Eumycota/Eumycetes가 대표적이다.

진균류 세포는 세포벽이 식물과 달리 키틴으로 구성되어 있으며, 엽록소 등과 같은 동화색소가 없는 것이 특징이다. 따라서 고등식물처럼 광합성을 하여 스스로 양분을 만들지 못하므로 다른 생물체나 유기물에 붙어서 기생하거나 생물의 썩은 몸이나 배설물을 양분 삼아 생활하는 몸부생을 한다.

(2) 조류

조류algae란 식물체는 외형적·기능적으로 뿌리·줄기·잎 등이 구별되지 않으며(엽상식물), 포자에 의해 번식하고 꽃이나 열매를 맺지 않아(은화식물) 흔히 하등식물이라고 한다. 대부분 물 속이나 수분이 많은 곳에서 자라며, 엽록소로 동화작용을 하여 스스로 살아가는 독립영양생활을 한다. 그러나 광합성 색소가 결여된 것일지라도 체제와 생식방법이 비슷하면 조류에 포함시키고 있다. 생육 장소에 따라서 담수조류, 해조류 등으로 나눌 수 있다.

바다에 사는 미역과 다시마와 같은 갈조류와 김과 우뭇가사리 같은 홍조류는 진핵세포 구조를 하고 있다. 녹조류의 일종인 클로렐라chlorella는 민물에서 자라고 녹조류에 속하는 단세포 플랑크톤의 일종이다. 1차 세계대전 중 독일에서 녹색조류인 클로렐라를 새로운 식량원으로 사용을 제안하였고, 1918년에 클로렐라를 식품화하는 연구를 시작하였다. 클로렐라는 단세포식물로서 1개의 세포로 하나의 개체가 형성되어 있으며, 형태는 둥글거나 타원형이다. 크기는 1,000분의 2~10 mm 정도로 현미경으로만 볼 수 있으며 증식이 왕성하다. 단백질, 엽록소, 비타민, 무기질, 아미노산 등 각종 영양소가 풍부해 미국항공우주국NASA에서 우주인의 식품으로 개발되어 유명해졌으며, 여러 클로렐라 제품이 시판되고 있다.

한편 과거에 조류로 분류된 남조류는 원핵세포 구조로서 현재 남세균으로 분류되어 세균에 속한다.

조류는 단세포 또는 다세포 생물로 수중에서 광합성을 하는 독립영양생물을 말하며 크게 담수조류와 해수조류로 구분한다. 광합성을 하는 진핵생물로서 조류는 시안세균cyanobactera이 진핵세포 안으로 들어오면서 내부공생에서 생겨났다. 시안세균이 산소를 방출하는 광합성을 수행하기 때문에 광합성 진핵세포는 산소를 발생하는 광합성을 수행한다. 이후 이들은 홍조류와 녹조류의 조상으로 발전하였고, 녹조류 계통에서 녹색식물의 조상으로 진화되었다. 엽록소 a를 가지고 있으나 종류에 따라서 각각 고유한 색깔을 띠는 색소를 지니고 있다.

① 홍조류

홍조류red algae, rhodophytes는 대부분 해양 서식지에서 발견되나 일부 담수와 토양 서식지에서 발견되기도 한다. 모든 홍조류는 광영양체이고 엽록소 a를 가지고 있으며, 시안세균의 대표적 흡광색소인 피코빌린phycobilin을 보유하고 있다. 대부분 홍조류는 다세포성이며 편모가 없다. 일부는 해조류에 포함되며 세균배지를 고형화시키는 다당류인 한천agar의 원료가 된다. 해조류 중 우뭇가사리와 김이 홍조류에 해당한다.

② 녹조류

녹조류green algae, chlorophytes는 초록색을 나타내는 엽록소인 엽록소 a와 엽록소 b가 있는 엽록체를 보유하나 피코빌린phycobilin은 없다. 광합성 색소를 살펴보면 녹색식물이 식물과 유사하다. 청태Ulva conglobata와 클로렐라chlorella가 녹조류에 속한다.

③ 갈조류

갈조류brown algae, phaeophyta는 다량의 갈색색소인 크산토필xanthophyll을 포함하는 조류로서, 대표적 품종으로 다시마, 미역, 톳 등이 있다.

④ 규조류

규조류diatom는 황색의 조류로 담수, 해수 등에 존재하는 엽록소 a와 크산토필 계통의 색소를 가지고 광합성을 하는 황색의 식물 플랑크톤의 일종이다. 세포막에 규산질을 포함하고 있으며 다량으로 퇴적할 때 규조토가 된다.

(3) 원생동물

원생동물은 세포벽이 없는 현미경적 크기의 동물로서 모든 기능이 하나의 세포 내에서 이루어지므로 단세포이다. 운동은 편모, 섬모, 위족으로 하는데 운동을 하지 못하는 것도 있다. 모양은 매우 다양하여 좌우비대칭형, 원형, 원추형, 가늘고 긴 모양, 납작하고 등과 배의 구별이 있는 것 등이 있다. 번식은 주로 이분법과 출아법으로 하며 교미와 접합의 유성생식도 가능하다. 이러한 원생동물은 수생동물 유생의 먹이로 매우 중요하다. 또한 오염된 물에서 서식하는 대부분 편모충류는 물을 정화시키는 역할을 하는데, 부유생활을 하는 종류는 때에 따라 이상 증식을 하여 적조현상을 일으켜 수생동물에게 큰 피해를 준다. 원생동물은 현재 전 지구상에 3만 종 이상이 알려졌고, 하천·호수·바다 등에 살고 있다. 대부분 원생동물은 아주 작아 현미경으로만 볼 수 있으므로 원생동물에 대한 연구는 현미경의 발달과 함께 이루어졌다. 남아 있는 화석이 충분하지 않고, 세포기관의 연구 또한 무리 사이의 유연 관계를 설명하기에는 많이 부족하여 아직까지도 확실한 분류체계가 잡혀 있지 않다. 전통적으로 편모충류, 육질충류, 포자충류, 섬모충류로 나뉜다.

3 미생물의 명명법

세균과 방선균은 국제세균명명규약International Bacteriological Code of Nomenclature을 따르고 조류, 곰팡이, 버섯은 조류·균류와 식물을 위한 국제명명규약International Code of Nomenclature for algae, fungi, and plants에 따라서 명명한다. 미생물의 공식 명칭인 학명scientific name은 속genus명과 종species명을 조합한 이명법binomial nomenclature을 사용한다. 즉, 한 미생물의 이름을 나타내고자 할 때 두 개의 이름을 사용하는데, 앞에는 속명을 쓰고 뒤에 종명을 사용하며(속명과 종명 사이 한 칸 띄어 쓴다), 학명은 라틴어화된 이름을 이탤릭체로 쓴다.

속명은 라틴어의 실명사 단수형으로 쓰며, 첫 글자는 대문자로 쓰고 나머지 글자는 모두 소문자로 쓴다.

종명은 형태, 향기, 색상 등의 특징을 나타내는 형용사형 혹은 형용사화된 명사를 쓰며 명사의 소유격을 라틴어로 쓴다. 종명은 소문자로 시작한다. 또한 분리, 발견에 기여한 지명 혹은 내력, 기원, 특징을 따서 기입하기도 한다.

예를 들어, 누룩곰팡이인 ***Aspergillus*** 속의 경우 황국곰팡이는 ***Aspergillus oryzae***(Aspergillus는 속명, oryzae는 종명), 흑국곰팡이는 ***Aspergillus niger***라고 명명하는데 niger는 '검다'는 의미가 있다. Aspergillus는 살수기(라틴어 Aspergere는 '세례 주다'의 뜻)의 모양을 닮은 데서 이름을 붙였고, oryzae는 '쌀'의 의미를 가지고 있다. 맥주효모인 ***Saccharomyces cerevisiae***는 당액을 발효하여 맥주를 생성할 수 있다는 의미로 Saccharomyces는 '당균'이라는 의미가 있으며, cerevisiae는 '맥주'라는 의미로 이름을 지었다.

반면 학명과 구분하여 식품미생물학에서는 인간들이 예로부터 실용적 측면에서 편하게 구분하기 위해 사용 용도 및 분리되는 환경에 따라 인위적으로 부르는 실용상 명칭common name이 있는데, 젖산을 생산하는 세균을 젖산균lactic acid bacteria, 식초 등 초산을 생산하는 세균을 초산균acetic acid bacteria, 누룩을 만드는 곰팡이를 국곰팡이 혹은 국균이라고 불렀으며, 맥주나 빵을 제조할 때 이용하는 효모를 맥주효모와 빵효모라고 불렀다.

미생물의 표기법은 이탤릭체로 기재한다(예: *Aspergillus oryzae*). 속명에 한하여 앞에서 언급한 적이 있으면 다음번부터는 줄일 수 있다. 즉, *Aspergillus oryzae* 대신에 *A. oryzae* 혹은 *Asp. oryzae*로, *Saccharomyces cerevisiae*는 *S. cerevisiae* 등으로 줄여서 간단히 표기할 수 있다. 또한 미생물을 새로 동정하는 과정 중에 속명은 알지만 기존의 종명과 일치하지 않고 신종으로 하기도 어려운 단수인 경우 sp.을 붙인다. 그리고 특정 미생물의 속species을 모두 통틀어서 지칭하고자 복수형으로 표기할 때는 spp.을 붙인다. 즉 *Aspergillus* 곰팡이 전체를 말하고자 할 때는 *Aspergillus* spp., *Aspergillus* 속 등으로 표기한다.

4 미생물의 분류법

미생물의 분류는 작은 세부 분류부터 큰 분류까지 대략 종－속－과－목－강－문－계－영역－생명이라는 분류 체계를 따른다. 미생물의 이름은 이들 중 세부 분류인 속과 종에서 속명과 종명을 지은 것이다. 미생물을 분류하는 방법은 크게 다섯 가지 분류법을 활용하는데, 오랫동안 자연적 분류법과 인위적 분류법을 이용하다가 근래 과학기술의 발전에 따라 분자생물학적 분류법, 생화학적 분류법, 수치적 분류법을 활용하고 있다. 최근에는 생물의 기본 특성을 기반으로 분자생물학적 분류법과 연관계수를 이용한 계통적 분류방법이 널리 사용되고 있다(3장 세균의 분류법 참고).

1) 자연적 분류법

미생물의 성질이 오랜 진화과정에서 어떻게 진화되었는지를 계통적으로 분류

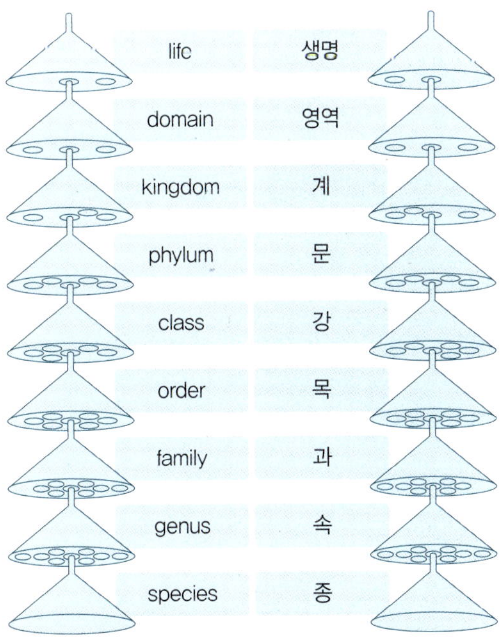

그림 1-8 미생물의 분류 체계

하는 방법이다. 미생물의 경우에는 화석이 극히 드물기에 유성생식법을 가장 중요한 성질로 삼아서 자연분류를 하는데, 곰팡이가 유성생식으로 생성되는 포자의 종류에 의해 구분하는 자연분류법을 따르고 있다.

2) 인위적 분류법

형태적 특징을 기초로 인위적 방법으로 분류하는 방식으로 생리적 특징에 의해 토양미생물, 식품미생물, 해양미생물, 낙농미생물 등 주로 서식지에 따라서 분류하거나 대사산물에 의해 미생물이 생산하는 산물에 따라서 알코올효모, 젖산균, 질소고정균, 아질산균 등 미생물의 실용상 명칭으로 분류한다.

3) 분자생물학적 분류법

미생물이 가지는 유전자의 차이, 즉 DNA를 구성하고 있는 뉴클레오티드 배열의 차이나 rRNA를 이용하여 분류하는 방법이다.

4) 생화학적 분류법

생화학은 화학과 대사로 구분하는데, 미생물의 생화학적 특성에 의해 구분하는 방식으로 미생물세포의 화학적 조성이나 미생물이 생산하는 대사산물에 따라서 분류하는 방식이다. 세포벽의 화학적 조성 및 대사경로에서 효소단백질의 유무, 생합성 경로의 차이점 등을 비교하여 분류한다.

5) 수치적 분류법

미생물의 특성을 통계학적으로 비교하여 유사성 여부를 +, −로 표시하여 통계적으로 유사성이 높은 순서로 분류한다. 이 방법은 1957년 아단슨M. Adanson이 고안하였는데 통계적 처리를 위하여 적어도 40~50가지 성질, 즉 형태, 배양 성상, 생리적·생화학적 특성이 필요하며 결과를 컴퓨터로 처리한다.

실험

실험 1-1 식품 미생물 실험을 위한 안전교육

실험실 수칙

1. 실험실에 실험실 안전 수칙을 부착하고 내용을 숙지한다. 사고 시 비상연락망과 비상구를 알아둔다.
2. 실험실에서는 실험가운을 착용한다.
3. 발등을 덮는 편한 신발을 신는다.
4. 실험실에서는 음식물 반입과 섭취를 하지 않는다.
5. 실험대 위에는 실험서와 실험도구 등을 제외한 불필요한 물품을 두지 않고 청결한 상태를 유지한다.
6. 실험 종료 후 퇴실 시에는 전열기구, 전등, 가스 및 수도를 잠갔는지 확인한다.
7. 실험 전후에는 손을 깨끗이 씻는다.

안전사고 시 처리

1. 화재가 발생하면 열원을 차단하고 인화성 물질을 먼 곳으로 옮기고 소화기나 모래를 사용하여 소화한다. 산소를 차단하기 위해서 (소방)담요나 실험복으로 덮어서 불을 끈다.
2. 실험 중 안전사고나 상처가 발생하는 경우에는 담당교수 혹은 조교에게 보고하고 후속조치를 한다.

고압증기멸균기 사용방법

1. 고압증기멸균기(autoclave) 작동 전 증기를 발생시킬 증류수가 부족하지 않은지 확인한다.
2. 증기가 원활하게 순환할 수 있도록 고압증기멸균기 공간의 70% 이상을 물품으로 채우지 않도록 한다.
3. 멸균할 물품을 넣고 증기가 새지 않고 압력이 잘 걸리도록 뚜껑을 닫고 확인한다.
4. 100℃ 이상 상태에서는 고압증기멸균기 뚜껑을 절대 열지 않는다. 뚜껑을 개방할 때에는 기압기와 온도를 확인하고 증기가 모두 빠져나갔는지 확인 후 개방한다. 증기 등 화상을 방지하기 위해 장갑을 끼고 뚜껑을 개폐한다.
5. 멸균 후 제품은 상온에서 천천히 식힌다.

실험

무균대 사용

1. 실험복과 실험장갑 등을 갖춘다.
2. 실험 전 무균대의 자외선 램프가 꺼졌는지 확인한다.
3. 알코올램프 사용 시 주위의 인화성 물질을 제거한다. 손에 70% 알코올이 묻은 채로 알코올램프를 점화하지 않는다.
4. 실험 종료 시 실험대를 소독한다.

미생물 오염(Biohazard) 용품의 폐기

1. 배양액, 배양용기, 폐장갑, 폐배지 등은 Biohazard 표시가 있는 멸균비닐백(Biohazard bag)에 담는다.
2. 주삿바늘, 파손된 유리, 슬라이드 글라스, 커버글라스 등은 전용플라스틱 박스에 넣는다.

멸균비닐백
(Biohazrd bag)

미생물 등 폐기물 상자
(Biohazard waste box)

날카로운 폐기물 수거함
(Biohazard sharps disposal container)

생물안전 등급 연구시설은 1~4등급으로 구분하며 숫자가 높을수록 높은 위험도의 미생물을 취급할 수 있다. 미생물 실험의 가장 기본이 되는 실험실은 다음과 같으며 생물안전 1등급 연구시설이 보편적이다.

생물안전 1등급 연구시설(BSL-1)

생물안전 1등급 연구시설(BSL-1, Biological Safety Level-1)은 제1위험군(건강한 사람에게서 질병을 유발하지 않는 병원체)을 취급할 경우 요구되는 실험실이다. 일반적인 실험실 환경조건으로 고압증기멸균기가 반드시 설치되어 있어야 하며 폐기물 처리에 대한 규정이 정해져 있어야 한다.

실험

생물안전 2등급 연구시설(BSL-2)

생물안전 2등급 연구시설은 제2위험군(건강한 사람에게서 치명적인 질병을 유발하지 않고, 발생률이 매우 낮으면서 예방과 치료가 가능한 질병을 유발할 수 있는 병원체)을 취급할 경우 요구되는 실험실이다. 생물안전 1등급 연구시설에 추가하여 실험실내 에어로졸 발생이 우려되는 경우 생물안전작업대(BioSafety Cabinet, 클린벤치)를 사용하고 개인 보호 장비(장갑, 실험복, 마스크 등)를 갖추어야 한다. 별도의 독립적인 시설로 구성되고 허가받은 자만이 출입을 할 수 있는 출입자 관리를 하는 생물안전표지를 부착한 연구시설이다.

실험

실험 1-2 실험 보고서 양식

실험 제목:

실험일자:

실험조, 학번, 이름 기재

1. 실험의 목적 및 원리

2. 실험 재료 및 방법

3. 실험 결과 및 고찰

4. 참고문헌

FOOD MICROBIOLOGY • chapter 2

미생물의 세포 및 기능

1. 세포학적 특징
2. 단세포와 다세포

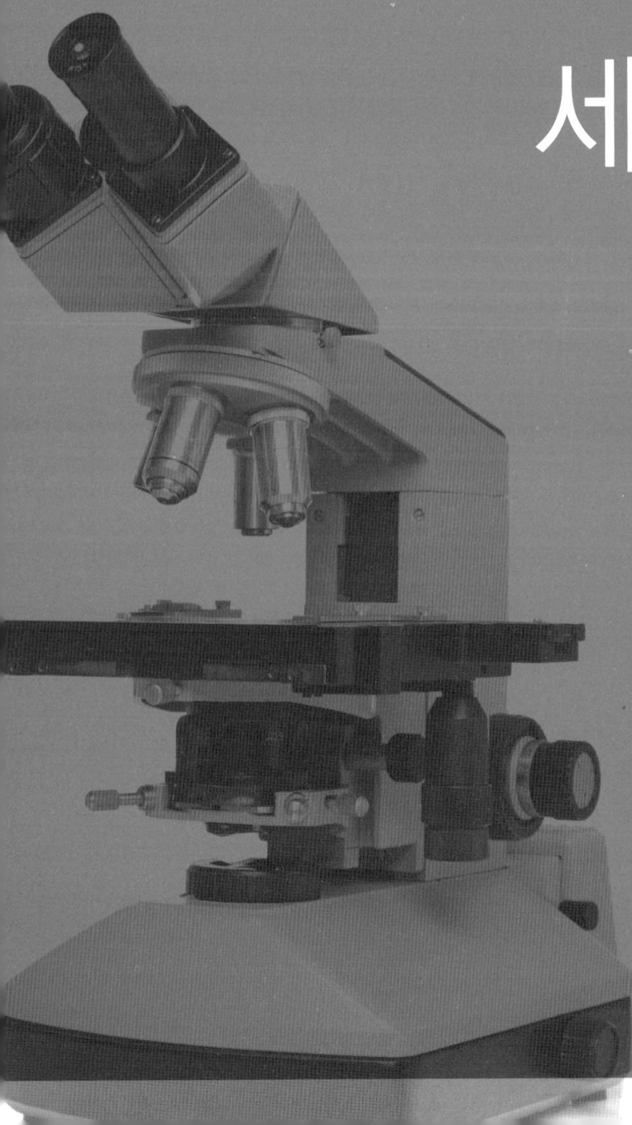

학습목표

1. 원핵세포 미생물과 진핵세포 미생물의 구조적 차이를 이해한다.
2. 미생물 세포내 조직의 역할과 기능을 이해한다.

1 세포학적 특징

지구상에 생명을 가진 미생물은 생명현상을 영위하며 생물체의 구조적, 기능적 단위는 세포이다. 세포의 수에 따라서 세포가 하나로 구성된 경우를 단세포 미생물, 다수의 세포로 구성된 경우를 다세포 미생물이라고 한다. 예를 들어, 세균과 효모는 단세포 미생물, 곰팡이는 다세포 미생물이다.

세포는 종류에 따라 원(시)핵세포prokaryotic cell와 진핵세포eukaryotic cell의 두 가지 기본 형태가 있다. 그리스어 pro는 'before'의 의미, eu는 '진짜'라는 의미, karyon은 nucleus, 즉 '핵'이라는 의미를 가지고 있다. 따라서 원핵세포는 핵이 있기 이전의 세포를 의미하며, 진핵세포는 진짜 핵을 가졌다는 의미를 내포하고 있다. 따라서 원핵세포를 가진 미생물은 진화가 덜 되고 크기가 작으며, 세포 소기관과 핵 구조가 발달하지 않은 원시적 형태의 세포로 구성되어 있으므로 하등미생물lower protists이라고 부른다.

반면 인간의 세포와 같이 고등한 생명체를 구성하는 진핵세포는 진화 정도가 크고 세포 크기도 크며, 다양한 세포 소기관이 발달한 형태의 세포로 구성되어 고등미생물higher protists이라고 부른다. 진핵세포에 있는 세포 소기관은 독자기능을 수행하며 막으로 구획이 나뉘어 있다. 원핵세포로 구성된 미생물의 종류에는 세균[남세균(구 남조류) 포함], 방선균이 있다. 반면 진핵세포로 구성된 미생물에는 곰팡이, 버섯, 효모, 조류 그리고 원생동물이 있다.

1950년대 전자현미경의 등장으로 세포의 미세구조를 파악할 수 있게 되었다. 세포를 구분하는데 유전자인 DNA를 싸고 있는 핵막이 있느냐 없느냐에 따라 핵막이 없으면 원핵세포, 핵막이 있으면 진핵세포로 구분된다.

1) 원핵세포

세균, 방선균은 원핵세포로 구성되어 있는데 원핵세포를 가진 세균의 모습은 그림 2-1과 같다.

(1) 핵양체

원핵세포는 핵막으로 구성된 핵이 없다. 대신에 핵양체nucleoid라는 영역이 존재한다. 세균의 DNA는 핵막이 없으므로 세포질에 노출되어 있다. 세균의 DNA는 고리 모양인 환상 구조를 이루고 있는데, 그 전체 길이는 1 mm로 세균 세포 몸 길이의 1,000배에 해당할 만큼 길다. 원핵세포의 DNA에는 진핵세포에서 관

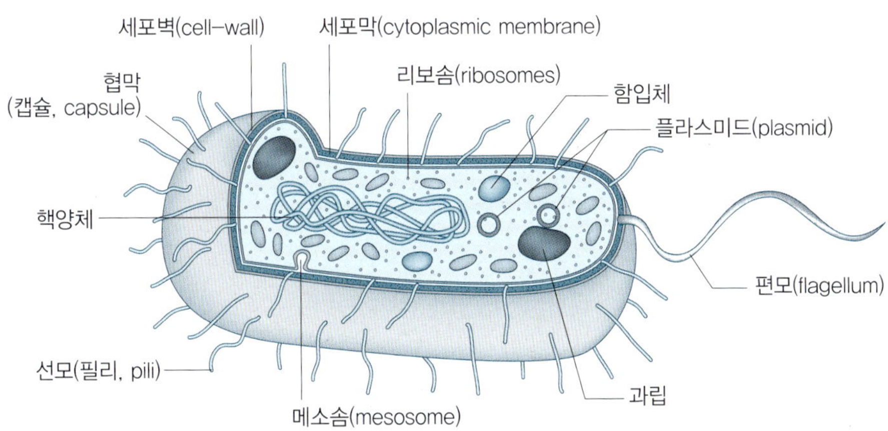

그림 2-1 원핵세포의 구조(세균)

찰되는 핵뿐만 아니라 핵과 결합한 히스톤단백질도 없다.

세균에는 세균성 염색체bacterial DNA 외에도 플라스미드plasmid라고 부르는 작은 고리 모양의 DNA가 있다. 플라스미드는 세균의 유전정보를 다른 세포에 전달하며 독소의 생성, 항생제 및 화학물질에 대한 저항성에 기여하는 역할도 한다. 또한 플라스미드는 자기복제성을 가지며, 하나의 세포에 여러 개가 존재할 수 있는데 유전공학에서 제한효소restriction enzyme로 처리하면 유전자조작을 할 수 있는 벡터vector(유전자 운반자)로 이용된다.

(2) 세포질

세포질cytoplasmic materials은 세포 내부의 유기물로 구성되어 있으며 콜로이드성 세포 내 공간이다. 세포의 대사에 필요한 소기관, 효소 그리고 대사산물이 존재한다.

(3) 리보솜

원핵세포의 리보솜ribosome은 DNA로부터 유전정보를 받아 단백질을 합성하는 장소이다. 원핵세포의 리보솜은 진핵세포의 리보솜보다는 크기가 작다.

(4) 세포막

세포막cell membrane, cytoplasmic membrane은 세포질을 둘러싸고 있는 얇은 막으로 지질이중층과 단백질로 구성되어 있다. 세포막은 세포 외부와 내부 사이에서 물질을 선택적으로 투과시키는 역할을 수행하여 물질교환에 기여하고, 세포 외부로부터 신호를 전달받아 세포 내로 전달한다. 세포막이 접혀서 생긴 부위인 메소솜mesosome과 세포막은 원핵세포에서 호흡을 담당한다. 세포막은 두 겹의 인지질로 구성되며 사이사이에 단백질이 숨어 있다. 호흡효소계와 물질수송효소인 permease를 함유한다. 선택적 투과성으로 물질출입 제한과 진핵세포에 있는 미토콘드리아의 기능을 대신하여 수행한다. 그람양성균, 간균, 나선균 및 방선균에는 메소솜이 호흡기능을 한다.

(5) 세포벽

세포벽cell wall은 미생물 세포를 외부에서 싸고 있는 단단한 구조로서 형태를 지탱하도록 기계적 충격에서 세포를 보호하고, 세포질에 존재하는 유기물의 농도로 인한 고유의 삼투압을 유지할 수 있도록 돕는다. 세균의 경우에는 세포벽의 조성에 따라 그람양성균과 그람음성균으로 나눈다 그림 2-2.

세균의 세포벽은 펩티도글리칸으로 구성되어 있다. 세포벽은 리소자임lysozyme 효소에 의해 분해된다. 그람양성균이 더 많은 양의 펩티드글리칸을 함유하며 이외에 테이코산teichoic acid, 아미노당류, 단당류를 함유하고 있다. 그람양성균은 그람음성균보다 무코단백질mucopeptide이 더 많다. 그람음성균엔 뮤코단백질로 된 내층과 지질다당류lipopolysaccharide, 리포단백질lipoprotein로 된 외층으

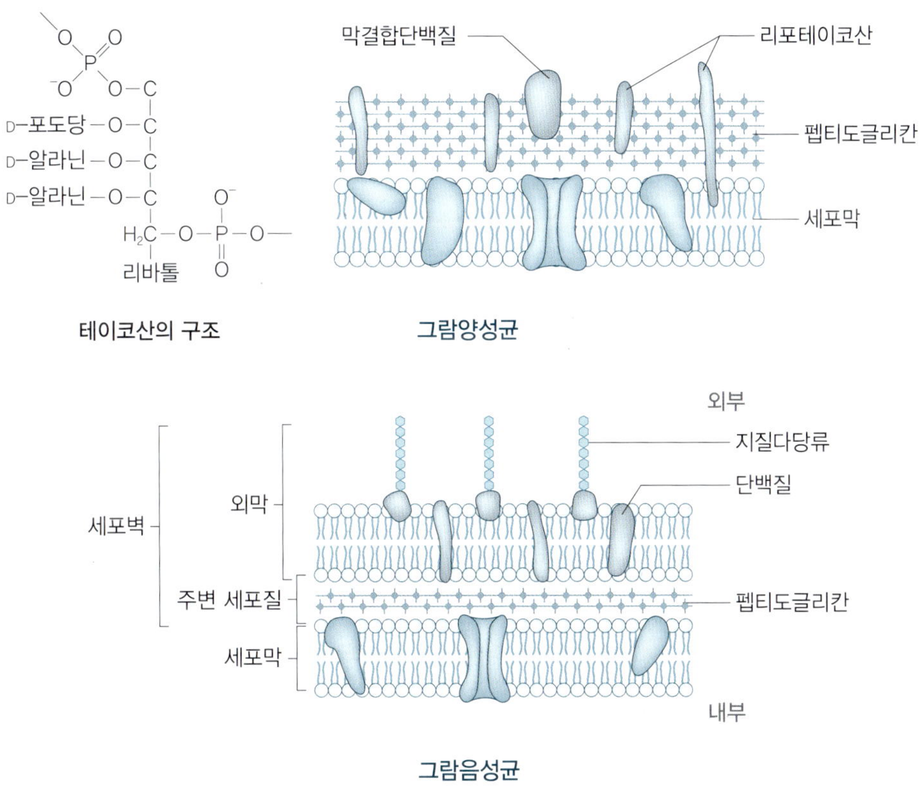

그림 2-2 그람양성균과 그람음성균의 세포벽 구조

로 구성되며 테이코산이 없다. 지질다당류가 풍부하며 외층을 지질다당류층lipopolysaccharide layer, LPS이라고 부른다.

(6) 협막

세균 중에는 세포벽의 외측에 점질층slime layer을 형성하는 균이 있으며, 점질층이 발달하면 진하고 견고하며 단단한 막과 같이 된 것을 협막 또는 캡슐capsule이라고 부른다. 협막을 제거하는 방법에는 기계적 방법, 물·완충액·묽은 알칼리 등의 화학적 방법이 있다. 협막은 점질물질인 단백질과 다당류가 결합하여 구성되어 있으며, 협막을 제거해도 세균의 생육에는 영향을 미치지 않는다.

(7) 편모

세균에서 편모flagellum(복수형 flagella)는 운동기관으로 극미량의 당과 지방을 함유하고 있고, 98%가 단백질인데 이들 단백질을 플라젤린flaagellin이라고 한다.

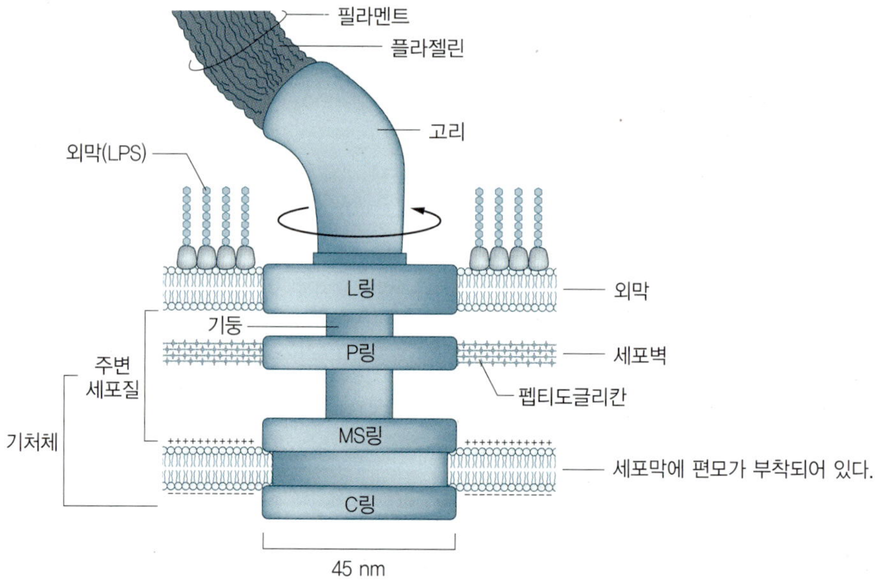

그림 2-3 편모의 구조

(8) 선모

선모는 비운동성 세균에서도 볼 수 있으며 대부분 그람음성균이 선모pili, fimbriae를 가지고 있다. 선모의 기능은 두 가지로 첫째, 물체에 부착하는 역할, 둘째, 하나의 세포에서 DNA가 다른 세포로 이동할 때 세균 세포를 결합시키는 DNA의 이동 통로인 것으로 여겨진다. 선모의 길이는 편모보다 짧고 개수도 더 많으며, 주요 성분은 단백질이다.

(9) 포자

세균 중에서 약품이나 강한 빛, 열 등에 저항력이 아주 강한 내열성의 포자endospore를 형성하는 균에는 *Bacillus* 속(호기성)과 *Clostridium* 속(혐기성)이 있다. 포자막에는 디피콜린산dipicolinic acid, DPA이 함유되어 있다. 포자는 염색이 잘 안 되고 굴절성을 갖으며, 건조나 동결 상태에서 수십 년간 생존이 가능하고 주위 환경이 좋아지면 발아한다.

포자의 구조는 영양세포와 다르며 여러 겹의 층을 이루고 있다. 외측에 외막exosporium이 있고 포자막coat이 그 안에 위치하고 있다. 포자막 안에는 피층cortex이 있으며 그 안쪽에 중심벽core wall이 있다. 중심벽의 가운데에는 DNA가 있다. 포자의 구조는 디피콜린산이 Ca^{++}와 복합체를 형성하여 안정화되어 있으며, 포자 형성과정 중 작은 산 용해성 단백질small acid-soluble proteins, SASP이 생성되어 DNA를 감싸서 보호하고 있다.

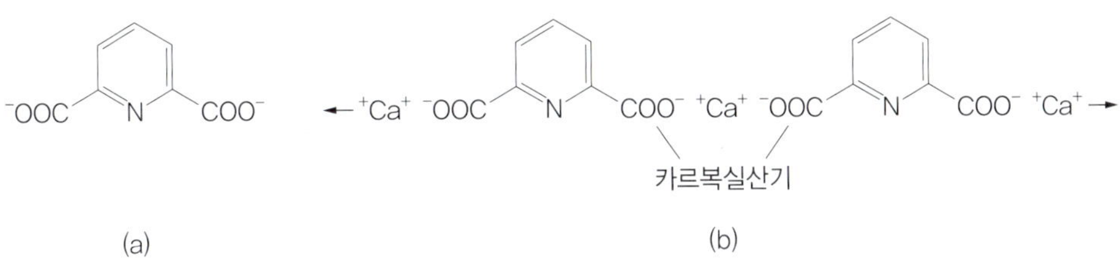

그림 2-4 디피콜린산(DPA)

(a) DPA의 구조. (b) 칼슘이온(Ca^{2+})이 DPA 분자와 복합체를 형성하는 방법

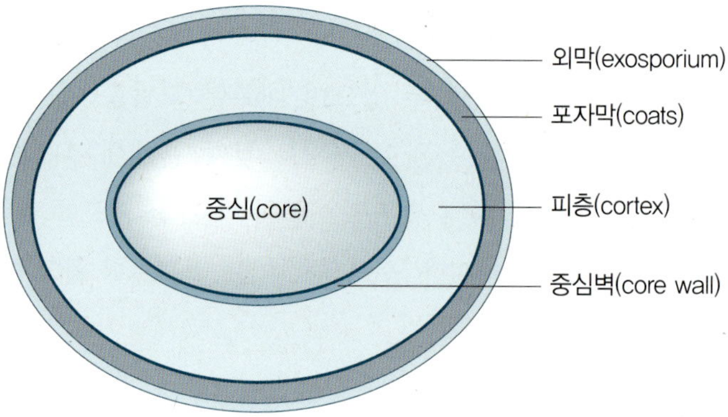

그림 2-5 세균 포자의 구조

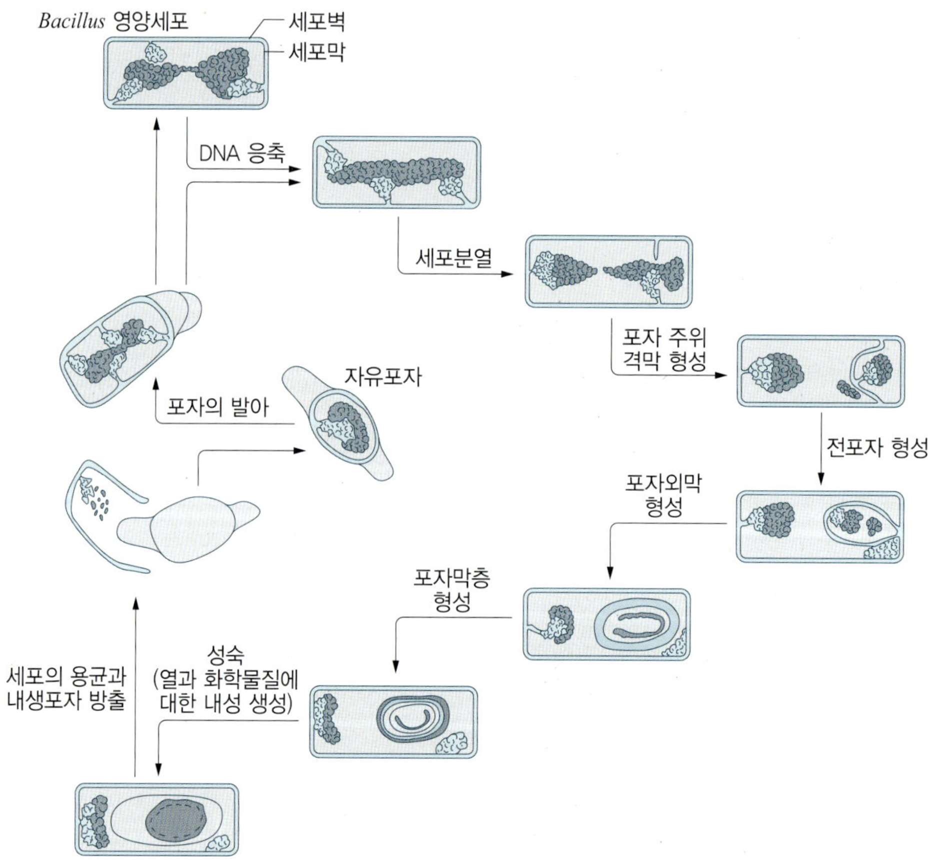

그림 2-6 내성포자 형성균의 생활사

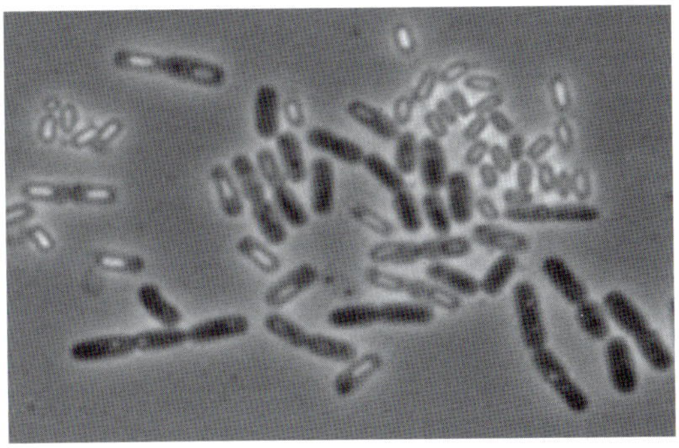

그림 2-7 *B. cereus* 포자 및 영양세포
흰색은 포자, 검은색은 영양세포

2) 진핵세포

진핵세포는 원핵세포보다 크고 진화가 되어 복잡한 구조이다. 진핵세포는 원핵세포가 가진 세포질, 세포막, 세포벽 등 모든 구조를 갖추고 있으며, 세포막 안에는 핵, 미토콘드리아, 액포, 리소좀, 지방구 등 소기관이 있다. 식물세포에는 세포벽이 있으나 동물세포에는 세포벽이 없으므로 동물세포를 가진 원생동물에는 세포벽이 없다. 아울러 녹색식물, 녹조류, 광합성 세균과 같이 광합성을 하는 식물세포에는 엽록체가 있다.

진핵세포는 단세포 미생물인 효모가 대표적이며, 진핵세포의 개괄적인 구조는 그림 2-8과 같다.

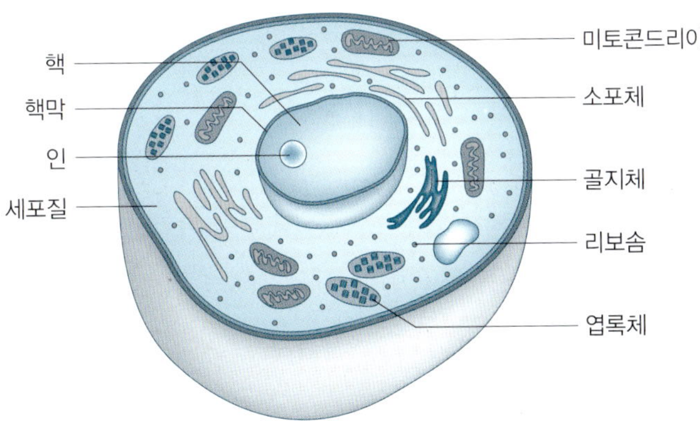

그림 2-8 진핵세포 미생물의 내부 구조

(1) 핵

진핵세포의 핵nucleus은 세포의 유전정보를 저장하는 장소로서 핵막이라는 인지질 이중막에 싸여 있다. 핵 내부의 유전정보는 DNA와 단백질로 구성된 염색체chromosome에 저장되어 있는데 이들 DNA는 이중나선구조를 가진다. 또한 진핵세포의 핵에는 인nucleous이라는 부위에서 RNA를 합성한다. DNA는 원핵세포와 진핵세포 모두에 존재하나, 진핵세포의 DNA는 핵막에 싸여 있고 인이 있다는 점에서 원핵세포와 다르다.

(2) 세포막

진핵세포의 세포막도 원핵세포의 세포막과 마찬가지로 세포 유지에 필요한 물질을 선택적으로 수송하고 투과시키는 역할을 한다. 또한 외부의 신호를 감지한다.

(3) 세포벽

대부분 진핵세포는 고등식물의 세포벽과 같이 일정한 형태와 강도를 가진 세포벽으로 세포를 외부의 물리적 충격과 삼투압에서 보호한다. 세포벽 성분은 키틴, 글루칸, 셀룰로스 성분이다.

(4) 미토콘드리아

진핵세포의 호흡을 담당하며 산화적 인산화효소가 집중되어 있는 부위이며, 에너지를 낼 수 있는 ATP를 대량으로 생산하는 기관이 미토콘드리아mitochondria이다. 미토콘드리아는 자신의 독립된 DNA를 내부에 가지고 있다. 미토콘드리아는 내막과 외막이 있는 이중막 구조이며, 내막은 주름이 많아 표면적이 넓은 크리스타crista 구조를 하고 있다.

(5) 리보솜

진핵세포의 리보솜ribosome은 침강계수 80S로 원핵세포의 침강계수인 70S보다 크다. 진핵세포 리보솜도 DNA에 의한 단백질을 합성한다.

(6) 소포체

진핵세포에는 조면소포체rough endoplasmic reticulum와 활면소포체smooth endoplasmic reticulum라는 막구조로 되어 있다. 조면소포체에는 리보솜이 부착되어 있고, 활면소포체에는 리보솜이 붙어 있지 않다.

(7) 골지체

골지체golgi complex는 소포체에서 합성된 단백질의 저장, 세포벽 다당류 및 당단백질의 합성, 분비과립을 통해 물질을 세포 밖으로 방출하는 등의 운반을 담당한다.

(8) 리소좀

리소좀lysosome은 다양한 소화효소를 내부에 가지고 있는데, 소화효소의 작용은 pH 5 정도의 산성에서 최적의 활성을 나타낸다. 리소좀은 물질을 가수분해하거나 자기소화시킬 수 있는데 이들 소화효소는 단위막을 투과할 수 없어서 세포는 소화효소로부터 보호된다.

(9) 엽록체

녹조류와 식물세포는 공기 중의 이산화탄소(CO_2)를 고정하고 빛을 이용하여 광합성 작용으로 탄수화물(암반응)과 에너지(명반응)를 합성한다. 엽록체chloroplast 역시 이중막 구조를 가지고 있다. 엽록소 등 광합성에 이용되는 물질들은 납작하고 둥근 모양의 틸라코이드thylakoids가 중첩되어 그라나grana를 형성한다.

(10) 위족

원생동물 중 아메바는 위족pseudopodium으로 원형질 운동을 하며 유동을 통하여 세포질을 이동시키는 아메바 운동을 한다.

표 2-1 원핵세포와 진핵세포의 비교

	원핵세포	진핵세포
구조	단순, 원시적, 작음	복잡, 진화, 큼
조직	세포질, DNA, 세포막, 세포벽, 리보솜	세포질, DNA, 세포막, 세포벽, 리보솜, 핵막, 미토콘드리아, 소포체, 골지체, 액포
예	세균[남세균(구 남조류) 포함], 방선균	원생동물, 조류, 곰팡이, 효모, 버섯
호흡	세포막 또는 메소솜	미토콘드리아
세포벽 성분	펩티도글리칸	셀룰로스, 키틴

2 단세포와 다세포

단세포 미생물은 세포 하나가 독자적으로 생명활동을 영위할 수 있는데 세균 및 효모가 이에 해당한다. 반면 다세포 미생물은 전문화된 기능을 수행할 수 있는 협동성이 있는 여러 종류의 세포로 구성되어 더욱 정교한 대사활동이나 역할을 분담하는데 곰팡이, 버섯이 이에 해당한다.

세포 하나가 독자적 대사활동을 할 수 있으나 대부분 여럿이 모여 집락colony을 형성하는 경우가 많으므로 미생물을 지칭할 때 복수로 부르는 경우가 흔하다. 세균을 박테리아bacterium(복수 bacteria), 효모를 이스트yeast(복수 yeasts)라고 부르며 곰팡이mold or fungus(복수 molds 혹은 fungi)도 복수형으로 많이 표기한다.

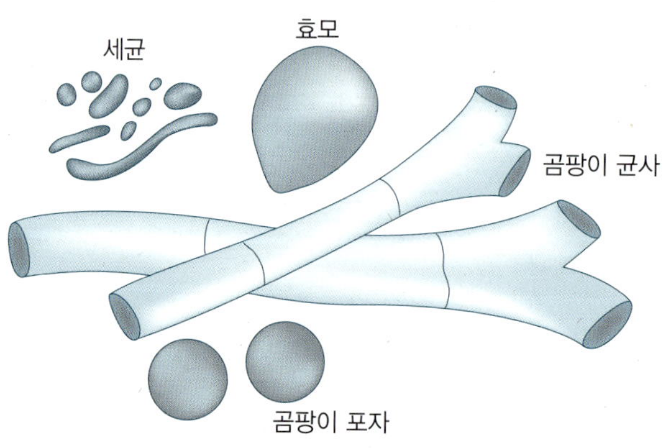

그림 2-9 세균, 효모, 곰팡이 포자, 곰팡이 균사 크기 비교

실험 2 배지의 제조 및 미생물 순수분리·배양

1. 실험 원리 및 목적

배지는 미생물의 생육에 필요한 영양소를 제공하여 실험실에서 인공적으로 미생물을 배양할 때 사용하는 것을 말한다. 이러한 배지는 미생물 증식, 균주의 보관 및 운반, 분석실험, 미생물의 분리 및 계수 등에 사용되며 배양하고자 하는 미생물의 종류, 생육조건 및 실험 목적에 따라 그 종류는 달라질 수 있다. 본 장에서는 미생물을 배양할 때 사용하는 액체배지(broth)와 고체배지(agar)의 제조와 미생물을 순수하게 분리 배양할 수 있는 방법에 대하여 배운다.

실험원리

배지는 여러 가지 영양성분을 포함하며 이러한 물질을 물에 녹인 형태가 액체배지(broth)이고, 여기에 한천(agar)를 첨가하여 끓인 후 식히면 한천의 성질에 의해 액체가 고체형태로 변환하여 다양한 형태의 고체배지를 만들 수 있다. Broth는 배지 성분을 물에 녹인 후 실험용 튜브나 시약병에 담아 멸균하여 사용하며, 고체배지는 배지 성분에 agar를 1.5% 첨가하고 멸균한 뒤 페트리디쉬(Petri dish)나 실험용 튜브 등에 분주하고, 굳혀 준비한다. 배지의 종류에 따라 들어가는 물질이 달라지며 이는 개별적으로 물질을 섞거나 상업적으로 나온 배지믹스 사용하여 제조할 수 있다.

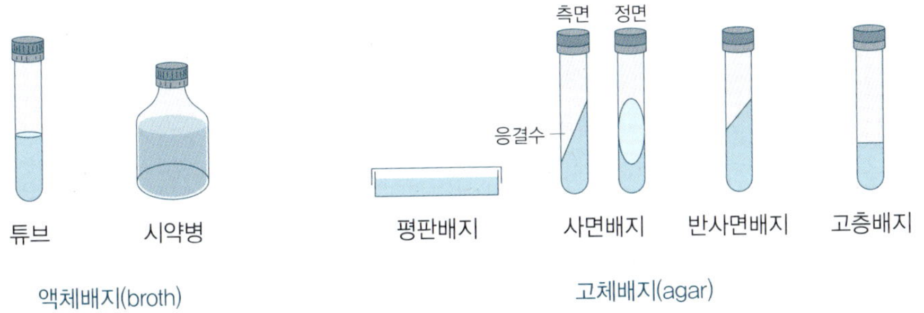

배지의 종류

2. 실험 재료 및 방법

실험재료

증류수/ 배지믹스/ 1L 플라스크(또는 강화 유리병)/ 비이커/ 메스실린더/ 저울/ 스푼/ 교반기/ 피펫 또는 분주기/ 알루미늄 호일/ 멸균기(autoclave)/ 시험관/ 시험관 랙(rack)/ 항온조(water bath)/ 페트리디쉬/ 알코올램프/ 백금이

실험방법

액체배지(broth) 만들기

1. 배지믹스에 제시되어 있는 배지믹스의 양(주로 1L 기준)으로 만들고자 하는 용량으로 계산하여 필요량을 구하고 저울을 이용해 배지믹스의 무게를 단다.
2. 준비한 비이커 또는 플라스크에 배지믹스를 담고, 원하는 양의 증류수를 첨가한다.
3. 교반기를 이용하여 배지믹스가 완전히 녹을 수 있도록 충분히 섞어준다.
4. 증류수에 녹은 배지를 시험관에 피펫으로 일정량씩 분주한다.
5. 마개를 닫은 후 멸균기(autoclave)에 넣고 121℃, 15분 이상 멸균처리 한다.
6. 상온에 꺼내서 식힌 후 사용한다.

고체배지(agar) 만들기

1. 배지믹스에 제시되어 있는 배지믹스의 양(주로 1L 기준)으로 만들고자 하는 용량으로 계산하여 필요량을 구하고 저울을 이용해 배지믹스의 무게를 단다.
2. 준비한 플라스크 또는 유리병에 배지믹스를 담고, 원하는 양의 증류수를 첨가한다.

   *배지믹스가 agar 배지가 아닌 경우 따로 agar를 최종농도가 1.5% 되도록 첨가한다.
3. 교반기를 이용하여 가열하면서 아가와 배지믹스가 완전히 녹을 때까지 충분히 섞어준다.
4. 알루미늄 호일 또는 마개로 주둥이를 막은 후 멸균기(autoclave)에 넣고 121℃, 15분 이상 멸균처리 한다.
5. 멸균 후 배지를 항온조(water bath)에 넣어 45~50℃로 식힌다.
6. 페트리디쉬에 일정량씩 분주하고, 뚜껑을 덮어 굳힌 후 사용한다.

3. 미생물 배지의 이용 예: 미생물 순수분리 및 배양

만들어진 미생물 배지는 미생물의 순수분리 및 배양 등 다양한 미생물 실험에 활용될 수 있다. 미생물을 순수 배양은 섞여있는 여러 종으로부터 한 종류의 미생물만을 분리 배양하는 것으로 agar 배지에 생성된 한 개의 콜로니(colony)를 분리하도록 한 뒤 broth에 접종하여 배

양한다. 미생물 순수 분리하기 위하여 멸균된 백금이를 배양액에 담근 뒤 agar 배지에 아래와 같이 스트리킹(streaking)한다. 다시 멸균된 백금이로 앞에 스트리킹 된 끝부분을 긁어서 희석하도록 새롭게 스트리킹을 하고 이를 한번 더 반복한다. 이렇게 스트리킹된 agar 배지를 배양하면 콜로니가 분리된 것을 확인할 수 있다. 분리된 콜로니 중 원하는 것을 멸균된 백금이로 단일 콜로니를 따서 broth에 접종하여 배양하면 한 종의 미생물을 순수 분리할 수 있다.

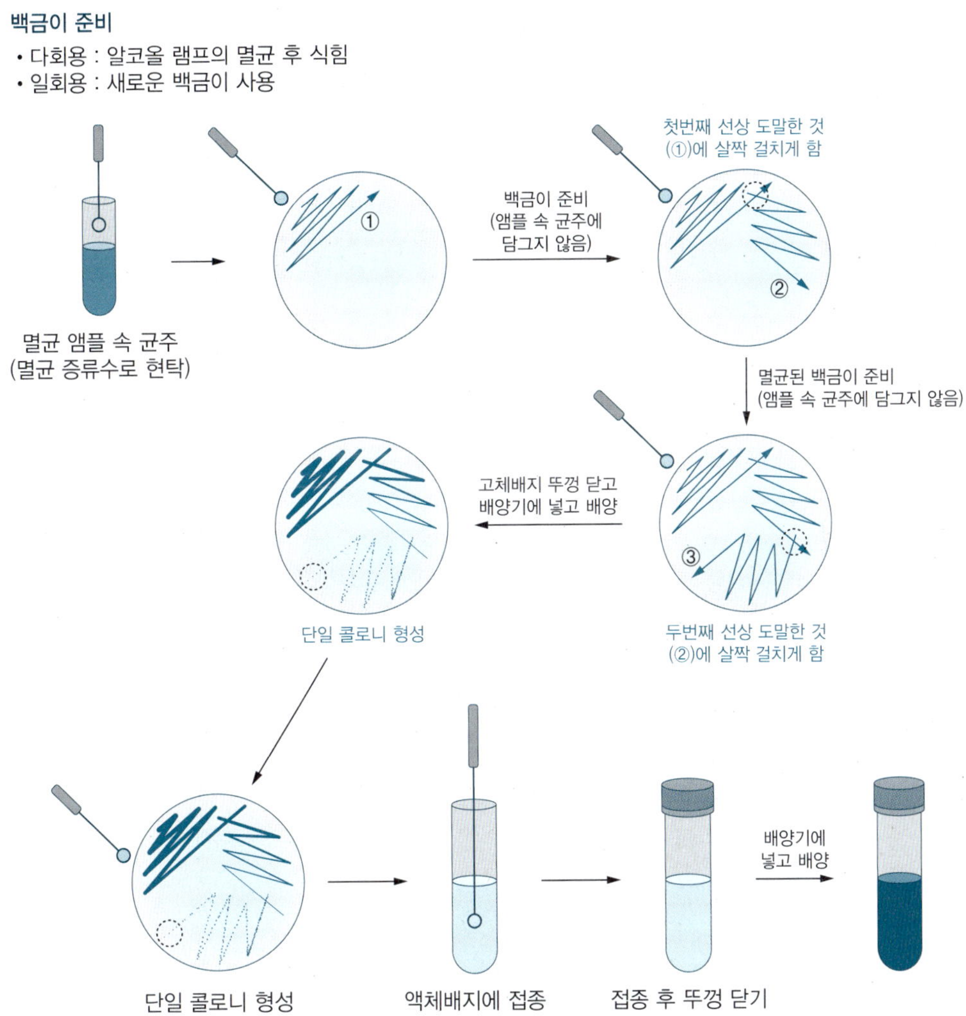

미생물 순수분리 및 배양법

FOOD MICROBIOLOGY • chapter 3

세균의 형태와 분류

1. 세균의 형태
2. 세균의 크기
3. 세균의 증식
4. 세균의 분류

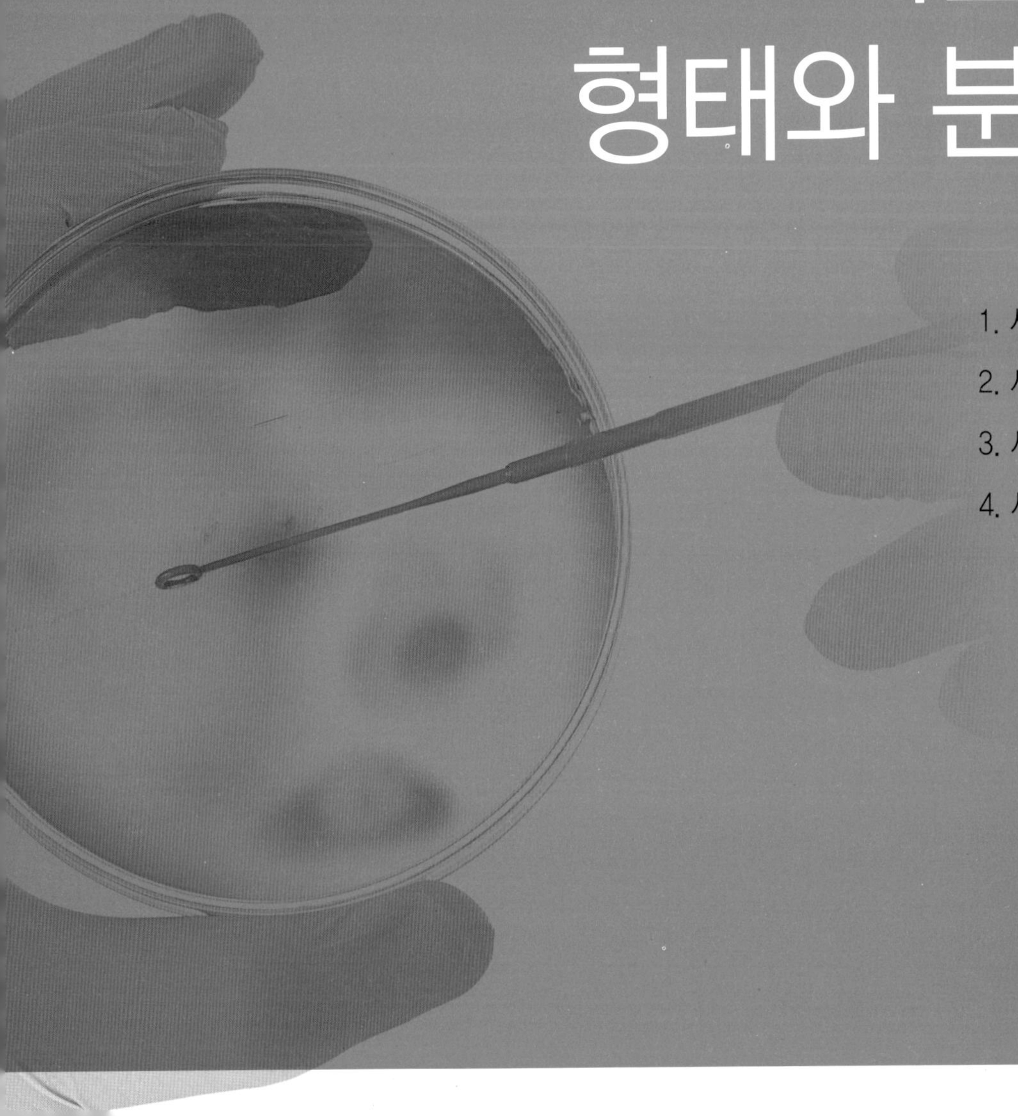

학습목표

1. 세균의 형태와 크기에 대하여 이해한다.
2. 균의 다양한 분류방법에 대하여 이해한다.

1 세균의 형태

세균은 미세한 단세포 생물체로서 형태는 배양 조건과 배양 상태에 따라 달라질 수 있으며, 기본 형태는 적당한 배지에서 20~24시간 배양한 것을 관찰하여 판단하는 것이 일반적이다. 구형이나 타원형인 것을 구균이라 하고, 원통형이나 막대형인 것을 간균, 나선형 또는 굽은 형태를 나선균이라 한다.

1) 구균

구균coccus은 종류에 따라 특징적 배열 형태를 가지므로, 배열 형태는 구균을 분류하는 기준이 된다. 구균은 그림 3-1과 같은 배열 형태로 구분할 수 있다.

2) 간균

간균bacillus은 크게 길이가 폭의 2배 이하인 단간균short rod bacteria과 2배 이상인

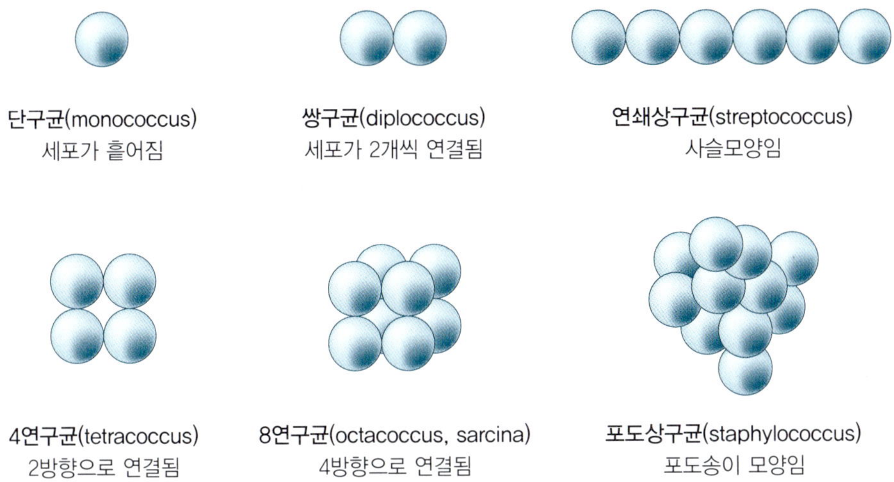

그림 3-1 구균의 형태

장간균long rod bacteria으로 구분된다. 간균은 양쪽 끝이 둥근 것이 일반적 형태이나 *Bacillus anthracis*와 같이 각이 진 것, 초산균과 같이 예각을 가지는 것도 있으며, 포자를 형성하는 세균에는 포자 때문에 세포의 일부가 팽대하여 중앙이 방추형처럼 두터워진 clostridium형과 끝이 팽대하여 곤봉처럼 된 plectridium형이 있다. 간균은 구균처럼 여러 가지 특이한 배열을 하지 않지만, 때때로 간균이 쌍을 이루거나 연쇄상으로 배열하는 경우가 있는데, 이것을 연쇄상간균streptobacillus이라 하며 디프테리아diphtheria균이 이 모양을 가진다.

3) 나선균

나선균spirillum은 개개의 세포가 분산되어 있으며 배열 모양을 나타내지 않는다. 일반적인 S자 모양으로 된 것을 나선균이라 하며, 나선의 정도가 만곡한 모양으로 생긴 것을 호균vibrio이라 한다. 또한 여러 차례 꼬부라진 형태를 가지는 것을 스피로헤타spirochaeta라고 한다.

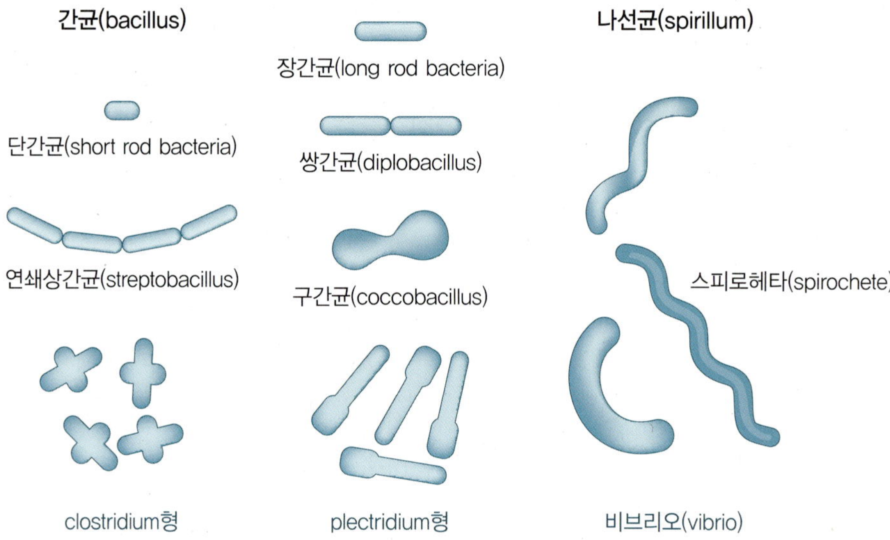

그림 3-2 간균과 나선균의 형태

2 세균의 크기

세균은 광학현미경으로 겨우 볼 수 있는 크기인 0.1~0.2 μm 정도 길이의 작은 것부터 40 μm에 이르는 것까지 다양한 크기를 가진다. 일반적으로 구균은 0.5~1.0 μm의 길이를 가지며, 간균은 0.5~3.0 μm의 길이를 가진다. 대략적인

표 3-1 세균의 일반적인 크기

형태	균종	크기(μm, 길이×폭)
구균(coccus)	*Streptococcus lactis*	0.5~1.0
	Staphylococcus aureus	0.8~1.0
간균(bacillus)	*Escherichia coli*	0.5×1.0~3.0
	Pseudomonas fluorescens	0.3~0.5×1.0~1.8
	Bacillus subtilis	0.7~0.8×2.0~3.0
	Lactobacillus acidophilus	0.6~0.9×1.5~6.0
나선균(spirillum)	*Vibrio cholerae*	0.3~0.6×1.0~5.0
	Spirillum volutans	1.4~1.7×16.0~28.0

그림 3-3 대략적 세균의 크기

세균의 크기는 개미의 1/1000 정도이며, 개미의 크기는 사람의 1/1000 정도이다 그림 3-3.

3 세균의 증식

1) 세균의 이분법에 의한 영양증식

세균은 영양분이 풍부한 상태에서 세포 개체수를 늘려 가는 영양증식을 한다. 따라서 영양분이 풍부한 환경에서 세포가 일정한 크기로 생장하고 DNA의 복제가 일어나는 핵분열을 시작으로 세포의 중앙에 세포막 부위로부터 격막이 형성되어 세포막이 생성된 후 세포막 바깥에서 세포벽이 생성되고, 그 후에 세포가 서로 분리된다. 이렇게 중앙에서 분열하여 세포 개체수가 2배로 늘어나게 되는 분열법 혹은 이분법에 의한 증식을 한다.

2) 세균의 증식속도

세균이 영양증식을 할 때 하나의 세포로부터 다시 분열할 때까지 걸리는 시간을 세대시간generation time이라고 한다. 즉, 세대시간은 한 마리에서 두 마리로 증식할 때까지 소요되는 시간을 의미한다. 세균의 세대시간은 짧아서 영양조건과

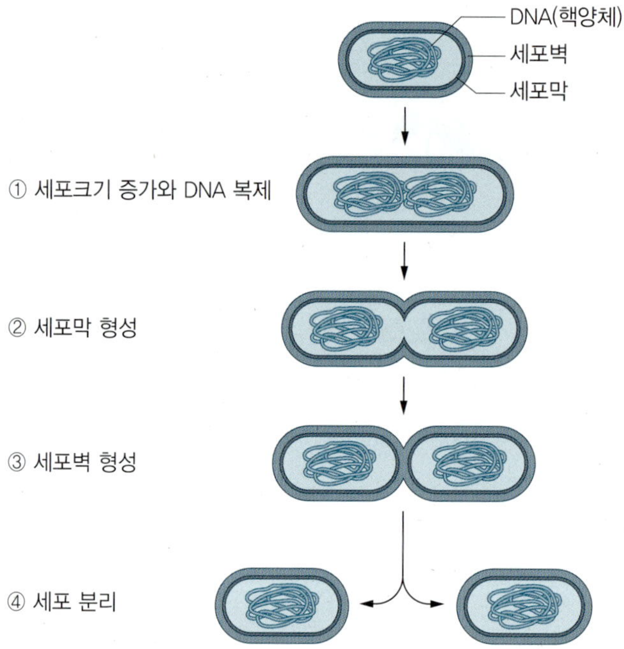

그림 3-4 세포의 영양증식과정 (세균의 이분법 과정)

온도조건 등 생육조건이 적절하여 가장 활발히 증식할 때는 15~30분 정도이다.

만일 배지에 적응하고 증식 준비가 완료된 세포의 경우, 세대시간이 30분 정도인 *Bacillus* 속의 지수 생장을 하는 대수기의 시간별 균수를 측정하면 다음과 같다.

$$N = N_0 \times 2^n$$

N: 배양 마지막 세포수, N_0: 처음 배양 시 세포수, n: 대수기(지수생장기간)의 세대수

이론적으로 표 3-2 와 같이 미생물 수가 증가하지만 실제로 배지에서 미생물을 키울 때 영양분이 고갈되면 미생물의 세포수는 이처럼 크게 늘어나지 않고 정체된다.

표 3-2 1마리의 세균이 배지에 세포가 적응 후 영양분 고갈 이전까지 세균의 증식과 세대시간의 예

구분	배양시간	세균수	계산식 (초기균 1마리일 때)	세대시간
배양 초기	0분	1	1×2^0	30분
1세대 후	30분	2	1×2^1	30분
2세대 후	60분	4	1×2^2	30분
3세대 후	90분	8	1×2^3	30분
4세대 후	120분	16	1×2^4	30분
5세대 후	150분	32	1×2^5	30분
6세대 후	180분	64	1×2^6	30분
⋮	⋮	⋮	⋮	⋮
n세대 후	n × 세대시간	초기균수 × 2^n	1×2^n	30분

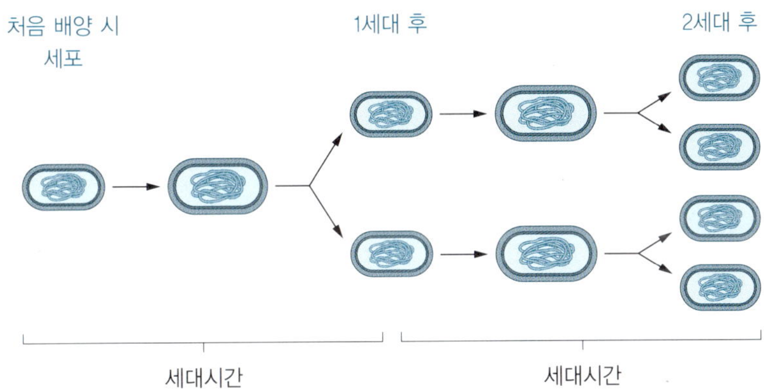

그림 3-5 세균수의 증식과 세대시간

4 세균의 분류

세균의 분류학taxonomy은 분류classification, 명명nomenclature 및 동정identification으로 이루어진다.

자연계에 존재하는 다양한 생물에 대하여 생물의 기본 단위인 종species을 구별하여 이름을 붙이고, 계통적으로 가까운 '종'을 찾아 '속genus'으로 묶고, 다시 가까운 '속'을 찾아 '과'로 묶는 과정을 통해 차례로 상위분류군taxon으로 묶어서

전체를 체계화하는 것이 분류이다.

1) 세균의 분류단계

세균의 종류가 얼마나 되며 어떤 특성을 가지고 있는지 파악하는 것은 학문적이며 실용적 측면에서도 매우 중요하다. 특히 세균을 연구하는 경우나 세균을 이용하여 직접 아미노산, 핵산, 유기산 등의 유용한 물질을 생산하는 경우 특정 세균의 분류학적 위치를 명확히 알아야 그 세균의 특성을 정확히 알 수 있다.

그러므로 세균을 단계적으로 분류하여 위치를 정한다는 것은 세균 자체에 대하여 정확하고 체계적으로 이해하고 있다는 뜻이다. 따라서 세균의 분류는 세균에 대한 특성 정보가 선행적으로 확보되어야 하기 때문에 복잡하고 어렵다.

세균을 분류하는 데 가장 중요한 것은 같은 종류의 세균을 모아서 유사한 성질의 세균들 상호 간의 관계를 파악하고, 성질이 다른 세균 집단을 만들어 단계적으로 구별하는 작업이다.

세균이 지닌 특성과 성질은 매우 다양하기 때문에 어떤 특성과 성질을 기준으로 분류해야 하는지에 대한 명쾌한 답은 아직까지 없다. 일반적으로 세균을 연구하는 학자들이 이용하고 있는 분류법 지침서는 두 종류이다. 효모는 로더J. Lodder의 《The Yeast, a taxonomic study》를 기준으로 사용하고, 세균의 분류는 뷰캐넌R. E. Buchanan과 기븐스N. E. Gibbons의 《Bergy's Manual of Determinative

표 3-3 세균의 분류 단계

위계명	영명	예
계	Kingdom	진정세균
문	Division	프로테오박테리아
강	Class	Y-프로테오박테리아
목	Order	Enterobacteriles
과	Family	Enterobacteriaceae
속	Genus	*Shigella*
종	Species	*Shigella dysenteriae*

Bacteriology》를 사용하고 있다. 또한 곰팡이는 식물의 분류단계를 거쳐 분류한다.

2) 세균의 분류법

세균이 가지는 다양성을 이해하기 위해서는 우선적으로 믿을 만한 분류체계가 있어야 한다. 분류학은 생물학적 분류과학으로 정의되는데, 먼저 분류에 대한 기준을 선정하고 나면 개체를 서로 비슷한 성질로 묶어 분류군taxon으로 나눈다. 자연분류natural classification는 가장 오래된 분류체계인데, 서로 많은 특징을 공유하는 세균들을 한 집단으로 묶는 체계로 개체의 생물학적 특성을 가능한 한 많이 반영한다. 린네Carl von Linné는 18세기 중반에 형태학적 특성에 바탕을 둔 자연분류체계를 처음으로 개발하였다. 이는 분류체계의 어느 위치에 속하는지에 따라 생물의 특성에 관한 정보를 얻을 수 있다는 점에서 이전에 사용된 인위분류보다 훨씬 발전된 체계이다. 인위분류법은 구균, 간균, 탄화수소 자화균과 같이 특정한 성질을 이용한 실용적 분류법이다.

최근에는 인공적 분류법의 일종으로 세균의 모든 성질은 궁극적으로 유전자에서 기인한다는 생각에서 유전자를 비교하여 분류를 하는 유전형적 분류법이 가장 널리 사용되고 있다.

사실상 새로 발견된 세균의 종과 속은 다측면분석법polyphasic taxonomy에 의해 결정한다. 이 방법은 표현론적, 계통발생적, 유전적 특성을 모두 포함하고 있다.

(1) 표현론적 분류

오랫동안 세균분류학자들은 표현론적 분류체계phenotypic system에만 전적으로 의지했다. 표현론적 분류체계란 세균의 유사한 표현형 특성을 중심으로 분류하는 것이다. 이 분류법은 다양한 세균들을 체계적으로 구별할 수 있을 뿐만 아니라 형태적 구조와 기능까지 알려준다. 어떤 특성이 다른 특성보다 계통발생학적으로 더 중요할 것이라는 가정 없이 여러 특성을 단순 비교하여 분류한다. 즉, 특성의 비중을 동일하게 두고 일반적 유사성을 측정한다. 따라서 가장 좋은 표현론적 분류체계는 가장 많은 특성을 비교하는 것이다. 결론적으로 많은 특성을 공유하는 세균은 같은 집단으로 분류된다.

(2) 계통발생학적 분류

1859년 다윈Charles Dawin이 《종種의 기원》을 출판한 후 생물학자들은 계통발생학적 분류체계를 사용하기 시작했다. 이는 일반적인 유사성이 아니라 진화론적 연관성을 중요시 여겼기 때문이다. 계통발생phylogeny이라는 용어는 한 가지 생물종의 진화적 발달을 의미한다. 과학자들은 생물 간의 차이점이나 유사성은 진화의 결과라고 판단하였다.

1970년대 들어 리보솜 RNArRNA 서열을 활용하여 세균 사이의 진화적 연관성을 측정하기 시작하면서 본격적인 계통발생학적 분류법이 발달하였다. 현재는 이 방법의 타당성이 과학적으로 인정되어 유전정보 데이터베이스인 진뱅크Genebank와 리보솜 데이터베이스 프로젝트Ribosomal Database Project, RDP-II와 같은 세계적 규모의 데이터베이스에는 200,000종 이상의 서로 다른 16S 및 18S rRNA 서열이 모아져 있다. rRNA 서열은 계통발생학적 도구로서의 효율성이 높은 것으로 알려졌으며, 이 서열을 이용하여 세균을 분류하는 방법은 우리나라 질병관리본부 실험법에도 등재되어 있다.

(3) 유전형적 분류

세균의 유전형을 이용하여 분류하는 방법으로 일반적으로 생물 간의 유전적 유사성을 비교한다. 이때 개별 유전자 또는 전체 유전자를 비교할 수 있다. 1970년대 이후 유전체가 70% 이상 같으면 같은 종에 속한다는 기준에 따라 분류하였다. 70%라는 기준선은 종의 정체성을 기준으로 체계적 데이터를 가지고 과학적으로 설정된 수치가 아니고 임의적으로 설정된 기준선이었지만, 다행히도 근래 들어 새로운 분자 수준의 분류법으로 얻어진 유전적 자료에 따르면 적정한 기준이라고 평가된다.

(4) 수량분류학적 분류

컴퓨터가 비약적으로 발달함에 따라 양적으로 접근하는 수량분류학numerical taxonomy이 가능해졌다. 수량분류학은 생명체를 특성에 따라 수량적으로 분류하는 방법이며, 이는 생물의 특성에 대한 정보를 수량분석에 적당한 형태로 바꾸어서 컴퓨터로 분석하는 방법이다. 정확하고 신뢰 있는 결과를 얻기 위해서는 적어도 50~수백 가지에 이르는 많은 특성을 비교해야 한다. 형태적, 생리적, 생화학적 정보를 포함하여 다양한 많은 종류의 자료를 포함하는 것이 좋다.

3) 세균의 분류기준

세균을 분류하는 4가지 분류법은 그람염색에 의한 분류기준, 염기조성, 핵산서열에 의한 분류기준, 연관계수 등 여러 실질적 분류기준을 이용하여 분류한다.

(1) 그람염색

그람염색은 세균을 그람양성과 그람음성으로 나누는 방법으로 세균을 분류하는 데 가장 먼저 사용되는 기준이다. 그람염색은 그람양성균의 세포벽에 두껍게 존재하는 펩티도글리칸peptidoglycan의 화학적·물리적 특성에 의해 구별한다(그림 2-2 참고). 크리스털바이올렛을 이용하여 1차 염색을 한 후, 요오드로 염색약을 세포벽에 고정한다. 알코올로 탈색을 하는데 이때 두꺼운 펩티도글리칸층을 가지는 그람양성균은 크리스털바이올렛이 알코올로 제거되지 않지만, 상대적으로 적은 양의 펩티도글리칸을 가지는 그람음성균은 쉽게 제거된다. 이후 사프라닌으로 2차 염색을 하게 되면 크리스털바이올렛이 제거된 그람음성균은 사프라닌으로 염색되어 분홍색을 나타내지만, 그람양성균은 크리스털바이올렛이 그대로 존재하므로 보라색을 나타낸다. 표 3-3 에 그람양성균과 그람음성균의 특성을 비교하였다.

표 3-4 그람양성균과 그람음성균 비교

특성	그람 양성	그람음성
염색 후 색	보라색	분홍색
차이: 세포벽의 조성	펩티도글리칸이 두꺼움	펩티도글리칸이 얇음
구조	세포벽–세포막(안)	외막–세포벽–세포막(이중막)
테이코산	있음	없음
뮤코단백질	많음	적음
lipoprotein, lipopopolysaccharide	없음	있음
페니실린	세포벽 합성 저해, 양성균 죽임	효과 없음, 대신 스트렙토마이신으로 단백질 합성 억제 효과적
lysozyme 작용	세포벽(펩티도글리칸)이 분해되어 용균됨	세포벽 분해 안 됨
대표균	• 구균(coccus) • 포자형성균(*Bacillus*, *Clostridium*) • 젖산균(*Leuconostoc*, *Pediococcus*, *Lactobacillus*, *Streptococcus*)	• 장내세균(*Escherichia*, *Salmonella*, *Shigella* 등) • 초산균(*Acetobacter*)

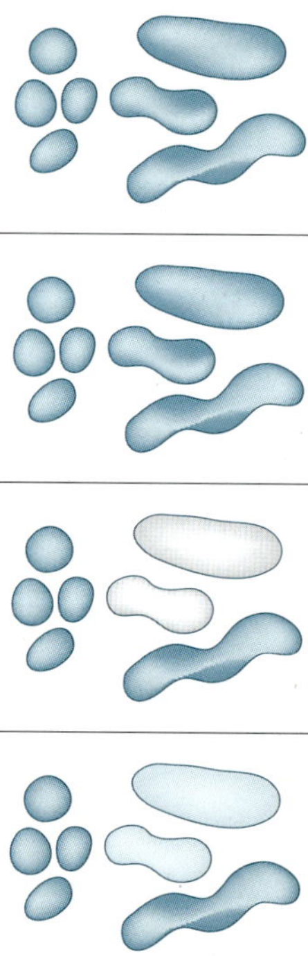

염색 단계	세포 상태
크리스털바이올렛 염색 (1차 염색)	보라색으로 염색
요오드 (고정)	보라색으로 유지
알코올 (탈색)	그람양성은 보라색 그람음성은 탈색
사프라닌 염색 (2차 염색)	그람양성은 보라색 그람음성은 분홍색으로 염색

그림 3-6 그람염색의 원리와 분류

(2) 염기조성

세균의 유전체가 가지고 있는 염기조성을 비교하여 분류하는 방법이다. DNA에는 퓨린과 피리미딘 염기를 가지고 있다. 아데닌(A), 구아닌(G), 시토신(C), 티민(T)로 이루어진 이중나선 DNA에서 A는 T와 수소결합을 하고, G는 C와 수소결합을 한다. 따라서 G+C의 비율은 DNA의 염기서열을 반영하며 염기서열에 따라 G+C 함량이 변한다.

$$\text{G + C 함량(\%)} = \frac{G + C}{G + C + A + T} \times 100$$

G+C 함량은 DNA의 이중나선이 분리되는 온도인 DNA 녹는 온도melting temperature(T_m)와 관련이 있다. G와 C는 삼중 수소결합으로 연결되어 있고 A와 T는 이중 수소결합으로 결합되어 있어, G+C의 함량이 높을수록 DNA 이중가닥은 높은 온도에서 분리되어 녹는 온도가 높아진다. DNA 시료를 천천히 가열하면 염기 사이의 수소결합이 끊어지면서 흡광도가 증가하여 모든 DNA가 단일 DNA로 존재하게 되는데 이때 흡광도가 수평이 된다. 흡광도 증가곡선의 1/2 지점에 해당하는 온도를 녹는점melting point이라고 하는데, 녹는점은 G+C 함량의 직접적인 측정치라고 할 수 있다 그림 3-7. 많은 세균의 G+C 함량이 결정되었는데 원핵세균과 진핵세균의 G+C 함량의 범위는 매우 다양하다. 그러나 특정한 종에 속하는 균주들의 G+C 함량은 일정하다. 바로 이러한 특성이 세균 분류에 사

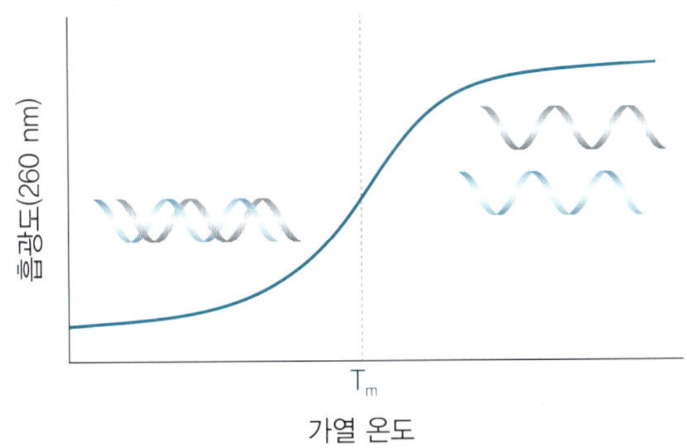

그림 3-7 DNA 녹는점(T_m) 측정

용된다. G+C 함량의 차이가 10% 이상으로 크다면 2개의 분류군으로 나누어야 한다.

(3) 핵산서열

DNA 염기서열은 1970년대 생어Frederick Sanger 등에 의해 개발된 DNA 종결방법DNA chain termination을 이용하여 분석한다. 현재 질병관리본부의 감염병실험실 진단방법으로 채택, 사용되고 있으며, 자동염기서열 분석기(ABI 3100)를 이용하여 서열을 분석한 후 이후 프로그램을 이용하여 염기서열 특성을 분석한다. 단일 염기서열은 Lasergene 프로그램을 이용해 분석하고, 여러 개의 염기서열은 multiple alignment를 하기 위해 CLUSTAL W 프로그램을 이용하여 정렬한 후 분석한다. 이후 여러 개의 염기서열을 통해 유전자의 진화 및 유연관계를 분석하는 계통분석을 한다. 이때 Maximum pasimony, UPGMAunweight pair group method with arithmetic, Neighbor-joining, Maximum likelihood를 이용한다.

(4) 연관계수

수량분류학에 사용되는 분류방법이다. 특성을 분석한 후에 세균이 가지고 있는 특성이 어느 정도 일치하는지 측정할 수 있는 연관계수나 함수관계를 계산한다. 세균학에서 가장 보편적으로 쓰이는 계수인 단순일치계수simple matching coefficient, SSM는 가지고 있는 특성의 종류와는 무관하게 일치되는 특성이 얼마나 많은가를 나타내는 비율이다. 때로 자카드계수Jaccard coefficient, SJ를 산출하기도 하는데, 이는 비교대상인 두 생물이 모두 가지고 있지 않은 특성은 무시하고 계산하는 방법이다. 두 계수는 0.0(전혀 일치하지 않음)에서 1.00(완전 일치)까지 정비례적으로 증가한다.

$$\text{단순 일치계수(SSM)} = \frac{a+d}{a+b+c+d} \qquad \text{자카드 계수(SJ)} = \frac{a}{a+b+c}$$

단순일치계수는 유사성 행렬similarity matrix을 만드는 데 사용된다. 이 행렬에서 열과 행은 생물의 종류를 나타내며 각 값은 표에서 어떤 생물을 나머지 다른 생

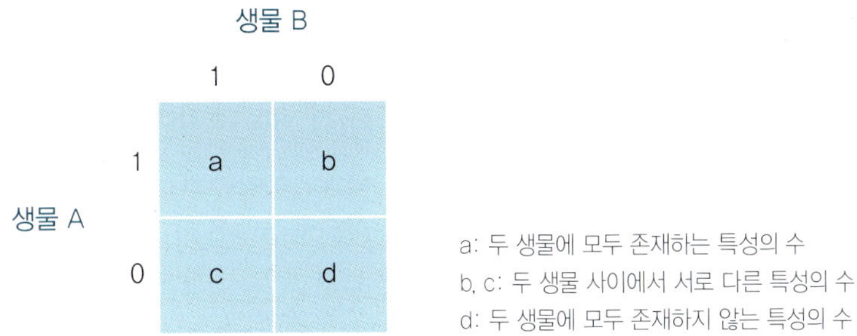

그림 3-8 두 생물의 연관관계 계산

물들과 비교해 얻은 다른 두 생물 간의 유사성을 평가하는 연관계수다. 수량분석학적 결과는 수지도dendrogram라는 모식도로 나타내는데 보통 세균의 종류와 유사성을 나타낸다. 각각의 가지에서 나뉘는 분기점의 위치는 두 가지 사이의 관계를 나타내는 유사성 값similarity value에 해당한다. 인접한 두 가지에 속해 있는 생물은 특징을 공유하며, 따라서 두 집단이 분기점 값의 크기보다 더 큰 연관계수를 가질 때 2개의 집단으로 분리된다. 그림 3-9의 수지도에 의하면, 세균 1~세균 6을 비교할 때 세균 1은 세균 2와 가장 유사한 것으로 나타난다.

세균	1	2	3	4	5	6
1	1.00	0.92	0.78	0.32	0.43	0.36
2	0.92	1.00	0.74	0.20	0.45	0.41
3	0.78	0.74	1.00	0.26	0.47	0.44
4	0.32	0.20	0.26	1.00	0.32	0.35
5	0.43	0.45	0.47	0.32	1.00	0.65
6	0.36	0.41	0.44	0.35	0.65	1.00

(a) 여섯 균주를 비교한 유사성 행렬

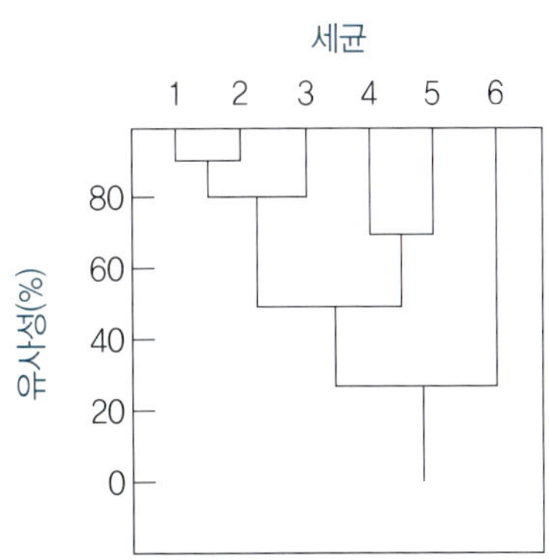

(b) 집단분석 결과를 나타낸 수지도

그림 3-9 수량분류학에 따른 집단화와 수지도

4) Bergy에 의한 분류체계

고전적 세균의 분류체계를 확립한 버기Bergy의 방법에 의한 세균 분류는 그람염색성, 산소 요구성, 균의 형태, 포자 형성 유무, 편모의 유무 및 종류로 구분한다. 최근에는 화학분류학적인 정보도 많이 포함되어 있으며, DNA의 함량은 거의 모든 균종에 대하여 표시되어 있다. 그람염색성 및 균의 형태는 본 장에서 이미 소개하였으며, 산소 요구성, 포자 형성 유무, 편모의 유무 및 종류는 다음과 같다.

(1) 산소 요구성

세균은 생육에 산소를 필요로 하는 그룹이 있는 반면, 산소가 없어도 생육이 가능한 그룹이 있다. 따라서 미생물의 생육에 필요한 산소의 요구도에 따라 미생물을 크게 호기성 혹은 혐기성 미생물로 분리할 수 있다. 보다 구체적인 분류는 산소 요구의 절대성에 따라서 산소를 반드시 요구하는 편성호기성obligate aerobes, 생육을 위하여 산소를 요구하나 상대적으로 낮은 농도인 약 1~10% 정도의 산소의 농도에서만 생육하는 미호기성microaerophiles, 산소가 있거나 없는 환경 모두에서 생육이 가능한 통성혐기성facultative anaerobes, 산소가 없는 환경에서만 생육하는 편성혐기성obligate anaerobes으로 구분할 수 있다.

(2) 포자 형성 유무와 저항성

그람양성균이며 간균인 *Bacillus* 속과 *Clostridium* 속은 영양조건이 좋지 않을 때 세포 내부에 포자를 생성하는 내생포자 형성균이다. 포자 형성 여부는 세균의 분류기준에 중요한 지표가 된다. 포자를 형성할 때 영양세포의 형태가 변하지 않는 것을 bacillus형, 세포 중앙이 부풀어서 영양세포보다 굵은 부분이 나타나는 것을 clostrdium형, 영양세포 한쪽 끝이 부풀어서 나타나는 것을 plectridium형이라고 부른다.

내생포자endospore 형성균은 영양분 조건이 좋지 않을 때 증식이 정지되며 이 때 모세포내부에 전포자forespore가 형성된다. 이 전포자는 점차 내생포자로 형태가 커지는데 내생포자는 단단한 내구체이며 밀도가 높고, 수분 함유량이 적으며, 독자적인 DNA를 가지게 된다. 포자 형성단계에서 작은 산 용해성 단백질small, acid-soluble protein이 생성되어 DNA를 평상시의 DNA의 구조인 'B구조'에서 더 압축된 형태인 'A구조'로 바꾸며, 자외선으로부터 돌연변이를 방지하여 DNA를 보호한다. 또한 포자는 포자외막exosporium, 포자막coat, 피층cortex, 중심core 등 다층구조를 이루고 있는데 피층에는 칼슘이온과 디피콜린산dipicolinic acid이 결합하여 이들 복합체가 포자 건조중량의 10%에 이르며 이들이 수분 함량이 낮은 포자의 내구성에 도움이 된다. 포자의 이들 구조는 외부의 자극, 특히 열, 자외선, 화학약품, 건조, 저온 등 처리에 포자가 잘 견딜 수 있게 도와준다. 따라서 영양세포와 달리 세균의 포자는 살균이 어렵다. 이들 포자는 영양세포를 용균시키고 자유포자free spore가 되어 자유롭게 공중에 떠다닐 수 있다. 이들 포자는 아주 오랜 시간 휴면 상태로 존재하고 우주까지 날아갈 수 있을 정도로 열악한 환경에서 잘 견딘다. 따라서 대사에 필요한 효소의 활성도 매우 낮다. 따라서 미생물 실험을 위한 살균조건은 적어도 121℃에서 15분 이상 실시함으로써 내열성이 강한 대부분 포자를 사멸시킬 수 있다. 그러나 일부 세균의 내열성이 강한 포자는 150℃ 이상에서도 살아남는 경우도 있을 정도로 높은 열에서도 생존한다.

이들 포자는 나중에 영양조건이나 온도조건 등 다시 좋은 환경에 떨어졌을 때 다시 영양세포로 돌아가는 발아germination의 과정을 거친다. 주로 약한 열(60℃)에 의한 활성화나 아미노산이 발아를 촉진하게 되어 영양세포로 돌아갈 수 있

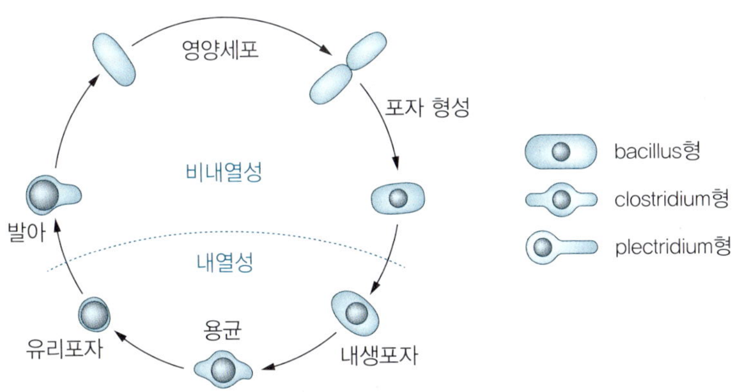

그림 3-10 세균의 증식과 포자형성

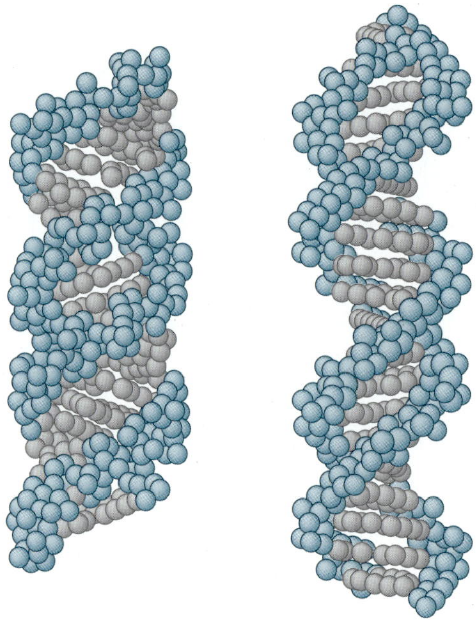

그림 3-11 DNA의 A구조와 B구조의 비교

다. 식품에 포자가 존재하면 열 저항성이 높아 살균이 어렵고, 살균 이후에 살아남은 포자가 발아하고 증식할 수 있다. 내생포자 형성균 중에는 식품을 부패시키거나 식중독을 유발할 수 있는 균이 있기 때문에 식품공업에서 포자의 살균은 중요하게 취급된다.

(3) 편모의 유무, 종류, 운동성

세균에는 운동성이 있는 것과 그렇지 않은 비운동성 세균으로 구분한다. 운동성 세균은 모두 운동기관으로 편모flagellum(복수형 flagella)를 가지고 있는데 편모의 존재 여부와 착생한 부위 및 편모의 수는 세균 분류에 중요한 지표가 된다.

편모가 착생하는 부위는 모두 세포막에 부착되어 있는데 편모의 종류와 부착위치에 따라서 극모, 주모로 나눌 수 있다. 극모는 세포의 끝부분에 위치한 경우를 말하며, 주모는 세포 전체에 편모가 골고루 붙어 있는 경우를 말한다. 극모는

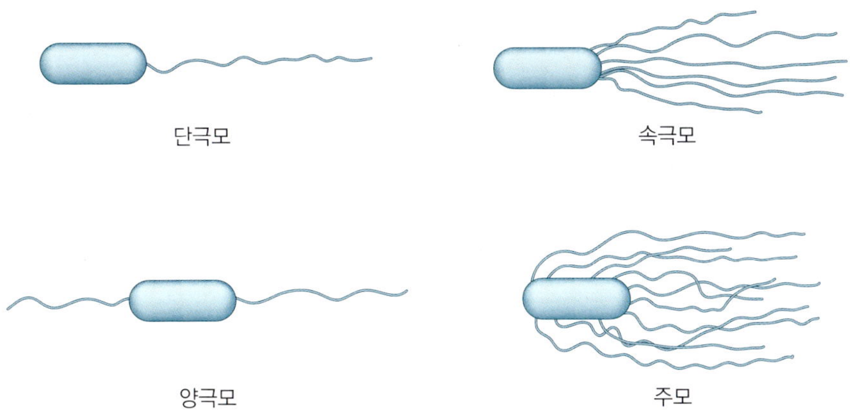

그림 3-12 극모와 주모

편모의 개수에 따라서 한 개의 경우 단극모라 부르고, 양쪽 끝에 붙어 있을 경우를 양극모라 하며, 여러 개의 경우 속극모 또는 극속모라고 부른다. *Salmonella* 속과 *Listeria* 속은 주모를 가지고 있으며, 편모는 구균에는 거의 없고 그람음성균 중 특히 나선균이 많이 가지고 있다.

편모의 길이는 세포 길이의 1.5~2배 정도이며, 굵기는 10~50 nm 수준이기 때문에 광학현미경으로는 관찰할 수 없어 특수한 편모염색으로 굵게 만들어서 관찰하거나 해상도가 높은 전자현미경을 통해 세포 미세 부위를 관찰할 수 있다. 편모는 주로 세포가 새로 만들어져 발육이 왕성한 시기에 관찰할 수 있으며, 환경조건이 나빠지거나 세포가 늙으면 세포로부터 빠져나가서 관찰하기 어려워진다. 편모는 배의 모터가 회전하면서 앞으로 추진하는 것과 같은 방식으로 회전운동에 의하여 세포를 추진한다.

실험 3 세균의 그람염색 및 현미경 관찰

1. 실험 원리 및 목적

그람 염색법(Gram staining)은 1884년 그람 박사에 의해 개발된 방법으로 세균의 세포벽 특성에 따라 그람 음성 및 그람 양성으로 구분하기 위해 사용되는 염색법이다. 세균을 식품 및 환경으로부터 분리한 뒤 세균을 동정하기 위하여 가장 먼저 사용되는 방법으로 그람 염색 후 세균을 광학현미경으로 관찰하여 그람 특성 및 균주의 형태적 특성을 파악한다.

실험원리

그람 양성균은 두꺼운 세포벽(펩티도글리칸 층)에 크리스탈 바이올렛-요오드 복합체가 염색되어 에탄올로 탈색하는 과정에서 색이 쉽게 빠지지 않아 염색 후 보라색을 유지한다. 반면 그람 음성균은 세포벽이 매우 얇아 염색된 크리스탈 바이올렛 염색이 에탄올에 의해 쉽게 탈색되고, 이후 2차 염색으로 사용되는 사프라닌에 의해 핑크색으로 염색된다.

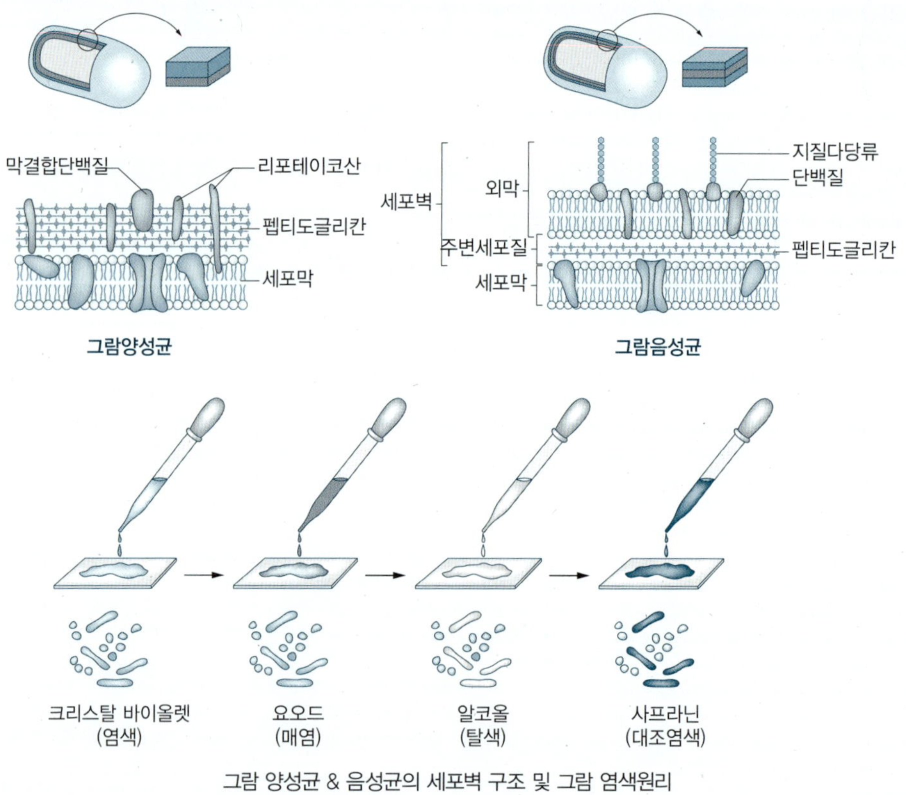

그람 양성균 & 음성균의 세포벽 구조 및 그람 염색원리

2. 실험 재료 및 방법

준비물

순수 배양된 미생물 / 슬라이드 글라스 / 백금이 / 알코올램프 /
그람 염색시약(크리스탈 바이올렛(crystal violet) 용액, 요오드(iodine) 용액, 에탄올, 사프라닌(safranin) 용액) / 광학현미경

실험방법

1. 멸균된 백금이를 이용하여 고체 또는 액체 배지에 배양된 균주를 슬라이드 글라스 위에 펴바르고 건조시킨다.
2. 건조된 균주 위에 크리스탈 바이올렛 용액을 1~2방울 가하여 약 1분간 염색한다.
3. 슬라이드 글라스를 뒤집은 상태에서 약하게 흐르는 물로 슬라이드 글라스를 세척하여 염색약을 씻어내고 물기를 최대한 제거한다.
4. 요오드 용액을 1~2방울 가하여 약 1분간 매염한다.
5. **3**번과 동일한 방법으로 세척하고 물기를 제거한다.
6. 에탄올을 가하여 약 30초간 탈색한다.
7. **3**번과 동일한 방법으로 세척하고 물기를 제거한다.
8. 사프라닌 용액을 1~2방울 가하여 약 1분간 대조염색한다.
9. **3**번과 동일한 방법으로 세척하고 물기를 제거한 후 표면을 완전히 건조시킨다.
10. 준비된 슬라이드 글라스를 광학현미경으로 관찰한다.

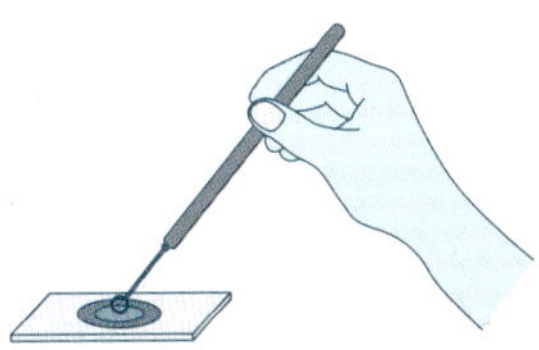

시료 도말

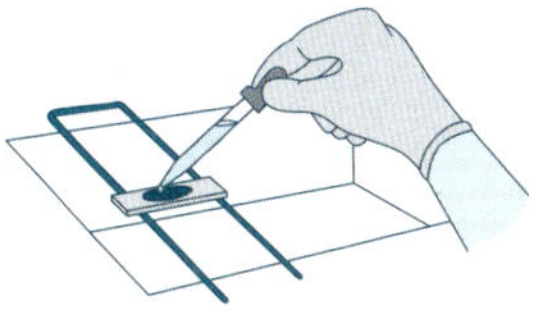

① 크리스탈 바이올렛, 1분

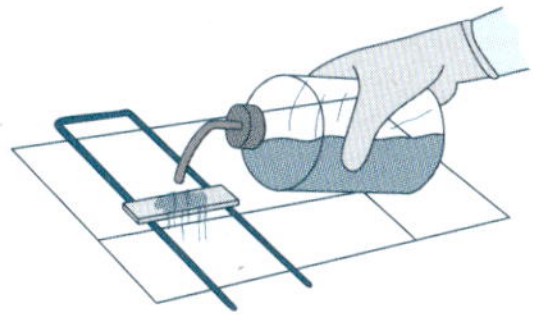

② 물로 세척

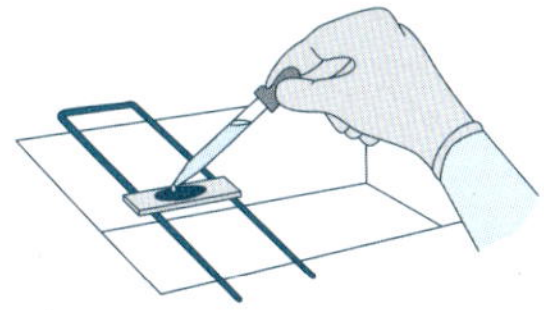

③ 그람 요오드, 1분

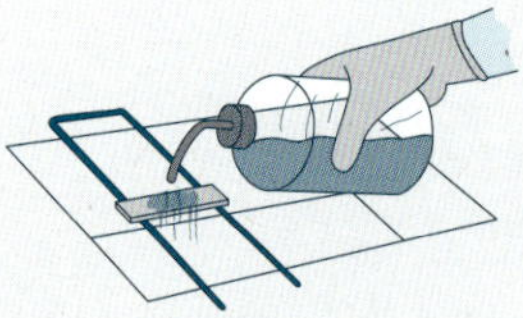

④ 물로 세척

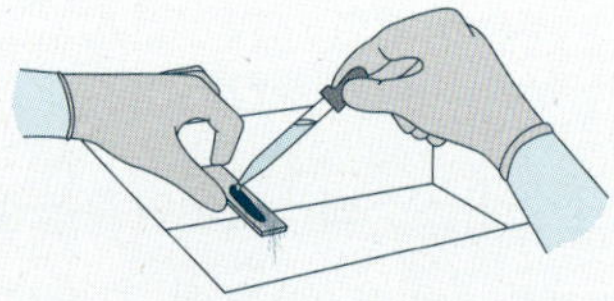

⑤ 95% 에탄올, 30초

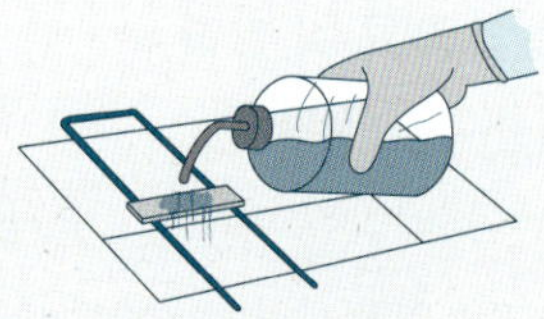

⑥ 물로 세척

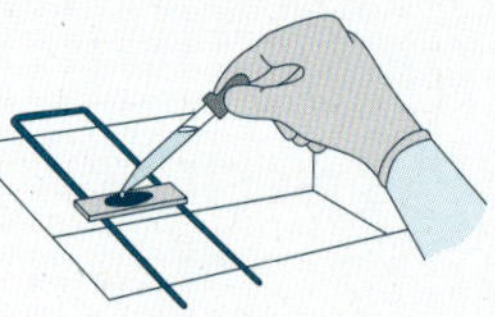

⑦ 사프라닌, 1분

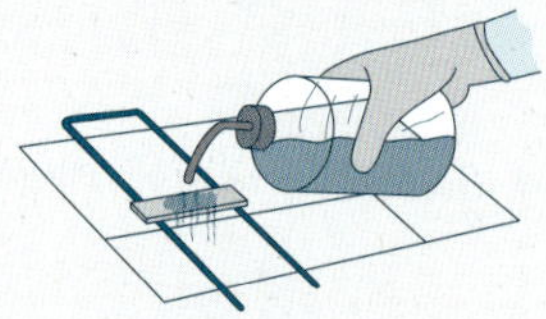

⑧ 물로 세척

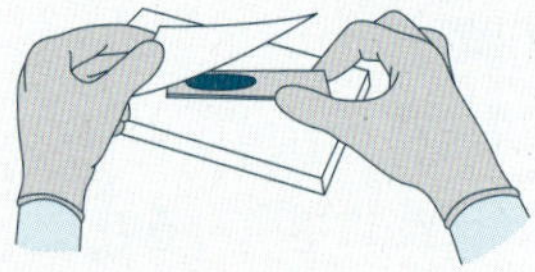

⑨ 수분 제거 및 건조

3. 결과 확인

현미경 관찰 시 보라색(남색)은 그람 양성균이며 핑크색(빨간색)은 그람 음성균이다. 그 외 세포의 형태를 관찰해서 구균(coccus), 간균(bacillus 또는 rod)인지 확인하고, 세포의 배열형태 등을 관찰한 결과를 함께 기록한다.

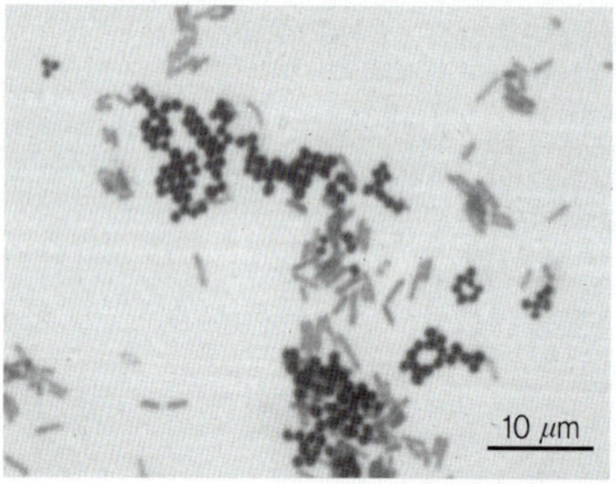

그람 염색 및 현미경 관찰 예시
출처: 위키백과(https://ko.wikipedia.org/wiki/%EA%B7%B8%EB%9E%8C_%EC%97%BC%EC%83%89#/media/%ED%8C%8C%EC%9D%BC:Gram_stain_01.jpg)

FOOD MICROBIOLOGY • chapter 4

중요한 세균

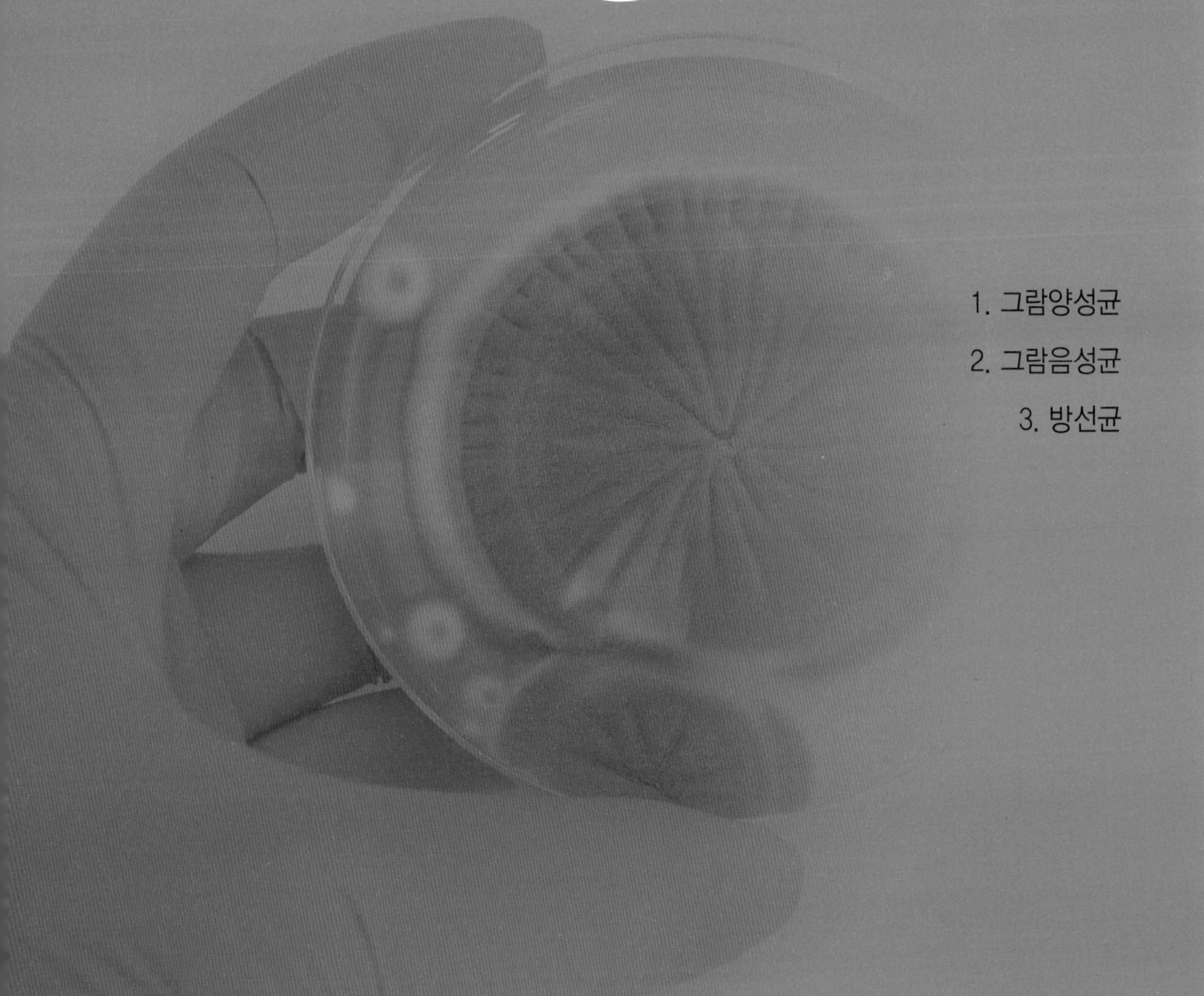

학습목표

1. 중요한 세균에 대한 특징을 이해한다.
2. 항생제 생산에 관여하는 방선균의 산업적 활용도를 이해한다.

1 그람양성균

그람양성균은 세포벽에 넓은 펩티도글리칸 층을 가지고 있으나 외막outer membrane은 가지고 있지 않아 그람음성균과 다른 생리적 특성을 나타낸다. 그람양성균의 대표 균으로는 포자를 형성하는 *Bacillus* 속, *Clostridium* 속이 있으며, 발효식품 및 다양한 유제품 제조에 관여하는 젖산균이 있다. 또한 프로피온산과 같은 유기산이나 아미노산을 생성하는 균도 있으며 식중독이나 부패를 유발하는 균도 있다.

1) 포자형성균spore forming bacteria

호기성 또는 통성혐기성의 *Bacillus* 속과 편성혐기성의 *Clostridium* 속은 내생포자를 형성하는 균이다. 이들은 환경조건이 나빠지면 포자를 형성하여 견디며 환경조건이 좋아지면 다시 영양세포 상태로 돌아온다. 포자는 토양 등 자연계에 널리 분포되어 있다. 식품에 혼입될 가능성이 많은 균으로 식품 저장, 특히 통조림에 문제를 유발한다.

(1) *Bacillus* 속

그람양성, 호기성 내지 통성혐기성의 중온·고온성의 간균이며 catalase 양성이다.

① *Bacillus natto*

Biotin 요구성을 갖고 있는 균주로서 청국장 제조에 이용되는 납두균이다. 삶은 콩에 잘 번식하고 끈끈한 실 같은 점질물을 만드는 균으로 독특한 냄새가 있다. 강력한 amylase와 protease를 분비하여 콩단백질을 가수분해하여 소화성을 높인다.

② *Bacillus subtilis*

Bacillus 속의 대표균이다. 건초, 토양에 많이 존재한다. 85~90℃의 고온액화효소인 α-amylase와 protease를 생성하는 균주이며, subtilin이라는 항생물질을 생산하는 균주도 있다. *Bacillus natto*와 형태는 같으나 biotin 요구성은 없다. 밥이나 빵에서 점질물을 생성하므로 끈적끈적한 물질을 생산하는 부패현상인 ropeness 현상을 보인다.

③ *Bacillus cereus*

볶음밥, 소스류 등에 존재하며 독소형 식중독을 유발하는 식중독균이다. 열을 사용하는 조리과정 중 내생포자의 형태로 견딜 수 있으며 이후 발아하여 영양세포로 전환되어 성장하면서 독소를 생성할 수 있다. 생산된 독소는 구토형 식중독이나 설사형 식중독을 유발하게 되는데, 구토형은 밥, 곡류 등에서 많이 발생하며, 설사형은 우유, 고기에서 발생한다.

④ *Bacillus megaterium*

이름에 사용된 mega에서 의미하는 것처럼 다른 균보다 크기가 큰 균으로 비타민 B_{12}를 생산한다.

⑤ ***Bacillus coagulans*, *Bacillus stearothermophilus*, *Bacillus circulans***

고온에서 생육하며 내열성이 강한 포자를 형성한다. 병조림 식품, 포장가열 식품에서 부패를 일으키는 균이다. *B. coagulans*는 어육 소시지에 반점 모양으로 번식하면서 부패를 일으키며 통조림이 부풀지 않고 산패하는 무가스 산패flat sour의 원인이 된다.

*B. stearothermophilus*는 생육 온도가 50~65℃가 되는 고온균으로 포자의 내열성이 *B. subtilis*보다 강하여 통조림 flat sour를 유발한다. *B. circulans*는 전분질 식품이나 소시지, 어육, 생선묵, 연유 등에서 검출된다.

(2) *Clostridium* 속

편성혐기성, 내생포자를 형성하는 간균으로 catalase 음성이다. 포자는 세포의 중앙이나 말단에 생긴다. 단백질을 분해하여 부패시키는 것과 탄수화물을 발효하여 초산, 낙산butyric acid, CO_2, H_2, 아세톤과 알코올을 생산하는 것, 두 가지로 나눌 수 있다. 육류나 생선에서 분리되는 균은 단백질 분해력이 강하여 부패와 식중독을 유발하는 것이 많다. 토양에 많이 분포하며 식품에서 성장하면 악취나 낙산취가 나며 포장된 식품이 심하게 팽창된다.

① ***Clostridium butylicum***

당류를 발효하여 낙산을 생성하는 낙산균의 일종으로 치즈, 단무지 등에서 분리된다. 운동성이 있으며 방추형 포자를 형성할 수 있다. *Cl. saccharobutylicum*도 유사한 특성이 있다.

$$C_6H_{12}O_6 \longrightarrow C_4H_8O_2 + 2CO_2 + 2H_2$$

② ***Clostridium saccharoacetobutylicum***

설탕이나 포도당과 같은 탄수화물을 이용하여 acetone, butyric acid를 생성하는 균이다.

③ ***Clostridium botulinum***

식중독을 일으키는 균으로 내열성이 강하여 통조림 살균 후에도 살아남아 독소를 생성한다. 최근에는 통조림 가공기술이 개선되어 상업적으로 생산되는 통조림에서는 발견되지 않지만, 가정에서 제조하는 병조림 제품에서 검출될 수 있다. 독소는 A, B, C, D, E, F, G의 7가지 중에서 A, B, E, F형이 식중독을 유발한다. 육류를 암갈색으로 변색시키며 치사율이 높은 신경독소인 botulin을 생성하여 악취를 낸다.

④ ***Clostridium sporogenes***

혐기조건에서 육류를 부패시키며 내열성이 강한 포자를 형성할 수 있어 통조림의 부패에 관여하는 부패균이다.

⑤ ***Clostridium perfringens***

감염형 식중독을 유발하는 식중독균으로 주된 원인식품은 육류, 육류 가공품, 어패류, 어패류 가공품 등이다. *Welchii*균이라고 불리기도 한다. 대량조리 육류 등의 대량조리 식품에서 식중독 발생이 잦다.

⑥ ***Clostridium difficile***

항생제를 복용한 후에 주로 발생하며 어린이 설사를 유발하는 주요 원인균이다. 주로 병원에서 감염되기도 하지만 최근에는 식품에서도 검출된다.

2) 젖산균

당류를 발효하여 젖산lactic acid을 생성하는 세균을 총칭하는 젖산균은 치즈, 버터, 요구르트, 김치 등에서 중요한 역할을 한다. 젖산균은 그람양성균으로 포자를 형성하지 않으며 운동성이 없고 catalase 음성(그림 8-10 참고)의 통성혐기성균이다. 색소를 생성하지 않는 간균 또는 구균으로 탄수화물을 발효하여 젖산 또는 그 이외의 부산물을 생성한다. 생육을 위한 영양요구성이 복잡하여 비타민 B군, 각종 아미노산, purine 및 pyrimidine을 요구한다.

주요 젖산균으로는 구균인 *Streptococcus* 속, *Leuconostoc* 속, *Pediococcus* 속과 간균인 *Lactobacillus* 속이 있으며, 젖산 생성 적정온도는 35~50℃이다.

젖산균은 당류로부터 젖산만을 생성하는 정상발효 젖산균homo lactic acid bacteria과 젖산뿐 아니라 ethanol, 초산, CO_2 등의 여러 부산물을 생성하는 이상발효 젖산균hetero lactic acid bacteria의 2종류다.

Homo type: glucose ⟶ 2 lactic acid

Hetero type: glucose ⟶ 2 lactic acid + ethanol + CO_2

2 glucose ⟶ 2 lactic acid + ethanol + acetic acid + 2 CO_2 + H_2

Homo형 젖산균으로는 *Streptococcus* 속, *Pediococcus* 속, *Sporolactobacillus* 속이 있으며 Hetero형 젖산균으로는 *Leuconostoc* 속이 있다. *Lactobacillus* 속은 균종에 따라 homo형과 hetero형이 있다.

(1) 젖산 제조

전분당화액이나 당밀molasses을 원료로 이용할 때는 *Lactobacillus delbrueckii*를 이용한다. 이 균은 간균으로 catalase 음성이며 homo형 발효를 하는 유산균으로 50℃에서 잘 성장한다.

우유나 유청을 원료로 이용할 때는 *Streptococcus cremoris*, *Streptococcus lactis*, *Lactobacillus bulgaricus*, *Lactobacillus acidophilus*, *Lactobacillus casei* 등의 homo형 균 중 적당한 균을 선발하여 사용한다.

(2) 식품에 관련된 젖산균

젖산균은 우리나라 전통 발효식품인 김치에 존재하는 대표적인 균이며 막걸리, 젓갈, 장류 제조에도 관여하는 주요 발효균이다.

① 유산균(젖산균) 제제

유산균은 장내에서 이상발효를 억제하고 정장작용을 하므로 정장제로 이용된다. 정장제로 이용되는 균주는 *Streptococcus faecalis*, *Lactobacillus bifidus*, *Lactobacillus acidophilus* 등 장내에서 생존이 가능한 균주들이다.

표 4-1 주요 젖산균속의 특징

젖산균 속	세포의 형태와 배열	발효방식	G+C 함량(mol %)
Streptococcus	연쇄상구균	homo형	34~46
Leuconostoc	구균	hetero형	38~41
Pediococcus	4연구균	homo형	34~42
Lactobacillus	간균	homo형	32~53
		hetero형	34~53

② **청주 등 기타 주류 양조**

일본 청주 양조 시 밑술 배양에 유산균이 관여하여 잡균의 번식을 억제하고 효모의 배양에 적합한 환경을 만들어 주는데, 이때 관여하는 젖산균은 *Leuconostoc mesenteroides*, *Lactobacillus sake*이다. 또 포도주와 맥주 양조에도 관여하여 특유한 향미를 생성하고, 우리나라 전통 술인 막걸리 발효 시에도 우점균으로 존재한다.

③ **유제품 제조**

치즈나 버터를 제조할 때 인위적으로 순수배양한 starter를 첨가하는데 치즈의 스타터로는 *Streptococcus lactis*와 *Streptococcus cremoris*를 사용하고, 버터의 스타터로는 *Lactobacillus bulgaricus*를 사용한다. *Lactobacillus casei*는 치즈의 숙성과정에 중요하며, 요구르트 제조에는 *Lactobacillus bulgaricus*와 *Streptococcus thermophilus*를 이용한다.

④ **김치 및 장류**

김치의 산미는 젖산균 발효에 의해 생성되는 젖산에 기인한다. 초기에는 호기균이 증가한 상태에서 발효가 진행되다가 중기부터 혐기균이 급격하게 증가한다. *Leuconostoc mesenteroides*는 초기에 성장하여 젖산과 이산화탄소를 생성하는데 그 결과 김치의 산도가 높아지고 혐기상태가 되기 때문에 호기균의 성장이 억제된다. *Streptococcus* 속도 김치 발효 초기에 성장한다. *Lactobacillus plantarum*과 *Lactobacillus brevis*는 말기에 관여한다. 과숙단계에는 호기성 산막 형성 효모가 성장한다. 간장, 된장 등의 발효식품에도 젖산균 발효에 의한 젖산과 부산물이 생성되어 발효식품 고유의 맛과 향미를 나타낸다. 간장에 중요한 젖산균은 *Pediococcus sayae*이다.

⑤ 덱스트란 제조에 이용하는 균

*Leuconostoc mesenteroides*는 설탕sucrose에서 대량의 덱스트란dextran을 생성한다. 제당공장에서 파이프를 막히게 하는 유해균이다. 덱스트란은 인공혈장에도 이용되며 끈끈한 점질물이다.

⑥ 식품 부패

젖산균은 여러 유용한 물질을 생성하여 식품 고유의 맛과 향을 부여하지만 경우에 따라서는 필요 이상으로 성장하여 산을 생성하여 식품을 산패시킨다.

저장 중인 청주에 백탁을 일으키고 악취가 나게 하는 화락균도 젖산균으로서 *Lactobacillus homohiochi*와 *Lactobacillus heterohiochi*의 두 종류의 균종이 있다. *Pediococcus cerevisiae*는 맥주를 혼탁하게 하고 pH를 낮추며 나쁜 냄새를 나게 하여 beer sarcina라 부르는 맥주 양조에 유해한 균이다. *Lactobacillus thermophilus*는 최적 성장온도가 50~60℃ 정도로 내열성이 커서 장시간 저온살균하여도 죽지 않아 우유를 산패시키는 원인이 된다.

3) 프로피온산균

당류나 젖산을 발효하여 프로피온산propionic acid을 생성하는 세균을 프로피온산균이라 한다. 프로피온산균은 그람양성, catalase 양성이며 운동성이 없는 단간균 또는 구균으로 유기산, 탄수화물, 다가알코올 등을 산화하여 비타민의 일종인 프로피온산, 초산, CO_2, 호박산 등을 생성하는 혐기성균이다.

최적 성장온도는 30℃로 생육이 늦어 집락은 5~7일 이상 배양해야 육안으로 관찰할 수 있다. Pantothenic acid와 biotin에 대한 영양 요구성이 있다.

*Propionibacterium shermanii*는 건성 치즈인 스위스 에멘탈emmental 치즈의 숙성에 관여하여 숙성 중 CO_2를 발생하여 치즈에 많은 구멍을 형성한다. 비타민

B_{12}를 생산하는 균으로 *Propionibacterium freudfnreichii*가 있다.

4) 식중독균

Listeria 속의 대표 균인 *Listeria monocytogenes*는 그람양성의 통성혐기성 간균으로, 편모는 주모성이고 최적온도는 30~37℃이며, 4℃에서도 발육이 가능한 저온균이다.

성장 가능한 pH는 5.6~9.6이며 식염에 저항성이 있어 6% 식염에서도 생존이 가능하다. 혈청학적으로는 13종 이상으로 분류되고, 감염된 사람과 동물에서 주로 분리되는 것은 1/2a, 1/2b, 4b 등의 특정 혈청형이다. 식중독균은 건강인의 장내에서도 보유균으로 확인되며, 인체 내의 감염은 오염된 식품이나 감염된 동물과의 직접적인 접촉에 의해서 가능하다. *Listeria*는 자연계에 널리 분포하고 있기 때문에 손쉽게 식품에 오염이 가능하다.

*Staphylococcus aureus*는 식중독균으로 포도송이 모양이어서 포도상구균이라 부르는 대표적 독소형 식중독균이다. 그람양성의 구균으로 통성혐기성이고 편모가 없고 높은 염도(NaCl 7.5%)의 환경에서도 잘 성장한다. 최적 성장온도는 30~37℃이며, 균 자체는 80℃에서 10분이면 사멸되지만 생성된 독소는 내열성이 매우 강하다. 자연계에 널리 분포하며 사람과 동물의 인후, 비강, 피부에 존재하는 상재균으로 사람에게 감염되면 괴사 또는 농양을 일으키는 화농성 질환의 원인균이다. 우리나라의 경우 김밥, 도시락, 샌드위치와 같이 사람의 손을 이용하여 제조되는 식품군에서 많이 검출된다.

5) 부패균

부패균이란 주로 단백질을 분해하여 식품을 부패시키는 세균을 말하는데, 그람양성균으로 부패균은 *Micrococcus* 속이 있다. 호기성이며 catalase 양성의 구균으로서 자연계에 널리 분포되어 있다. 황색이나 적색의 색소를 생성하는 균도 있다. 내염성과 내열성이 강하며 많은 균종이 당류를 발효하여 산을 생성하며

표 4-2 그람양성균 정리

세균명	구분	중요균	식품에서의 특성
바실러스 속 (*Bacillus*) 고초균	호기성 포자 형성 간균	*B. subtilis*	내열성 아밀라제, 프로타제 풍부. 장류, 주류 산업, 빵 부패(점질물)
		B. natto	아밀라제, 프로타제 활성 높음. 청국장에 이용. 점질물 생성
		B. coagulans	병조림, 통조림 등 고열에 내성 부패균(통조림 flat sour 원인균)
		B. stearothermophilus	병조림, 통조림 등 고열에 내성 부패균(통조림 flat sour 원인균)
		B. circulans	병조림, 통조림 등 고열에 내성 부패균
		B. cereus	식중독균(설사형, 구토형)
클로스트리디움 속 (*Clostridium*) 낙산균	혐기성 포자 형성 간균	*Cl. botulinum*	열에 강하고 통조림 등 문제가 되는 독소형 식중독균(신경독, 치사율 높음)
		Cl. perfringens	주로 육류에서 식중독
		Cl. sporogenes	혐기 조건에서 부패균(통조림 등)
코리네 박테리움 속 (*Corynebacterium*)	호기성 간균	*Co. diphtheriae*	디프테리아 유발
		Co. glutamicum	아미노산 생성균(glutamic acid 조미료 생산)
락토바실러스 속 (*Lactobacillus*) 젖산균	미호기성 간균	*L. delbrueckii*	젖산 생성 정상발효균
		L. acidophilus, *L. bifidus*	정장제 제조
		L. bulgaricus	요구르트 스타터용 내열균, 버터 스타터
		L. casei	치즈숙성
		L. plantarum	김치발효 후기, 엔실리지
		L. brevis	김치발효
		L. sake	청주 발효 젖산균
		L. homohiochi	청주백탁을 일으키는 화락균
		L. heterohiochi	청주백탁을 일으키는 화락균
		L. thermophilus	우유 부패균, 내열성
Leuconostoc 속	구균	*Leu. mesenteroides*	김치 초기 발효, 설탕으로부터 덱스트란이라는 점질물 생성
Streptococcus 속	연쇄상구균	*Sc. thermophilus*	요구르트 스타터, 내열성
		Sc. latis, *Sc. cremoris*	치즈 및 버터의 제조 스타터
Pediococcus 속	4연구균	*P. soyae*	간장 제조
		P. halophilus	내염성 젖산균, 간장
		P. cerevisiae	맥주 혼탁 부패균
Listeria 속	간균	*L. monocytogenes*	냉장온도에서 증식하는 치명적인 식중독(listeriosis) 세균
Micrococcus 속	구균		고기색깔과 빵색깔 변색 부패균 점질물 생성
Mycobacterium 속	간균	*M. bovis*, *M. tuberculosis*	열처리하지 않은 우유를 통해 결핵 유발
사시나(*Sarcina*) 속	8연구균		냉장되지 않은 식품의 부패 유발, 노란 색소 형성
Staphylococcus 속	포도상구균	*S. aureus*	인체피부, 비강 등에서 발견되는 포도상구균, 흔한 독소형 식중독균

점질물을 형성한다.

6) 기타균

아미노산 중 조미료로 널리 사용되는 monosodium glutamate(MSG)의 주원료인 glutamic acid를 생성하는 균으로 *Corynebacterium glutamicum*이 있다. 간균으로 자연계에 널리 분포하고 있으며, 대부분이 무한 균이지만 *Corynebacterium diphtheria*는 디프테리아를 유발한다. *Mycobacterium bovis*는 소에 결핵을 유발하는데 살균되지 않은 우유를 통해 인간에게 전염될 수 있다.

2 그람음성균

그람음성균은 세포벽에 얇은 펩티도글리칸 층을 가지고 있으며, 별도의 외막outer membrane을 가지고 있어 그람양성균과 다른 생리적 특성을 나타낸다. 그람음성균의 대표적인 균에는 초산균 및 다양한 식중독균과 부패균이 있다.

1) 초산균

에탄올을 발효하여 초산acetic acid을 생성하는 세균을 초산균이라 한다. 초산균은 그람음성, 호기성의 간균으로서 운동성이 있기도 하고 없기도 하다. 비교적 내산성이 강하여 대부분 균주는 pH 5.0 이하에서도 생육할 수 있다. 각종 주류 등 에탄올을 함유하는 원료로부터 글루콘산gluconic acid을 만드는 것도 있다.

초산발효는 산화발효로서 에탄올 1L를 발효시키는 데 8 m^3의 산소가 필요한 만큼 초산균은 호기성이 강하다.

$$C_2H_5OH \xrightarrow{O_2} CH_3COOH + H_2$$

(1) *Acetobacter* 속

초산 생성력이 강하여 빠른 속도로 에탄올을 초산으로 산화하는 균으로 주모peritrichous flagella를 가지고 있는 속이다.

- *Acetobacter aceti*, *Acetobacter schutzenbachii*: 식초 양조에 가장 많이 이용되는 초산균이다.
- *Acetobacter xylinum*, *Acetobacter suboxydans*, *Acetobacter pasteurianus*: 식초를 양조할 때 두꺼운 cellulose 피막을 형성하는 유해균이다.
- *Acetobacter liquefaciens*: glucose로부터 2,5-diketogluconic acid를 생성한다.

(2) *Gluconobacter* 속

*Gluconobacter oxydans*는 초산균의 일종이지만 초산보다 글루콘산 생성 능력이 더 강하다. 포도당으로부터 gluconic acid나 5-ketogluconic acid를 생성하고 D-sorbitol을 산화하여 L-sorbose를 생성하는 균으로 비타민 C를 합성하는 전 단계에서 공업적으로 이용되고 있다.

2) 식중독균

그람음성균에는 *Escherichia* 속, *Salmonella* 속, *Enterobacter* 속, *Campylobacter* 속, *Shigella* 속 등 다양한 식중독균이 있다.

(1) *Escherichia* 속

Escherichia 속은 그람음성의 간균으로 산소가 없어도 성장하지만 산소가 있으면 성장이 촉진되는 통성혐기성균이다. 자연계에 널리 분포하고 사람이나 동물의 장관 내에 존재하는 장내세균Enterobacteriaceae으로 병원성이 없는 것으로 알려졌다. *E. coli*는 식품에서 분변에 의한 오염을 파악할 수 있는 오염지표균으로 사용된다. 또한 같은 장내세균과에 속한 *Salmonella* 속과 *Shigella* 속 같은 병원균의 오염 여부를 판단하는 데 먼저 대장균 실험을 통해 활용한다.

식중독균으로는 병원성 대장균인 *E. coli* O157:H7이 대표적인데, 병원성 대장균은 발병양식에 따라 장관출혈성 대장균enterohemorrhagic *E. coli*, EHEC, 장관독소원성 대장균enterotoxigenic *E. coli*, ETEC, 장관조직침입성 대장균enteroinvasive *E. coli*, EIEC, 장관병원성 대장균enteropathogenic *E. coli*, EPEC의 4종으로 나눈다.

병원성 대장균은 감염된 환자의 분변을 통하여 감염될 수 있으며 또한 식육 도축 과정에서 내장 파열에 의한 교차오염을 통하여 식품에 오염될 수 있다. 따라서 손 씻기 등 개인위생을 철저히 하며, 식육은 적절한 온도에서 익혀 먹는 것이 식중독을 예방할 수 있는 방법이다.

(2) *Salmonella* 속

Salmonella 속은 장내세균에 속한다. 혈청학적으로 세포 표면 항원(O항원)과 편모 항원(H항원)의 조합에 따라 2,000종 이상으로 분류되며, 대부분이 병원성이 있다. 통성혐기성, 그람음성, 무아포성 간균으로 주모성 편모를 가지며 포도당을 발효하고 cytochrome oxidase 음성이다. 그러나 유당을 분해하지 못하고 트립토판으로부터 인돌을 형성하지 못하며 황화수소(H_2S)를 생성한다.

Salmonella 속은 포유동물이나 조류의 장내세균이므로 사람과 가축, 가금류, 동물 등에 널리 분포되어 있고, 이들이 직접 혹은 간접적으로 오염원이 되어 식중독을 일으킨다. 감염된 환자의 분변에 오염된 식품을 통해서 감염되거나 가축, 개, 고양이로부터 직접적으로 감염되기도 한다. 장티푸스균*Salmonella typhi* 등의 전염병균과 함께 감염형 식중독 원인균으로 주로 돼지고기에서 문제가 되는 *Salmonella typhimurium*과 달걀에서 식중독을 일으킬 수 있는 *Salmonella enteritidis* 등이 여기에 속한다.

(3) *Yersinia* 속

돼지의 장염을 유발하는 균으로 알려진 *Yersinia enterocolitica*는 통성혐기성의 간균으로 30℃에서는 주모성 편모를 가지나 37℃에서는 편모를 소실한다. 최적 성장온도는 25~30℃로 다른 장내세균에 비하여 발육온도가 낮고 세대시간도 길다. 성장온도 범위는 4~44℃로서 4℃에서도 증식 가능한 저온균이다. 동물의 장관과 하천 등 자연계에 널리 분포한다. 돼지, 개, 고양이 등의 분변이 문제가 되는데, 이들 동물과의 접촉에 의해 직접적으로 감염될 수 있고, 오염된 식품과 물에 의해 감염될 수도 있다.

(4) *Campylobacter* 속

Campylobacter 속은 소, 돼지, 개, 고양이 등 가축과 닭 등의 가금류가 보균하고 있다. 소의 전염성 유산과 가축의 태반염, 설사의 원인균이기도 하다. 주요 식중독균은 *C. jejuni*와 *C. coli*로 그람음성의 간균으로 한쪽 또는 양쪽 끝에 긴 편모가 있어서 특유의 screw상 운동을 한다. *Campylobacter*균의 독특한 특징은 발육에 3~5%의 적은 산소를 요구하는 미호기성 환경에서 성장하며, 성장 최적 온도는 42℃이고, 25℃ 이하에서 성장이 어려운 고온성균이다. 열에 민감하여 60℃에서 30분 가열에 쉽게 사멸하며 또한 건조, 산성 환경과 염도에도 민감하다. *C. jejuni*의 감염은 주로 오염된 식품 또는 물을 통해 이루어진다.

(5) *Shigella* 속

Shigella 속은 그람음성, 비운동성, 내생포자를 형성하지 않는 간균으로 장에 존재하는 장내세균이다. 주로 세균성 설사질환을 일으키는 원인균으로 많이 알려졌다. 이들은 비위생적 환경에서 오염된 식수나 식품 등에 분포되어 있기 때문에 식중독을 계절에 큰 상관없이 발생시킨다.

2010년 미국 질병관리본부Centers for Disease Control and Prevention, CDC 보고에 의하면 *Salmonella* 속과 *Campylobacter* 속에 이어 세 번째로 발생률이 높은 식중독균으로 밝혀졌으며 적은 균수로도 병을 유발한다. 혈청형에 따라 *S. sonnei*, *S. flexneri*, *S. boydii*와 *S. dysenteriae*로 나눈다. 선진국에서는 주로 *S. sonnei*에 의한 감염이 대부분을 차지하고 있으며, *S. dysenteriae*는 개발도상국에서 주원인이 되고 있다. 국내에서도 1980년대까지 *S. dysenteriae*에 의한 감염이 대부분이었으나 1991년 이후로 *S. sonnei*에 의한 감염이 증가하여 현재 가장 많은 비중을 차지하고 있다. 장내세균이므로 분변에 오염된 식품 등을 통하여 감염된다.

(6) *Vibrio* 속

그람음성 간균으로 짧은 극모를 가진 통성혐기성균이며 담수, 해수, 어패류 등에 많이 분포한다. *V. parahaemolyticus*는 장염비브리오라고 부르는데, 어패류에서 식중독을 일으키기도 한다. 이 균은 짠 바닷물에서 잘 증식하는 호염성세균이다.

3) 부패균

부패균은 주로 단백질을 분해하여 식품을 부패시키는 균을 의미하며 다음과 같은 균들이 존재한다.

(1) 대장균군

대장균군coliform bacteria은 사람이나 동물의 장내에 서식하면서 장내세균

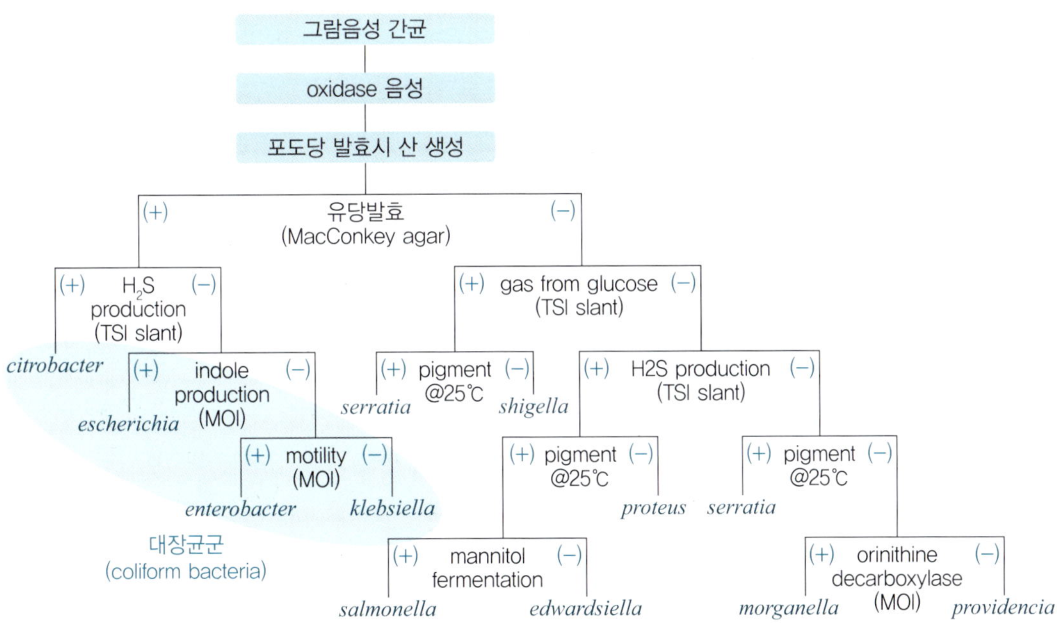

그림 4-1 장내세균에서 대장균군의 구성

Enterobactercease을 구성하는 세균들로 그람음성, 통성혐기성 간균으로 주모가 있다. Oxidase 음성이며, glucose를 분해하여 산을 생성할 수 있다. 젖당을 발효시킬 수 있는 세균그룹group을 대장균군이라고 하는데, 대표적인 균으로는 *Citrobacter* 속, *Escherichia* 속, *Enterobacter* 속, *Klebsiella* 속 등이 있다. 장내세균은 그림 4-1에 표시된 전체 균속을 의미하며, 대장균군은 타원으로 표시한 부분에 속하는 균속이다. 어떤 식품에서 대장균군이 검출되었다는 것은 식품이 사람이나 동물의 분변에 오염되었음을 의미하므로 위생지표세균으로 사용한다.

(2) *Pseudomonas* 속

Pseudomonas 속은 운동성 편모가 있는 간균으로 흔히 형광색인 녹색·청색·보라 등 수용성 색소를 생성하는 특성이 있다. 토양, 담수, 해수 등에 널리 분포하며 동식물의 병원균, 어패류의 부패균인 것이 많다. *Pseudomonas* 속 세균들은 증식속도가 빠르고 대부분이 낮은 온도에서 잘 자라는 호냉성균이며 단백질 및 유지에 대한 분해력이 강하다. 부패 생성물로서 암모니아 등의 생성량이 많고 방부제에 대한 강한 저항성을 나타낸다. 43℃ 이상에서는 거의 생육하지 않으며 가열에 의해 쉽게 사멸된다. 탄화수소hydrocarbon와 방향족화합물을 분해하므로 공업폐수 처리, 탄화수소 자화균으로 이용된다.

*Pseudomonas fluorescens*는 형광균이며 호냉성 부패균으로 녹색형광을 내며 겨울철에 살균하지 않은 생유raw milk에 발생하면 쓴맛의 원인이 되어 고미유를 만든다. 또한 glucose로부터 2-ketogluconic acid를 생성하며, 탄화수소 자화성이 있다. *Pseudomonas aeruginosa*는 녹농균이며 상처의 화농부분에서 청색색소인 pyocyanin을 생성하고 식품의 부패, 우유의 청변을 유발한다. *Pseudomonas mildenbergii*는 L-idonic acid로부터 비타민 C 합성과 관련 있는 2-ketogluconic acid를 생성한다. *Pseudomonas ovalis*는 포도당에서 gluconic acid를 생성하는 것으로 알려졌다.

(3) *Proteus* 속

장내세균의 일종인 *Proteus* 속은 간균으로 활발한 운동성을 갖는 중온성균이

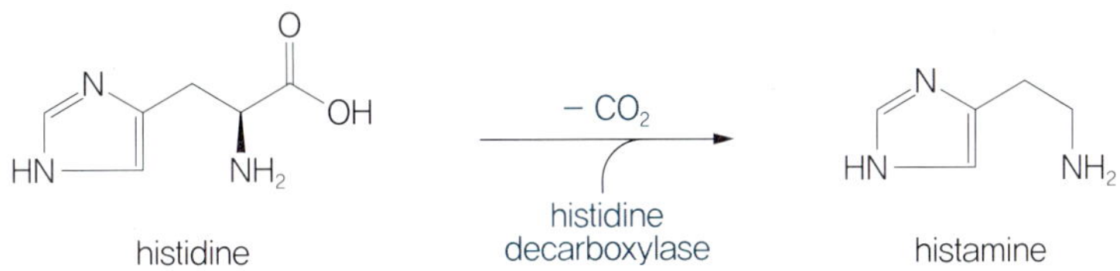

그림 4-2 histidine decarboxylase에 의한 histamine 생성

며 자연계에 널리 분포한다. 단백질 분해력이 강하여 단백질을 분해하여 암모니아와 아민을 생성한다. 식중독의 원인균이며 대표적인 호기성 부패균이다. *Proteus vulgaris*는 단백질 분해력이 강하여 심한 부패취를 발생하는데, 예로 우유를 산패시켜 불쾌한 냄새를 생성한다. 설탕을 분해하여 산과 가스를 발생시키며 발효식품의 부패에도 관여한다. *Proteus morganii*는 식품에 증식하면서 histidine decarboxylase를 생산한다. 이 효소는 histidine을 histamine로 전환시키는데 histamine은 알러지성 식중독을 유발하는 원인물질이다.

(4) *Serratia* 속

그람음성의 호기성이며 단간균이고 주모를 갖는 운동성 세균이다. 토양, 하수, 우유, 수산물 등에서 분리되고 적색색소인 prodigiosin을 생성하여 식품 표면에 붉은색이 나게 한다. 대표 균주인 *Serratia marcescens*는 단백질 분해력이 강하여 식품에 심한 부패취를 나게 한다. 생선묵과 우유에서는 적색색소를 생성하여 붉은색이 나게 한다.

(5) *Erwinia* 속

그람음성 간균이며, 호기성인 *Erwinia* 속은 펙틴 분해효소pectinase를 분비하여 식물의 펙틴질을 분해시키는 능력이 강하다. 과채류를 무르게 하여 부패시키는 세균이다.

표 4-3 그람음성균 정리

세균명	구분	중요균	식품에서의 특성
Acetobacter 속	호기성 간균	*A. aceti*	식초생산균
		A. schutzenbacii	식초생산균
		A. xylinum	식초유해피막균, 점질물
		A. suboxydans	식초유해피막균, 점질물
Achromobacter 속	간균	저온균	육류, 가금류, 수산물 저온부패 유발
Flavobacterium 속		저온균	저온성장균
Alcaligens 속	간균	*A. viscolatis*	생유와 육류 부패
Bacteriodes 속	혐기성간균		인간과 동물의 장관생육 혐기성, 육류 부패
Brucella 속	간균		인간과 동물에 브루셀라병 유발
Campylobacter 속	구부러진 간균	*C. jejuni/coli*	가금류 식중독균, 미호기성균
Erwina 속	간균		과채류 무름증 부패균, 펙틴 분해효소
Escherichia 속	간균	*E. coli*	대장균, 오염지표균
		E. coli O157:H7	혈변, 설사, 요독증후군 수반하는 식중독균(병원성 대장균)
Proteus 속	호기성간균	*P. morganii*	히스타민 생성 알러지성 식중독균
		P. vulgaris	단백질 분해력 강해 우유를 산패, 점질물
Pseudomonas 속	호기성, 저온간균	*P. fluorescens*	형광색 호냉성 부패균, 생우유에 쓴맛 내는 고미유 원인균
		P. aeruginosa,	녹농균, 청색색소, 우유청변원인균
		P. syncyanea	우유청변원인균
		P. putida	포도당에서 글루콘산 생성
Salmonella 속	간균	*S. typhimurium*	돼지고기 등의 식중독균
		S. enteritidis	주로 달걀에 식중독균
Shigella 속			이질성 설사, 오염된 식수
Cronobacter 속		*C. sakazakii*	분유에서 유아에 뇌수막염 식중독균
Serratia 속	호기성간균	*S. marcescens*	생선묵과 우유의 부패, 적색색소에 의해 적변
Vibrio 속	콤마균, 편성호염성	*V. parahaemolyticus*	장염비브리오균, 해산물 식중독균
		V. vulnificus	패혈증균, 간질환 환자에 치명, 날어패류
Yersinia 속	간균		동물, 토양, 물 등의 식중독균, 주로 돼지고기에서 문제
Zymomonas 속	알코올 생성균	*Zymomonas mobilis*	멕시코 술 pulque 제조 세균

3 방선균

방선균은 실모양의 균사가 분기하여 방사선으로 신장하는 특성이 있는 균사상 세균으로 균사의 지름이 0.3~1.0μm 정도로 미세한 사상세균이다. 곰팡이와 세균의 중간적 존재이나 분류학상으로 세균에 속하여 2분열법으로 분열하고 외생포자를 형성하는 것과 형성하지 않는 것이 있다.

세포의 형태는 원핵세포이고, 세포벽 성분이 그람양성 세균과 유사하여 기본 성분으로 뮤코 복합체muco complex와 테이코산teichoic acid을 함유하고 있다.

대부분 방선균은 토양에 존재하여 토양으로부터 분리되는 총 세균수가 10~40%를 차지하여 흙냄새의 원인이 되기도 한다. 특히 방선균 중에는 항생물질을 생산하는 균이 많아 산업적으로 중요한 의미를 갖는다.

1) 방선균의 형태

방선균의 균사는 배지표면에 균사가 자라는 영양균사vegetative mycelium와 공기 중으로 균사가 뻗어 자라는 기균사aerial mycelium가 있다. 이들 균사는 속의 특성에 따라 연쇄상으로 되거나 단독으로 분생포자conidiaphore 또는 포자낭sporangium을 형성한다. 영양균사는 증식 후기에 균사가 잘라져 구균이나 간균과 같은 세포로 되는 *Nocardia*형과 잘라지지 않고 전 생애를 균사 형태로 유지하는 *Streptomyces*형이 있다. 기균사의 끝은 성숙되면 연쇄상으로 잘라져 많은 외생포자를 증식한다. 포자형성사sporulating hypae는 직선상, 파상, 속상, 나선상, 윤생상 등의 모양을 가진다 그림 4-3.

2) 방선균의 분류

《Bergey's Manual 제8판》(1974년)에 의하면 방선균은 Actinomycetales인 방선균목에 속하여, Actinomycetaceae를 포함하여 8과로 분류되는데 Mycobacteriaceae과나 Actinomycetaceae과의 *Bifidobacterium* 속 등을 제외한 것을 방

그림 4-3 방선균 형태와 포자 모양

선균이라 한다.

3) 주요 방선균

(1) *Streptomyces* 속

수백 종 이상의 많은 균종이 속해 있는 속으로 *Actinomyces* 속 및 *Nocardia* 속과는 달리 기균사를 만들어 성숙되면 잘려서 conidia(분생자)로 불리는 연쇄상의 포자를 만든다.

모양은 그림 4-3과 같이 직선상, 굴곡상, 다발상, 나선상, 윤생상 등 다양하고, 포자는 구형, 난형 또는 원통을 나타내며, 표면은 돌기, 가시모양이거나 평활한 것 등이 있는데 이러한 특징은 분류에 중요한 기준이 된다. 1940년대 왁스먼Selmen Abraham Waksman이 *Streptomyces griseus*로부터 스트렙토마이신streptomycin을 발견한 이후 많은 항생물질이 이 속으로부터 발견되어 항생물질 생산균으로의 가치가 있다. 식품에 번식하면 흙냄새를 내는데 육류나 생유에서 나는 흙냄새의

표 4-4 방선균이 생산하는 항균물질

균주	항생물질
Streptomyces griseus	streptomycin, cycloheximide
Streptomyces aureofaciens	aureomycin
Streptomyces venezuelae	chloramphenicol
Streptomyces rimosus	tetramycin, oxytetracycline
Streptomyces kananyceticus	kanamycin
Streptomyces actibioticus	actinomycin
Streptomyces erythreus	erythromycin
Micromonospora echinospora	gentamycin

원인이 된다. 방선균이 생산하는 중요한 항생물질들은 이 속에 속하는 것이 많다. *Streptomyces griseus*는 강력한 protease를 생산하고, *Streptomyces olivaceus*는 비타민 B_{12}를 생산한다.

(2) *Actinomyces* 속

편성혐기성, 미호기성의 그람양성균으로 분기되는 균사로 생육하며 엉킨 상태의 균사체는 잘라져서 간상 및 구상으로 되고 포자를 형성하지 않는다. *Actinomyces bovis*와 *Actionomyces israelii*는 각각 소 및 사람에 방선균병인 actinomycosis의 원인이 된다.

(3) *Nocardia* 속

호기성으로 토양에 광범위하게 분포한다. *Nocardia asteroides*와 *Nocadia brasiliensis*가 대표적인 병원균이다.

실험 4 대장균군 정성시험법과 정량시험법

1. 실험 원리 및 목적

식품 중에 병원균이 존재하거나 식품이 비위생적인 환경에서 제조되면 안된다. 개별 식품별로 모든 병원균의 존재여부를 검사하는 것은 비용이나 시간이 많이 걸린다. 대장균은 살모넬라, 쉬겔라 등과 병원균과 같은 장내세균과(Enterobacteriaceae family)에 해당한다. 비병원성인 대장균의 유무를 검사하면 같은 서식 환경에서 발견될 수 있는 살모넬라와 쉬겔라와 같은 병원균의 오염 가능성을 알 수 있다. 그리고 식품의 제조 및 식품 취급자의 위생관리 상태의 적절성 여부를 판정할 수 있다. 대장균은 그람음성, 간균, 포자를 생성하지 않으며, 통성혐기성균으로 젖당(유당, lactose)을 분해하여 CO_2(이산화탄소) 가스를 발생시킬 수 있다. (대장균과 같이 젖당을 분해하여 CO_2가스를 생성할 수 있는 대장균군에는 *Escherichia coli*, *Klebsiella* 속, *Enterobacter* 속 *Citrobacter* 속 등이 해당한다.) 대장균 시험단계는 크게 추정시험, 확정시험, 완전시험 3단계로 진행된다. 3단계 이상 희석한 시료 일정량을 Lactose broth에 이식하고 배양하여 추정, 확정, 완전 시험을 거쳐 식품시료에 대장균균의 유무를 판정하는 정성시험과 최확수법(MPN)방법을 활용하면 정량시험 결과를 산출할 수 있다.

2. 실험 재료 및 방법

준비물

유당배지(Lactose broth) / BGLB배지/ EMB 배지/ 보통한천배지(Nutrient Agar) 또는 TSA 배지/ 증류수/ NaCl/ 듀람관/ 시험관/ 페트리디쉬/ 백금이/ 대장균/ 건열 또는 고압 멸균기/ 배양기(35±1℃)/ 무균대(Clean bench)/ 균질기(Stomacher, Homogenizer 또는 Mixer)/ 백금이/ 피펫/ 피펫팁(멸균 처리)/ 광학현미경(Optical microscope)/
그람염색시약/ 대장균 배양액 또는 음용수

실험방법

멸균백에 시료검체 25 g + 멸균 생리식염수 225 mL

균질화 | 시험용액(10배 희석 검체)

⬇

10 mL, 1 mL, 0.1 mL를LB broth에접종(3개씩 접종, 농도별 3set, 10 mL 접종시험관만 2배 LB사용)

35~37℃, 24±2시간 배양(가스 발생 없을시 추가로 48±3시간까지 배양)

⬇

LB 배지 노란색

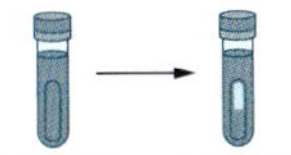

가스 없음 | **가스 있음**

추정시험 음성 판정 | BGLB에 접종

⬇

BGLB 배지 녹색

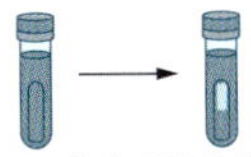

BGLB에 35~37℃, 24±2시간 배양

가스발생 | 또는 갈색으로 변색

⬇

Endo 한천 또는 EMB 한천배지에 획선배양(streaking)

35~37℃, 24±2시간 배양

⬇

확정 시험 후 집락판정

– Endo : 분홍~붉은색 집락, 금속 광택 | – EMB : 녹생 금속 광택

⬇

보통한천배지(NA)에 획선배양(streaking)

35~37℃, 24±2시간 배양

⬇

집락 순수 분리 및 완전시험 판정

그람 음성 | 간균 | 무포자 확인

대장균군 시험 절차

추정시험

추정시험에서는 3단계 이상 희석한 시료 일정량을 lactose broth(듀람관을 넣은채로 멸균)에 이식하고 배양하여 대장균균의 유무를 판정한다.

1. 시료 원액 또는 희석 시료액 10 mL, 1 mL, 0.1 mL를 각각 3개의 액체배지 10 mL의 발효관에 접종한다. 다만 시료액 10 mL를 접종하는 경우에는 배지농도가 희석되기 때문에 이때는 2배 농도의 lactose broth를 사용한다.

2. 식품시료를 접종한 lactose broth를 35~37℃에서 24±2시간 배양한 후 발효관내에 가스 발생을 확인한다.
3. 가스 발생이 확인되면 추정시험 양성으로 판정한다. 가스가 확인되지 않은 발효관은 48±3시간까지 추가로 배양한 후 관찰한다. 이때 배양 48±3시간까지 가스가 발생하지 않았으면, 추정시험 음성으로, 가스발생이 있으면 추정시험 양성으로 판정한다.

확정시험

추정시험에서 양성이 확인된 시험관은 BGLB 액체배지(그람양성세균 억제, 젖당 함유)와 EMB 배지나 Endo배지(젖당을 분해하는 경우 집락의 색깔로 비대장균군과 구분 가능)를 활용하여 확정시험을 실시한다.

1. 추정시험 가스가 발생한 양성 발효관으로부터 백금이로 배양액을 취하여 BGLB 액체배지에 접종하여 35~37℃에서 24±2시간 동안 배양한다.
2. 배양 후 가스발생 여부를 확인한다(가스가 발생하지 않았으면, 배양을 계속하여 48±3시간까지 관찰한다.)
3. 가스발생을 보인 BGLB 배지에서 배양액을 백금이로 취하여 선택배지인 Endo 한천배지 또는 EMB 한천배지에 각각 획선 분리 배양한다. 35~37℃에서 24±2시간 배양 후 전형적인 집락이 발생하면 확정시험 양성이다.

완전시험

완전시험은 대장균군의 존재를 완전히 증명하기 위한 시험으로 대장균군의 특징인 그람음성, 무아포성의 간균임을 확인하도록 한다.

1. 확정시험의 Endo 한천배지나 EMB 한천배지에서 전형적인 집락 1개 또는 비전형적인 집락 2개 이상을 보통한천배지(nutrient agar)나 TSA 배지에 획선 분리 접종하여 35~37℃에서 24±2시간 동안 배양한다.
2. 보통한천배지의 집락에 대하여 그람음성, 무아포성 간균이 확인되면 완전시험은 양성이며 대장균군 양성으로 판정한다. 즉 그람 염색을 하여, 그람 음성의 막대 모양의 간균을 확인한다. 대장균군은 포자를 만들지 않는 간균으로, 광학 현미경으로 관찰할 때 균 안에 투명한 지역이 없어야 한다. 그람 염색 결과 분홍 또는 빨간색이고, 모양이 막대모양인 간

균이면서 포자를 만들지 않는 무아포성 균이 확인되면 대장균군 양성으로 판정한다.

3. 결과 및 보고

정성시험

추정, 확정, 완전시험을 통해 lactose를 분해하여 가스를 발생시키고, 완전시험을 통해 그람 염색에 따른 그람음성균, 무포자 간균이 증명되면 대장균군 양성으로 판정한다. 이상의 시험 중 한가지라도 해당이 안되면 대장균군 음성으로 판정한다.

정량시험: 최확수법(Most Probable Number)

최확수란 이론상 가장 가능한 수치를 말하여 동일 희석배수의 시험용액을 배지에 접종하여 대장균군의 존재 여부를 시험하고 그 결과로부터 확률론적인 대장균군의 수치를 산출하여 최확수(MPN)로 표시하는 방법이다. 최확수는 연속한 3단계 이상의 희석시료(10, 1, 0.1 또는 1, 0.1, 0.01 또는 0.1, 0.01, 0.001)를 각각 3개씩(3 tube MPN법) 발효관에 가하여 배양 후 얻은 결과에 의하여 검체 1 mL 또는 1 g 중에 존재하는 대장균군수를 표시하는 것이다(5개씩 발효관에 가하는 5 tube MPN법도 있음) 정성시험법에서 이용된 추정, 확정, 완전 시험법에 의한 시험관별로 최종 양성으로 판정된 시험관 수를 세어서 통계학적 방법으로 식품 내 존재하는 대장균군 수를 산출할 수 있다.

최확수법 실험원리

최확수(MPN)법을 이용하면 정량이 가능하며 특정 미생물이 저농도로 오염된 시료분석의 경우에 적합하다 [물에 대장균(군), 생식용 굴의 대장균 시험 등]. MPN방법은 통계적 방법에 의한 방법으로 MPN 표의 "95 % 신뢰구간"은 시험관에 접종하기 전에 최종 결과와 관련된 신뢰 구간이 실제 미생물 농도를 포함할 확률은 최소 95%라는 의미이다.

3단계희석 시험관 3개씩 시험하였을 때 양성에 대한 최확수(95%의 신뢰한계)

양성시험관 수			MPN/g	신뢰한계		양성시험관 수			MPN/g	신뢰한계	
0.10	0.01	0.001		low	high	0.10	0.01	0.001		low	high
0	0	0	<>	–	9.5	2	2	0	21	4.5	42
0	0	1	3.0	0.15	9.6	2	2	1	28	8.7	94
0	1	0	3.0	0.15	11	2	2	2	35	8.7	94
0	1	1	6.1	1.2	18	2	3	0	29	8.7	94
0	2	0	6.2	1.2	18	2	3	1	36	8.7	94

양성시험관 수			MPN/g	신뢰한계		양성시험관 수			MPN/g	신뢰한계	
0.10	0.01	0.001		low	high	0.10	0.01	0.001		low	high
0	3	0	9.4	3.6	38	3	0	0	23	4.6	94
1	0	0	3.6	0.17	18	3	0	1	38	8.7	110
1	0	1	7.2	1.3	18	3	0	2	64	17	180
1	0	2	11	3.6	38	3	1	0	43	9	180
1	1	0	7.4	1.3	20	3	1	1	75	17	200
1	1	1	11	3.6	38	3	1	2	120	37	420
1	2	0	11	3.6	42	3	1	3	160	40	420
1	2	1	15	4.5	42	3	2	0	93	18	420
1	3	0	16	4.5	42	3	2	1	150	37	420
2	0	0	9.2	1.4	38	3	2	2	210	40	430
2	0	1	14	3.6	42	3	2	3	290	90	1,000
2	0	2	20	4.5	42	3	3	0	240	42	1,000
2	1	0	15	3.7	42	3	3	1	460	90	2,000
2	1	1	20	4.5	42	3	3	2	1100	180	4,000
2	1	2	27	8.7	94	3	3	3	>1100	420	–

※ 최확수법을 이용한 판정 시 양성 시험관수가 모두 0인 경우 결과값은 0으로 간주한다.

대장균군이 확인된 양성 발효관에 대해서 최확수표를 이용하여 검체 1 mL(g) 중의 대장균군 수를 구한다. 최확수법으로 계산하여 양성시험관 수가 모두 0인 경우 결과값은 0으로 간주한다.

MPN 결과보고 예시

만약 미생물 시료 양성시험관수가 10 mL, 1 mL, 0.1 mL를 투입한 시험관에서 각각 양성으로 판정된 시험관 수가 2, 1, 0으로 산출되었다면 위의 표를 참고한다(0.1 mL, 0.01 mL, 0.001 mL를 투입한 시험관 중 양성시험관수 2, 1, 0을 찾으면 15 MPN/mL로 산출된다). 즉 접종이 10 mL, 1 mL, 0.1 mL인 경우는 표의 산출 추정값을 100으로 나누어 15 MPN/100 mL로 판정한다.

5 효모

1. 효모의 형태적 특징
2. 효모의 분류
3. 효모의 생식
4. 효모의 생리작용
5. 술의 종류
6. 식품에서 중요한 효모

학습목표

1. 효모의 분류기준과 알코올 발효 특성, 형식을 이해한다.
2. 식품에서 발효 및 부패를 일으키는 주요 효모의 특징을 살펴본다.

1 효모의 형태적 특징

효모yeast는 진핵세포 구조인 고등미생물이며, 형태는 구형이나 달걀형 등 단세포로 존재한다. 영양분이 있는 좋은 환경에서 균체수를 늘리는 증식방법으로 출아법budding에 의하여 개체수를 늘리는 진균류 소속의 미생물이다. 다만 영양분이 충분하지 않을 때, 일부 효모는 유성포자 혹은 무성포자와 같은 포자를 만들기도 한다. 효모는 자연환경에서 주로 당분이 풍부한 곳에 존재하는데, 대표적으로 과일의 표면, 나무의 수액이나 꽃의 밀샘, 꿀, 토양 특히 과수원의 토양에 널리 존재하고 있다.

자연계에서 직접 분리한 효모를 야생효모wild yeast라고 하고, 우수한 성질을 가진 효모를 분리하여 목적에 알맞게 순수분리 후 계대배양subculture한 것을 배양효모culture yeast라고 한다.

효모는 당분으로부터 발효를 하면 알코올과 이산화탄소를 만든다. 이산화탄소가 생성되면서 알코올 음료의 거품을 유발하고 빵이 부풀기 때문에 예로부터 주류의 양조나 알코올 제조, 제빵산업에서 널리 이용해 왔다.

한편 효모의 균체는 배양을 통하여 쉽게 얻을 수 있기 때문에 식품 및 사료용으로 활용하기도 한다. 그리고 비타민류와 핵산 관련 물질의 생산에도 유용한 것으로 알려져 있다. 그러나 발효산업에서 야생의 효모가 들어가면 식품을 부패시키기도 한다. 한편 인체에 유해한 병원성 효모도 자연에 존재한다.

효모의 형태는 균별로 다르고, 같은 종류의 효모라도 배양조건(pH, 영양분, 공기조성 등) 및 배양시간(효모의 연령)에 따라 형태가 다르다. 일반적으로 배양효모는 야생효모보다 크고, 늙은 효모가 어린 효모보다 길다.

계대배양
분리한 균을 보존할 경우 일정기간마다 신선한 배지에 균을 옮기는 것을 말한다. 장기간 한 배지에서 균을 보존하면 영양분이 부족하고, 또 균이 분비하는 대사산물에 의해서 균이 사멸할 우려가 있으므로 균의 보존을 위해 계대배양함

효모의 대표 형태

- 난형(달걀형)cerevisiae type: *Saccharomyces cerevisiae*
- 타원형ellipsoideus type: *Saccharomyces ellipsoideus*
- 소시지형pastorianus type: *Saccharomyces pastorianus*
- 레몬형apiculatus type: *Saccharmolyces apiculatus*, *Kloeckera apliculata*
- 구형torulopsis type: *Torulopsis* 속
- 삼각형trigonopsis type: *Trigonopsis* 속
- 위균사형pseudomycellium type: *Candida* 속
- 진균사형mycellium type: *Endomycopsis* 속, *Trichosporon* 속

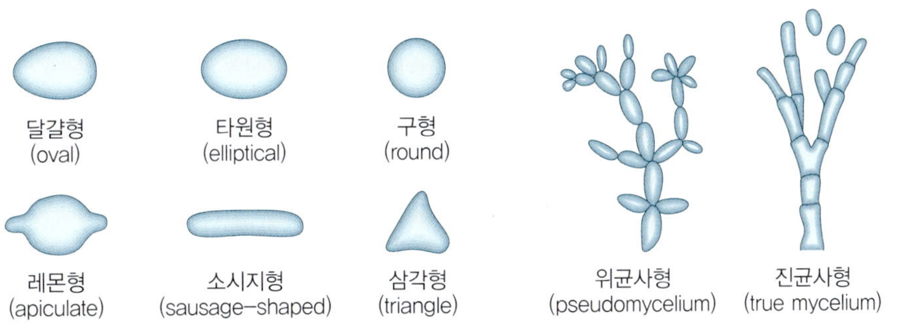

그림 5-1 효모의 형태

2 효모의 분류

효모를 분류하는 기준으로 영양체(영양세포) 증식방법, 유성생식의 유무, 포자의 형성 여부, 형태에 의한 구분, 영양분으로서 질산염과 탄소의 동화성(이용성), 당류의 발효능과 같은 생리 조건에 따라 효모를 분류한다.

표 5-1 효모의 분류

분류상의 위치	(속의 수)	속명	
I. Ascomycotina(자낭균류)			
1. Endomycetales 목			
(1) Saccharomycetaceae 과			
1) Schizosaccharomycoideae 아과	(1)	*Schizosaccharomyces*	유포자 효모 (자낭 포자 효모)
2) Nadsonioideae 아과	(4)	*Nadsonia, Saccharomycodes* *Hanseniaspora, Wickerhamia*	
3) Saccharomycoideae 아과	(13)	*Saccharomyces, Kluyveromyces* *Lodderomyces, wingea* *Endomycopsis, Pichia* *Hansenula, Pachysolen* *Citromyces, Debaryomyces* *Schuwanniomyces, Dekkera* *Saccharomycopsis*	
4) Lipomycetoideae 아과	(1)	*Lipomyces*	
(2) Spermophthoraceae 과	(3)	*Nematospora, Metschnikowa* *Coccidiascus*	
II. Basidiomycotina(담자균류)			
1. Ustilaginales 목			
(1) Ustilaginaceae 과	(2)	*Rhodosporidium* *Leucosporidium*	담자균류 효모
III. Fungi imperfecti(불완전균류)			
1. Tremellales 목			
(1) Sporobolomycetaceae과	(3)	*Bullera* *Sporobolomyces* *Sporidiobolus*	사출 포자 효모
2. Moniliales 목			
(1) Cryptococcaceae과	(12)	*Brettanomyces, Candida* *Cryptococcus, Kloeckera* *Oosporidium, Pityrosporum* *Rhodotorula, Schizoblastosporion* *Sterigmatomyces, Torulopsis* *Trichosporon, Trigonopsis*	무포자 효모

효모의 분류는 《The yeast, 3판》에서 4군으로 분류하고 있다.

효모는 포자의 형성 여부와 형태에 따라서 크게 자낭포자 효모, 담자포자 효모, 사출포자 효모, 무포자 효모로 나눈다. 그중 유성생식에 따라 유성포자를 만들 수 있는 효모로는 자낭포자 효모와 담자포자 효모가 있는데 각각 자낭균류와 담자균류로 분류한다. 사출포자 효모는 무성생식에 의해 만들어진 무성포자이며, 무포자 효모는 포자를 만들지 못하기에 사출포자 효모와 무포자 효모를 순정균류 중 유성생식을 못하는 균류인 불완전균류로 분류한다.

3 효모의 생식

효모는 영양분이 있을 때 영양세포로 증식하는 시기가 있다. 효모의 영양세포가 증식하는 방법에는 효모의 종류에 따라 출아법, 분열법, 출아분열법 등 다양한 방식으로 영양세포를 늘릴 수 있다.

한편 영양분이 부족하는 등 주변 환경이 좋지 못할 때 일부 효모는 포자를 만들 수 있다. 이때 핵융합을 통해 유성포자를 만들 수 있는 효모는 자낭포자 효모와 담자포자 효모가 있으며, 핵융합 없이 무성포자를 만들 수 있는 효모는 사출포자 효모가 있다. 마지막으로 포자를 만들지 못하는 무포자 효모로 나뉜다.

1) 영양증식

(1) 출아법

영양분이 존재할 때 대부분 효모의 영양세포는 출아법budding에 의하여 개체수를 늘려 증식한다. 즉 하나의 세포로부터 핵이 나누어지고 원래의 세포와의 사이에 경계가 생기는데 원래 있던 오래된 세포를 모세포mother cell, 출아에 의해서 새로 나타난 세포를 딸세포daughter cell 혹은 아세포라고 한다.

출아의 방법에는 양쪽 세포 끝에서만 출아하는 양극출아방식과 세포의 어느 부분에서나 출아할 수 있는 다극출아방식이 있다. 다극출아를 하는 대표적인 효

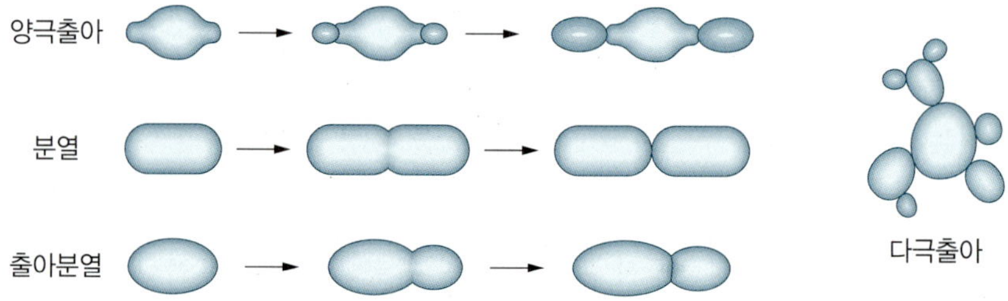

그림 5-2 효모의 영양증식 방법

모에는 *Saccharomyces* 속이 있다. 한편 *Candida* 속은 출아된 세포가 분리되지 않고 붙어 있는 것처럼 균사상으로 나타나서 거짓 균사와 같은 형태인 위균사 Pseudomycellium라고 부른다. 효모는 한 번 출아한 부위에서는 다시 출아하지 않는다.

(2) 분열법

출아법 이외에 세포의 원형질이 가운데에서 양분되면서 세포의 중앙에 격벽이 생겨 두 개의 세포로 분열하는 분열법fission에 의해서 세포가 증식하는데 *Schizosaccharomyces* 속이 이에 속하여 분열효모라고 부른다.

(3) 출아분열법

처음에는 출아를 하나 그 몸체가 쪼개지면서 분열에 의해서 모세포와 떨어지는 출아와 분열의 중간 형식인 출아분열bud fission을 하는 효모로는 *Saccharomycodes* 속이 있다.

2) 무성포자 형성방법

(1) 단위생식

*Saccharomyces cerevisiae*는 한 개의 영양세포가 무성적으로 포자를 형성하는 경우 단위생식이라고 한다.

(2) 위접합

Schwanniomyces 속과 같이 위결합관이라고 하는 돌기를 하나 혹은 여러 개를 만들지만 접합 없이 포자를 형성한다.

(3) 사출포자, 분절포자, 후막포자

사출포자, 분절포자, 후막포자와 같이 무성포자를 만드는 경우가 있다.

사출포자는 영양세포 위 돌출한 부위에 사출포자를 형성하고 공기 중으로 포자를 사출시킨다. *Sporobolomyces* 속, *Sporidiobolus* 속, *Bullera* 속이 있다.

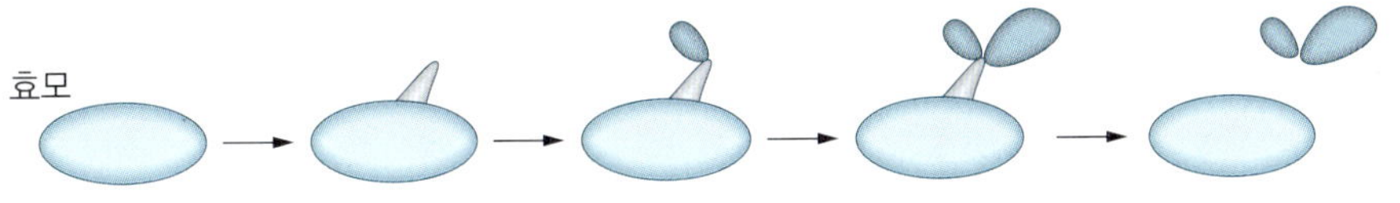

그림 5-3 사출포자 형성과 방출

3) 유성포자 형성방법

포자의 형성이 유성적으로 이루어지는 경우로 자낭균류에 속하는 자낭포자를 형성하는 경우와 담자균류에 속하는 효모 중에 휴면포자인 겨울포자를 형성하는 경우가 이에 해당한다. 유성포자인 자낭포자를 형성하는 방법으로는 동태접합에 의한 방법과 이태접합에 의한 방법으로 나눌수 있다. 동태접합은 *Schizosaccharomyces* 속과 같이 모양과 크기가 같은 배우자 간에 접합자를 형성하고 이것이 자낭이 되는 경우를 말하며, 이태접합은 크기가 다른 세포 간의 접합으로 자낭을 형성하는 경우이다.

대부분의 진균류처럼 효모는 무성생식과 유성생식의 생활사를 가진다. 영양증식의 가장 일반적인 방식은 출아에 의한 무성생식이다. 딸세포는 모세포로부터 형성되고, 모세포의 핵은 딸세포의 핵으로 나뉘며 딸세포 쪽으로 이동한다. 출아는 모세포로부터 완전히 분리되어 새로운 세포가 형성될 때까지 진행되며, 출아 과정 동안 딸세포는 모세포보다 크기가 작다. 예외적으로 *Schizosaccharomyces* 속을 출아 대신 분열하여 증식하기 때문에 크기가 동일한 두 개의 딸세포를 형

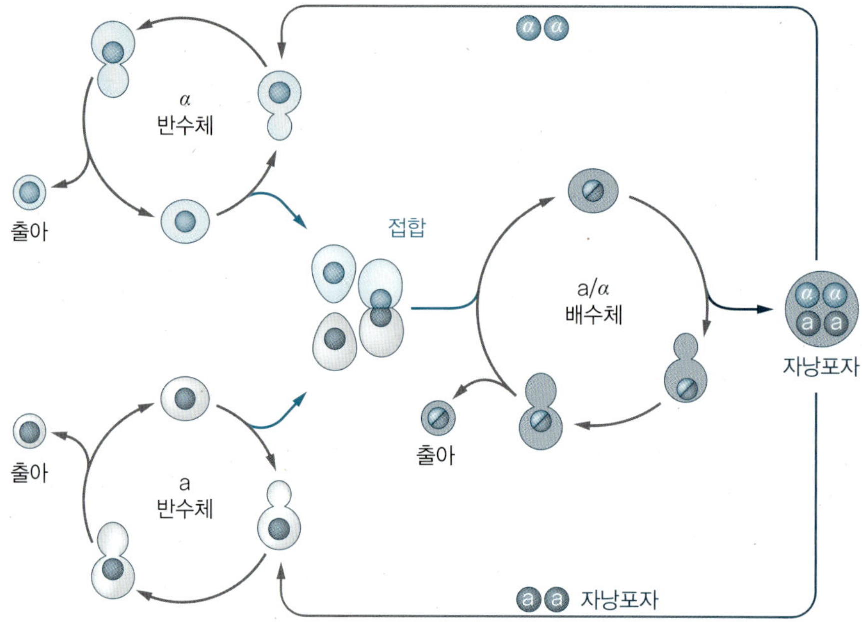

그림 5-4 자낭포자 효모의 생활사

성하게 된다.

반수체 세포는 영양분이 풍부할 때 유사분열에 의해서 무성생식을 하며 유전적으로 동일한 세포를 생산할 수 있다. 반수체 세포는 반대의 mating type과 만나서 a/α 배수체를 생성할 수 있다. 일반적으로 영양분 고갈과 같이 큰 스트레스 조건에서 반수체haploid 세포는 죽게 된다. 하지만 동일 조건이라 해도 배수체diploid 세포는 포자를 형성할 수 있으며 유성생식인 감수분열meiosis 단계로 진입하면서 다양한 반수체 포자들을 형성한다. 이들 포자는 다시 영양분이 양호한 상태에서 발아하여 반수체 세포를 생성한다.

4 효모의 생리작용

효모는 통성혐기성균으로 호기적 조건이나 혐기적 조건 모두에서 생육할 수 있다. 호기 조건에서는 산소를 이용하여 당류를 완전히 산화분해하며, 이를 호흡작용이라고 한다. 혐기 조건에서는 생활에 필요한 에너지를 발효에 의해 획득하는데, 즉 당분을 이용하여 알코올과 이산화탄소를 생성하며 이를 알코올 발효라 하고, Neuberg의 발효 1형식에 해당한다. 효모는 단당류 중에 6탄당을 잘 발효하므로 이를 발효성 당이라고 부른다. 대부분 효모는 단당, 특히 6탄당인 포도당, 과당, 만노스, 갈락토스를 이용하여 알코올 발효를 한다. 일부 효모, 예를 들어 *Candida*는 독특하게 5탄당을 이용할 수 있다.

Neuberg 발효 1형식

$C_6H_{12}O_6$ (포도당) ⟶ $2C_2H_5OH$(알코올) + $2CO_2$(이산화탄소)

효모가 완전히 알코올 발효를 할 때 글리세롤glycerol이 3%가량 형성된다고 파스퇴르가 1872년에 밝힌 바 있다. 이후 glycerol 수량을 10배 높이기 위한 방법으로는 황산나트륨을 첨가하는 Neuberg의 발효 2형식과 알칼리를 첨가하는 Neuberg의 발효 3형식의 두 가지 방법이 있다.

Neuberg 발효 2형식

$C_6H_{12}O_6$ ⟶ $C_3H_5(OH)_3$(글리세롤) + CH_3CHO(아세트알데히드) + CO_2(이산화탄소)

Neuberg 발효 3형식

$C_6H_{12}O_6$ ⟶ $C_3H_5(OH)_3$(글리세롤) + ½CH_3COOH(아세트산) + ½C_2H_5OH (알코올) + CO_2(이산화탄소)

5 술의 종류

술은 제조방법에 따라 분류하면 표 5-2와 같다.

단발효주는 원료에 함유된 당분을 그대로 발효시켜 만든 것으로 주원료는 단당류나 이당류로 구성된 과실주나 마유주 등이 이에 해당한다. 복발효주는 원료가 주로 전분이기 때문에 효모가 이용하지 못하므로 전분을 분해하기 위해 전분

표 5-2 제조방법에 따른 술의 종류

제조방법		단계	술의 종류	원료	비고
발효주	단발효주	–	포도주, 사과주, 과실주, 마유주	단당류, 이당류	• 전분분해효소 필요 없음 • 단당→알코올
	복발효주	단행복발효주	맥주	맥아 전분	• 전분분해효소: 아밀라제 • 전분→전분 분해 완료→알코올
		병행복발효주	청주, 탁주	쌀 등 곡식 전분	• 전분분해작용: 누룩 • 전분→전분 분해 시작과 동시에 알코올 발효
증류주	–	–	소주, 포성주, 진, 럼, 브랜디, 위스키, 보드카, 고량주		
혼성주	제제주	–	홍주		
	합성주	–	합성청주, 감미포도주		
	약주	–	매실주, 인삼주, 각종 약용주		
	liqueur	–	칵테일, 알코올음료 등		

분해효소가 필요하다. 맥주는 맥아에서 나오는 아밀라제amylase로 맥아액을 당화시킨 후 효모로 발효하는 단계로 각각 나뉘기 때문에 단행복발효주라고 한다. 반면 청주와 탁주는 누룩의 아밀라제로 전분을 당화시키면서 동시에 발효를 진행시켜 만드는 술이기 때문에 병행복발효주라고 한다.

증류주는 알코올 발효액을 증류하여 알코올 농도를 높인 것인데 발효 후 증류 과정을 거친 위스키나 소주와 같이 알코올 함량이 높은 주류가 이에 해당된다.

혼성주는 순수한 발효주나 증류주 이외에 다른 재료를 첨가하여 섞은 술이다.

6 식품에서 중요한 효모

1) 자낭포자 효모

(1) *Saccharomyces* 속

균의 형태는 달걀형, 타원형, 소시지형 등 다양하며 출아법으로 증식하고 여러 방향으로 출아하는 다극출아를 한다. 세포가 접합하여 자낭포자를 형성한다. 자낭포자는 세포내 1~4개를 형성하고 당류를 발효하여 알코올과 이산화탄소를 생성하기 때문에 맥주, 포도주, 사과주, 청주, 탁주와 같은 주류산업과 이스트를 이용하는 제빵산업에서 널리 이용되는 대표 효모이다. 이 외에도 간장 발효와 청주에 특유의 향을 제공하는 효모 등 양조산업에서 활용되고 있다.

① ***Saccharomyces cerevisiae***

세포는 달걀형이며 당류를 발효시켜 알코올과 이산화탄소를 생성하기에 맥주와 제빵에 이용되는 효모이다. *S. cerevisiae*는 영국 에든버러Edinburgh 맥주공장의 맥주에서 분리된 알코올 발효력이 강한 상면발효 효모이다.

맥주

맥주는 '마시다'라는 뜻의 라틴어인 'bibere' 혹은 게르만족의 언어인 '곡물'을 뜻하는 'bior'에서 어원을 찾는다. 맥주는 기원전 4천 년 전 중동지역과 기원전 3천 년경 고대 이집트에서 마시기 시작했다고 한다. 맥주는 보리를 발아시킨 맥아(엿기름)와 호프, 효모, 물을 원료로 사용한다. 호프나무는 암수가 다른 다년생의 뽕나무과에 속하는 넝쿨식물인데 암나무의 솔방울 같은 암꽃만을 맥주양조에 사용한다. 맥아를 이용하면 아밀라제가 다량으로 나오기 때문에 전분이 당화되고 당화된 맥아를 효모를 이용하여 발효시킨다. 녹말을 당화시키면 맥아당과 덱스트린으로 분해되는데, 이를 여과하여 고형분을 제거한 것이 맥아즙 'wort'이다. 맥아즙에 원료 보리의 1~2%의 호프를 첨가하고 한두 시간 끓이면 호프의 향이 맥아즙에 스며든다. 호프를 제거하고 효모로 알코올 발효를 진행하면 된다. 하면발효 효모 *Saccharomyces carsbergensis*의 경우 발효가 끝나면 효모가 응집되고 바닥에 가라앉는다. 하면발효는 2~10℃ 정도의 낮은 온도에서 장기간 발효시키는데 이를 라거(lager)라고 한다. 상면발효의 경우 발생하는 탄산가스를 따라 발효 중에 액체 표면으로 효모가 떠오르는데 *Saccharomyces cerevisiae*가 대표적 효모로서 이때 만들어진 맥주를 에일(ale)이라고 한다. 로마시대에 맥주의 어원이 cerevisia라고 부른 데서 균 명칭을 따왔다. 발효과정에서 탄산가스를 함유하는데 발효 후 맥주는 효모와 기타 불순물로 인해 여과를 통해 맑게 처리하고, 병맥주의 경우 60~70℃로 열처리하여 효모를 모두 살균하여 판매한다. 열처리 대신 필터로 걸러 제거하면 비열처리 맥주라고 하고, 생맥주는 미생물을 제거하지 않아 효모가 살아 있어서 맛이 변한다.

- 비터(bitter): 영국과 아일랜드에서 생산하는 에일
- 스타우트(stout): 보리를 볶고 호프를 많이 넣어서 검은색을 띠는 에일(예: 기네스)
- 드라이(dry) 맥주: 옥수수나 쌀의 당분을 첨가하여 완전 발효
- 아이스(ice) 맥주: 물을 얼려 여과하여 얼음결정과 함께 찌꺼기를 제거한 맥주

② ***Saccharomyces calsbergensis***

*S. calsbergensis*는 덴마크의 칼스버그Carlsberg 맥주로부터 분리된 하면발효 효모이다. 독일 등지의 유럽, 미국, 일본, 한국의 맥주는 모두 하면발효 맥주이다.

③ ***Saccharomyces ellipsoideus***

포도주 발효에 사용되는 타원형의 효모이다.

포도주

기원전 6천년경 이라크 지역에서 메소포타미아인들이 포도주를 담근 기록이 있다. 포도주는 적색 포도를 통째로 기계로 으깬 후 알코올에 잘 견디는 포도주 효모와 아황산을 넣어서 만든다. 아황산은 포도주가 산화되는 것을 막고 효모 이외의 다른 곰팡이가 자라는 것을 방지하는 역할을 한다. 발효조 안에서 20~25℃ 정도의 온도에서 3주간 발효시킨 후 여과해서 액체만 모으면 주 발효가 끝난다. 이때 1~2%의 발효가 안 된 포도당 성분이 남는데 이 여과액을 1~2년간 15℃ 정도 저온에서 천천히 발효시킨다. 이후 나무통에 넣어 저장하는데 1년에 3번 정도 통을 바꾸면서 숙성시킨 후 여과하고 병에 넣어 6개월을 숙성시킨다. 백포도주는 청포도나 껍질을 제거한 적색 포도로 만들고 숙성기간은 짧다. 로제와인은 적색 포도를 통째로 으깨서 발효시키다가 도중에 껍질과 줄기를 제거하여 만든다.

④ ***Saccharomyces pastorianus***

맥주에서 번식하는 야생효모이고 맥주공장에서는 오염균으로 취급되며 맥주에 불쾌한 냄새와 쓴맛을 주고 청징을 나쁘게 하는 소시지 형태의 효모이다.

⑤ ***Saccharomyces disastaticus***

덱스트린dextrin과 전분을 분해하고, 발효시키는 효모로서 맥주 양조 시 혼입되면 맥주 중 잔존하는 당을 발효하여 맛을 나쁘게 하는 오염균이다.

⑥ ***Saccharomyces sake***

청주발효 효모이다.

⑦ ***Saccharomyces coreanus***

우리나라 탁주에서 분리한 탁주효모이다.

청주

쌀, 누룩, 물을 원료로 하여 빚어서 걸러낸 맑은 술을 청주라 한다. 청주는 추운 겨울에 빚는다. 쌀을 쪄서 누룩과 물을 가하여 며칠 두면 곰팡이와 효모가 발육한다. 곰팡이의 작용으로 쌀의 녹말은 당분으로 변하고, 효모의 작용으로 이 당분이 알코올로 변한다. 보름 이상 15℃에서 숙성 후 걸러낸 것이 탁주이고, 이것을 통에 부어 맑은 부분의 술이 청주이다. 저온살균하여 맛의 변화를 억제한다.

탁주

탁주를 만들 때 주원료인 쌀을 물에 섞어서 찐 다음 발효제로 누룩과 발효용 효모를 넣어 대량으로 배양한 주모(밑술)를 이용하여 당화와 발효를 동시에 진행하는 병행복발효주이다.

약주

탁주를 만든 후에 술독 안에 싸리나 대오리로 둥글고 깊게 통같이 만든 용수를 박아 맑은 액체만 떠낸 것을 약주라고 한다.

⑧ ***Saccharomyces mali-duclax***

사과를 이용하여 제조하는 사과주cider에 이용되는 효모이다.

사과주(cider)

유럽의 사과는 신맛이 강해서 주로 애플파이나 사과주로 가공한다. 탄산음료인 국내 사이다와 전혀 다른 발효 알코올 술임

⑨ ***Saccharomyces mali-risler***

사과주에서 분리된 효모이다.

⑩ ***Saccharomyces apiculatus***

타원형 혹은 레몬형의 형태를 띠고 있다.

(2) *Schizosaccharomyces* 속

일반 효모가 출아법에 의해 증식하는 것과 달리 분열법에 의해서 증식하는 소시지 형태의 효모이다. 자낭포자를 4~8개까지 만들며 생육 적온이 다른 효모에 비해 높아 37℃이며 열대지역의 과일, 당밀, 토양, 벌꿀 등에서 분리된다.

① ***Schizosaccharomyces pombe***

아프리카 원주민이 마시는 옥수수로부터 만드는 폼베pombe로부터 분리되었

다. 알코올 발효력이 강하다.

(3) *Saccharomycodes* 속

출아하다가 분열하는 출아분열 방식으로 증식하는 효모이다. 세포는 레몬형이다.

① *Saccharomycodes ludwigii*

떡갈나무 수액으로부터 분리된 효모이며 설탕을 가한 맥아즙에서 이 효모를 발효시키면 맥아당maltose이 남는 단맛이 나는 술을 만든다.

(4) *Zygosaccharomyces* 속

원래 *Saccharomyces*와 같이 분류되었으나 《The Yeast, 3판》에서 DNA의 GC 함량의 차이 등으로 다른 속인 *Zygosaccharomyces*로 구분되었다. 소금이나 당과 같이 높은 삼투압 환경에서 잘 견디는 효모로 알려졌다.

① *Zygosaccharomyces rouxii*

진한 소금 농도에서도 생육하여 재래간장의 경우 18% 이상의 고농도 식염인 고삼투압 환경에서도 견디는 내삼투압성 효모osmophilic yeast이다. 간장 발효액에서 번식하여 간장 특유의 향미를 부여한다.

② *Zygosaccharomyces major*

진한 소금 용액에서 번식하여 간장에 향미를 부여하는 내삼투압성 효모이다.

③ *Zygosaccharomyces soya*

간장에서 분리한 간장효모이며 삼투압에 잘 견딘다.

④ *Zygosaccharomyces japonicus*

진한 소금농도에서도 잘 견디는 오염균으로 간장에 번식하여 표면에 회백색의 피막인 곱을 형성하는 유해효모이다.

⑤ *Zygosaccharomyces mellis*

고삼투압에 잘 견디며 60~70% 당액에서 발육하는데 벌꿀이나 시럽에 변패를 일으킨다.

(5) *Kluyveromyces* 속

다른 효모와 달리 이당류인 젖당lactose을 발효할 수 있는 효모이다. 과거에는 *Saccharomyces* 속으로 분류되었으나 지금은 따로 *Kluyveromyces* 속으로 구분한다. 젖당을 분해하는 젖당분해효소lactase, β-galactosidase를 분비할 수 있어서 이당류인 젖당으로부터 알코올을 생산한다. 코카서스 지방에서 기원한 전통적인 케퍼kefir와 몽고지방에서 말젖을 발효시켜 제조하는 쿠미스koumiss에서 분리되며 알코올을 생성한다.

① ***Kluyveromyces fragilis***

Kefir에서 분리된 젖당발효 효모이다.

② ***Kluyveromyces lactis***

우유나 치즈로부터 분리된 젖당발효 효모이다.

(6) *Pichia* 속

양조과정에서 산소와 접하는 표면에서 주름이 많은 엷은 피막을 생성하는 효모를 산막효모라고 한다. 주류와 간장 양조 시 유해균으로 취급된다. 산막효모는 알코올 발효력이 낮으며 알코올을 소비하기도 한다.

① ***Pichia membranaefaciens***

알코올을 소비하고 당발효성이 낮으며, 김치류 표면에 하얀 피막을 생성하는 대표적인 산막효모이다.

(7) *Hansenula* 속

양조과정에 혼입하여 산소가 많은 표면에 피막을 형성하고 알코올을 소비하는 산막효모이다. 한편 알코올로부터 에스테르ester를 생성하여 과일향을 생성하여 청주 숙성 시 작용하는 것도 있다.

① ***Hansenula anomala***

알코올로부터 에스테르 생성능력이 강하여 에스테르의 다양한 향기로 일본 청주 발효 후 숙성 시 향을 생성하는 효모이다.

(8) *Debaryomyces* 속

내염성의 산막효모가 많고 절인 채소나 절인 고기에서 볼 수 있다.

① ***Debaryomyces hansenii***

내염성이 강하여 15~24%의 식염 농도에서 생육 가능하며 식염에 절인 식품에서 분리되고 산소가 혼입된 베이컨이나 소시지, 햄 등의 육제품에서 점질물을 생성한다.

(9) *Lipomyces* 속

늙은 세포에서 지방을 축적하는 특성이 있어서 지방을 얻기 위한 목적의 유지효모 혹은 지방효모라고 부른다.

① ***Lipomyces starkeyi***

건조 균체의 60%의 지방을 생성하므로 유지생성균으로 이용된다.

2) 사출포자 효모

사출포자 효모는 무성포자이며 식품의 변패에 관여한다.

(1) *Sporobolomyces* 속

비발효성이며 carotenoid 색소에 의해 핑크색, 적색, 오렌지색 등을 나타낸다.

(2) *Sporidiobolus* 속

사출포자를 형성하는 효모이다.

(3) *Bullera* 속

발효성은 없으며 좌우 대칭형의 사출포자를 형성하고 백색을 띤다.

3) 무포자 효모

포자를 형성하지 않는 효모이다.

(1) *Cryptococcus* 속

식물이나 토양, 공기 중에 존재하며 일부 *Cryptococcus neoformans*와 같은 병원균 효모도 있다.

① ***Cryptococcus neoformans***

인간의 중추신경에 침범하여 폐나 피부에 기생하며 효모균증cryptococcosis을 일으킨다.

(2) *Torulopsis* 속

내당성, 내염성 특성이 있어 오렌지주스나 벌꿀 등을 변패시킨다.

① ***Torulopsis versatilis***

세포는 구형(torulopsis형)이고 내염성이 강하며 간장 발효 후 숙성에 관여하고 간장덧에 맛과 향기를 부여하는 효모이다.

(3) *Candida* 속

세포는 구형, 달걀형, 원통형 등이 있고, 위균사를 만들고 알코올 발효력이 있으며, 탄화수소 자화능(이용 능력)이 강한 균은 단세포단백질single cell protein 생성균으로 주목하고 있다. 대부분의 효모가 5탄당을 이용하지 못하고 6탄당 이용성이 좋은 반면, *Candida* 속은 5탄당을 이용할 수 있어서 목재나 식물에 많이 있는 xylose(목당wood sugar)를 이용할 수 있다. 한편 *Candida albicans*처럼 사람의 피부나 인후 점막에 기생하여 칸디다증Candidalisis을 일으키는 것도 있다.

① ***Candida utilis***

5탄당인 자일로스xylose를 분해하여 영양분으로 이용할 수 있는 특성이 있다. 자일로스가 풍부한 아황산 펄프 폐액에 배양하여 사료용 단백질원을 위한 균체를 생산하는 데 사용된다.

② ***Candida tropicalis***

5탄당인 자일로스를 영양분으로 잘 이용할 수 있어서 *Candida utilis*처럼 사료용 효모로 사용된다.

(4) *Rhodotorula* 속

세포는 원형, 타원형, 소시지형 등 여러 형태이며 적색 색소인 카로티노이드carotenoid 생성 능력이 있다. 육류와 침채류에 적색 반점을 형성한다. 지방 생산 능력이 있는 유지효모도 있다.

① ***Rhodotorula glutinis***

공기에서 잘 검출되며 건조균체의 60%가 지방을 형성하므로 유지효모로 알려져 있다.

(5) *Trichosporon* 속

당의 발효성이 약하며 두터운 피막을 형성하는 것도 있으며 일부 지방효모도 있다.

① ***Trichosporon pullulans***

호기성의 피막을 잘 형성하고 저온에서 발육하며 양조식품이나 냉장육류에서 발생한다. 지방효모라고 하며 지방분해효소인 리파아제lipase 분비능력이 있는 균주도 있다.

표 5-3 주요 효모

유성생식의 유무	효모의 분류	종류	식품 및 특징
유성포자 효모	자낭포자 효모	*Saccharomyces* 속 (출아법)	*Saccharomyces cerevisiae*(제빵효모, 양조효모, 영국 맥주 상면발효효모, 달걀형)
			S. carsbergensis(한국, 독일, 덴마크, 미국, 일본 맥주처럼 하면발효 맥주에 이용)
			S. ellipsoideus(포도주 효모, 타원형 또는 장원형)
			S. mali–duclaux, *S. mali–risler* 사과주효모
			S. pastorianus, 맥주의 불쾌취 유해효모(소시지형)
			S. sake(청주효모)
			S. coreanus(탁주효모)
			S. apiculatus(레몬형, 방추형)
		Zygosaccharomyces 속	*Zygosaccharomyces rouxii* 간장효모 내염성 18% 염농도, 고삼투압, 그 외 *Z. soya*, *Z. major* 간장발효 효모
			Zygosaccharomyces japonicus 간장에 회백색 피막(곱) 생성 유해효모
		Kluveromyces 속	*Kluveromyces fragilis*, *K. lactis*, 알코올 젖산발효 음료인 kefir, koumiss 제조
		Pichia 속	산막효모, 알코올 발효력 약함, 피막 형성
		Hansenula 속	산막효모, 알코올 발효력 약함, 피막 형성(*Hansenula anomala* 청주 후숙)
		Debaryomyces 속	산막효모, 알코올 발효력 약함, 피막 형성
		Schizosaccharomyces 속 (분열법)	*Schizosaccharomyces pombe*(아프리카 술 폼베 발효효모, 소시지형)
		Saccharomycodes 속 (출아분열법)	
		Lipomyces 속	유지효모, 늙은 세포에서 60%가 지방
	담자포자 효모		
무성포자 효모	사출포자 효모 (유포자 효모)	*Bullera* 속	
		Sporobolomyces 속	
		Sporidiobolus 속	
	무포자 효모 (포자 생성 못함)	*Cryptococcus* 속	병원성효모
		Torulopsis 속	*Torulopsis versatilis* (간장덧의 향기효모, 구형)
		Candida 속 단세포단백질 생산 (위균사)	*Candida utilis* (아황산 펄프 폐액에서 사료생산 효모)
			Candida tropicalis(아황산 펄프 폐액에서 사료생산 효모)
			Candida albicans(칸디다증 병원성 효모)
		Rhodotoula 속	유지효모
		Trichosporon 속	유지효모
		Trigonopsis 속	(삼각형)

(6) *Trigonospsis* 속

형태가 삼각형을 하고 있으며 대표적인 균주로는 *Trigonopsis variabilis*가 있다.

4) 담자균류 효모

대부분 담자균류는 버섯에 소속되나 *Rhodosporidium* 속과 *Leucono-sporidium* 속과 같은 극소수 담자균류 효모도 있다.

증류주

알코올 함량이 14% 이상이면 효모가 살 수 없어서 증류주를 통해 고 알코올 술을 만들 수 있다. 알코올은 증류온도가 78℃이기 때문에 발효한 술을 가열하면 알코올이 증류하고 이 기체를 식혀서 알코올 함량이 높은 술을 얻을 수 있다.

우리나라 소주는 희석식과 증류식으로 구분하는데 증류식 소주는 약주나 탁주를 '고리'라고 부르는 재래 증류기로 증류하며, 희석식은 알코올 함량 95% 내외로 증류한 주정을 희석하면서 다양한 첨가물을 가미한 술이다.

서양의 대표 증류주인 위스키는 그레인(grain) 위스키와 몰트(malt) 위스키로 나눈다. 그레인 위스키는 저렴한 밀이나 옥수수 같은 곡물을 원료로 사용하고 당화를 위해 맥아를 일부 섞는다. 몰트 위스키는 100% 맥아만을 이용한다. 맥주와 같이 발효하여 7~8% 발효용액을 두 번 증류하여 첫 번째는 20%, 두 번째는 68% 알코올 함량의 위스키 원액을 얻는다. 몰트 위스키는 두 번 증류하여 수년간 오크나무통에 8년 이상 숙성시킨다. 한편 블랜딩 위스키는 몰트 위스키와 그레인 위스키를 적당히 혼합하여 맛과 향이 특이한 위스키를 만든 것이다.

실험 5 현미경을 활용하여 미생물 세포 관찰하기

1. 실험 원리 및 목적

미생물은 크기가 매우 작은 생명체이기 때문에 육안으로 관찰이 어렵고 세포의 형태는 현미경을 사용해야 확인이 가능하다. 일반적으로 사용하는 광학현미경은 배율이 최대 1000~1500배 수준이다. 현미경을 통해 세포의 형태를 확인하는 것을 검경한다고 하며 검경할 때는 물체를 저배율에서 고배율로 물체를 확대해가면서 관찰하도록 한다. 관찰을 용이하게 하기 위해서 미생물을 염색하여 관찰하도록 한다. 현미경의 기본구조는 렌즈 부분, 조명 부분, 기계 부분으로 구분할 수 있다.

현미경 구성

렌즈 부분

- 현미경은 접안렌즈(ocular lens)와 대물렌즈(objective lens)로 구분된다. 이 두가지 렌즈의 각각의 기본배율에 따라 전체 현미경의 배율이 결정된다.
- 접안렌즈는 경통의 가장 상단에 위치하고 기본배율은 ×5, ×10, ×15 중에서 선택하여 사용한다. 접안렌즈는 보통 ×10배율을 많이 사용한다.
- 대물렌즈는 경통의 하단에 배율별로 3~4개의 대물렌즈가 대물렌즈 회전판에 부착되어 있다. 대물렌즈 기본배율은 ×10(저배율), ×40(고배율), ×100(에멀전오일 사용, 고배율)을 사용하여 미생물의 크기별로 적절한 기본배율을 선택한다. 크기가 작은 미생물일수록 높은 배율을 사용하면 확대 관찰이 가능하다. 전체 현미경의 배율은 접안렌즈 배율×대물렌즈 배율로 산출한다.

조명 부분

- 미생물의 상을 정확하게 관찰하기 위해서는 적절한 빛의 세기의 조명이 필요하다. 조명부분은 광원, 조리개, 집광기 등으로 구분된다.
- 광원은 전구를 사용하고 집광기는 빛을 모으는 역할을 한다. 조리개는 빛의 양을 조절하는 역할을 한다.

기계 부분

- 재물대는 관찰할 물체를 올려놓는 넓은 판이다. 재물대 위에는 슬라이드를 고정하기 위한 클립은 슬라이드 글라스를 끼워 고정할 수 있다. 클립을 조절하면 슬라이드글라스를 수평적인 위치에서 상하 좌우로 움직일 수 있다.
- 경통은 현미경을 지탱하는 역할을 하며 경통의 위쪽에는 접안렌즈가 부착되고 경통의 아래쪽에는 대물렌즈가 부착되어 있다.
- 시료를 정확하게 관찰하기 위해서는 미생물 시료와 대물렌즈와의 거리를 적절히 조절하여 선명한 물체의 상을 관찰할 수 있도록 중앙으로 조준하고 초점을 맞춘다. 조동나사는 재물대를 위아래로 크게 움직이게 하여 상을 찾게 하는 나사이며, 미동나사는 재물대를 위아래로 미세하게 움직이게 하여 상의 초점을 맞추게 하는 나사이다.

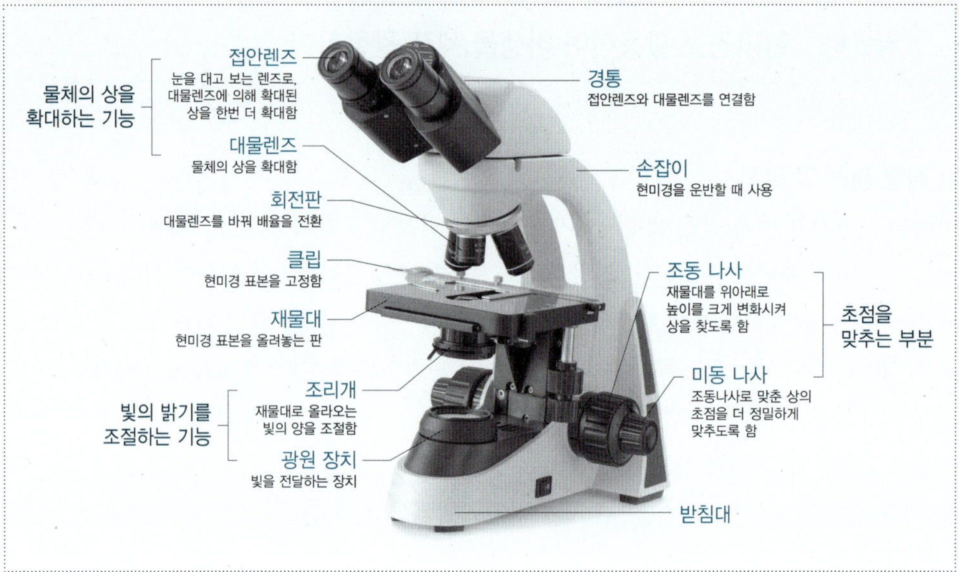

2. 실험 재료 및 방법

준비물

광학 현미경/ 슬라이드글라스/ 커버글라스/ 에멀젼 오일(유침액)/ 백금이/ 알코올램프/ 누룩, (제빵)효모, 요구르트 희석액/ 염색약(메틸렌블루)

실험방법

1. 현미경의 전원을 연결한다.
2. 광원을 켜서 조리개를 조절하여 시료를 관찰하기에 적절한 빛의 강도를 맞춘다.
3. 재물대를 대물렌즈로부터 멀리 떨어지도록 조동나사를 감아서 높이를 낮춘다.
4. 슬라이드 글라스 위에 준비된 미생물 검체 표본을 재물대 위에 놓고 검체가 광원이 있는 중앙에 오도록 클립의 나사를 조절한다.
5. 대물렌즈는 저배율(×10)부터 사용한다. 눈은 접안렌즈를 통해 관찰하면서 경통에 있는 조동나사를 감아서 재물대를 높이면서 검체의 상이 나타날 때까지 관찰한다.
6. 물체가 확인되면 대물렌즈의 회전판을 돌려서 고배율 대물렌즈(×40)로 바꾼 후 미동나사를 조절하여 선명하게 초점을 맞추고 검체를 관찰한다.
7. 고배율(×100) 대물렌즈를 활용할 때에는 슬라이드글라스 위에 커버글라스를 올리고 에

멀전오일(immersion oil) 한 방울을 커버글라스 위에 떨어뜨리고 대물렌즈(×100)를 에멀젼 오일에 접하도록 한다. 에멀젼 오일은 해상도를 높이고 밝기를 개선(빛의 굴절 및 반사를 감소)시키는 역할을 한다. 미동나사를 조절하여 초점을 맞추고 관찰한다(현미경으로 보면서 염색 시약의 색깔이 나타나면 관찰이 용이하다).

현미경 관찰을 위한 미생물 검체 표본 제작 순서

미생물 검체의 표본 제작 순서는 도말, 건조, 고정, 염색, 수세, 검경 순서를 따른다. 세부 절차는 아래와 같다.

1. 도말: 슬라이드 글라스 위에 미생물 시료(효모, 세균 등)를 넓게 펴서 바른다. 집락(colony)을 사용하는 경우에는 생리식염수를 약간 떨어뜨린 후에 백금이로 균일하게 편다.
2. 건조: 슬라이드 글라스 위에 있는 도말한 미생물 시료의 물기가 사라질 때까지 공기 중에 방치하여 건조시켜 물기를 마르게 한다.
3. 고정: 도말한 시료는 위쪽으로 향하고 슬라이드 글라스 아래쪽을 알코올 램프의 불꽃을 1초간 3번 정도 지나도록 하여 미생물이 슬라이드 글라스에 달라붙어 떨어지지 않도록 고정한다. 너무 짧은 시간이나 너무 오랜 시간 고정하지 않도록 한다.
4. 염색: 적절한 미생물 염색약을 미생물 시료에 떨어뜨려 1~2분간 염색한다.
5. 수세: 약하게 흘러내리는 수돗물이나 세척병(squeeze bottle)내 증류수로 염색약을 씻어낸다.
6. 검경: 현미경 재물대 위의 클립에 미생물 검체 표본을 끼우고 현미경 사용법을 활용하여 미생물 형태를 관찰한다.

FOOD MICROBIOLOGY • chapter 6

곰팡이와 버섯

학습목표

1. 곰팡이의 형태적 특징과 생육방식을 이해한다.
2. 진균류에서 균사와 포자의 형태에 따른 분류체계를 익힌다.
3. 식품에서 발효 및 부패를 일으키는 주요 곰팡이의 특징을 살펴본다.
4. 담자균류의 생활사를 이해하며 버섯의 1차, 2차, 3차 균사의 특징을 이해한다.

1 곰팡이의 형태적 특징

곰팡이는 분류학상으로 진균류Eumycetes에 속하고 영양분이 있는 상태에서 가느라란 실 모양의 균사hypha(복수형 hyphae)로 생육하며 균사 집합체인 착색된 가루모양의 포자를 가진다. 균사는 여러 개의 분지된 실모양의 관에 다핵의 세포질이 들어 있는 구조이기에 곰팡이는 다세포 미생물이다. 진균류 중 균사를 형성하고 생활하는 것을 사상균이라고 부르는데, 곰팡이와 버섯이 사상균filamentous fungi에 속한다. 미생물의 씨를 포자spore라고 한다. 균사체가 성장하면 갈라진 가지가 위로 뻗고 그 끝에 포자를 착생하는데 이를 자실체fruiting body라고 부른다. 그물처럼 얽힌 영양기관이라고 할 수 있는 균사체와 번식기관이라고 할 수 있는 자실체를 합하여 균총 혹은 집락colony이라고 부른다.

균사는 자라는 형태에 따라서 기질의 표면에서 공중으로 뻗는 것을 기균사aerial hypha, 균사가 기질표면에서 밀착하여 뻗어가는 것을 영양균사vegetative hypha, 기질의 속으로 침투하며 자라는 것을 기중균사submerged hypha라고 부른다. 균사는 발육함에 따라 가지가 나뉘어 분지되며 격벽 또는 격막septum(복수형

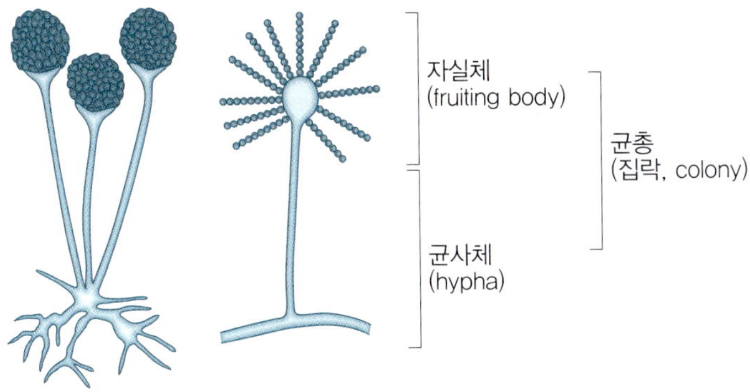

그림 6-1 곰팡이의 구조

septa)이라고 하는 칸막이가 생기는 것과 그렇지 않은 것이 있는데 곰팡이 분류에 중요한 지표가 된다. 곰팡이의 세포벽은 셀룰로스cellulose, 키틴chitin 등의 섬유질 성분으로 구성되어 있다.

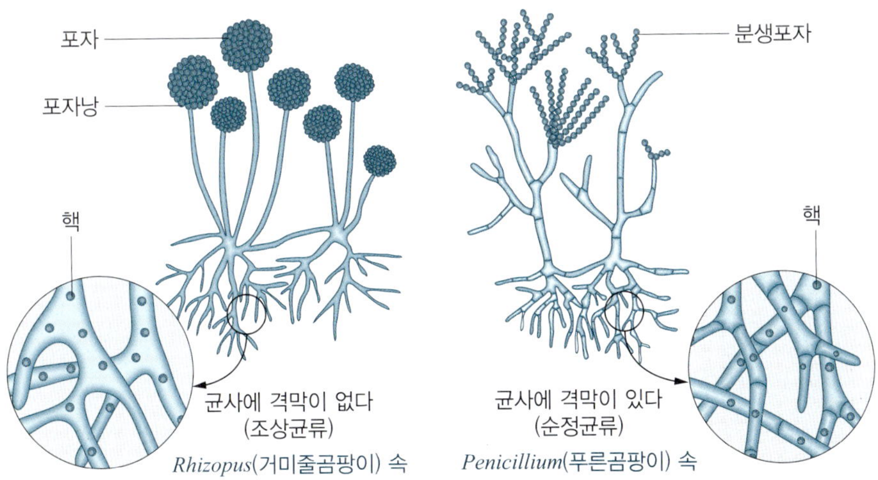

그림 6-2 거미줄곰팡이와 푸른곰팡이의 생김새

생활 속 tip

장류와 곰팡이

장류는 주로 콩을 재료로 하여 조미효과가 큰 글루탐산이 풍부한 식품이다. 콩을 8~12시간 물에 불린 후 삶아 절구에 찧어 메주를 만든다. 이후 2~3일간 잘 말린 후 볏짚을 엮어서 한 달가량 매달아 발효시킨다. 발효균은 볏짚의 곰팡이와 세균이 발효를 진행하는데 메주의 갈라진 표면에는 털곰팡이와 거미줄곰팡이가 자라며, 내부에는 고초균인 세균이 잘 자란다. 이들 미생물에 의해 콩의 단백질을 분해하는 프로타제와 전분을 분해하는 아밀라제에 의해서 콩 성분의 단백질과 전분이 분해된다.

간장을 담그기 위해서는 메주 표면의 곰팡이를 잘 씻고 말려서 항아리에 메주를 넣고 소금물로 항아리를 채운다. 이때 숯이나 붉은 고추를 띄워 냄새와 잡균을 제거한다. 발효 후에 윗물을 떠서 생간장을 10~20분간 '장달임'이라고 하는 살균을 실시한다. 아래 가라앉은 생된장은 체로 걸러 고형분만 된장독에서 발효 및 숙성을 거쳐 된장을 만든다. 재래간장과 달리 시판하는 양조간장은 공장에서 누룩곰팡이나 *Aspergillus sojae*를 이용하여 만든다.

이외에 미생물에 의한 발효가 아닌 콩단백질을 분해해서 만드는 화학간장이 있으며 미생물 대신에 염산이나 단백질 분해효소를 이용한다. 마찬가지로 양조된장의 경우는 콩과 함께 쌀, 보리, 밀 등의 곡류를 섞고 간장을 분리하지 않으며 순수배양된 미생물을 발효에 사용한다. 고추장의 경우는 콩과 곡류 이외에 고춧가루를 섞어서 발효를 시킨다. 청국장은 콩을 불려서 삶은 후 볏짚으로 싸서 42℃에서 2~3일간 보온하면 발효가 완료된다.

2 곰팡이의 분류

곰팡이 분류는 균사의 격벽 유무와 포자의 유성생식 여부로 결정한다. 즉 첫 번째 기준은 균사에 격벽이 없느냐 있느냐에 따라서 나누므로 균사에 격벽이 없어서 다핵의 세포로 구성된 조상균류와 격벽이 있는 순정균류 두 가지로 나눈다. 두 번째 기준으로는 이들을 다시 유성생식을 할 수 있느냐 없느냐에 따라서 구분한다. 유성생식기관의 모습 및 형성방법에 따라서 번식을 담당하는 포자의 모습과 포자의 이름을 본따서 분류한다. 조상균류에는 호상균류, 난균류, 접합균류가 속해 있다. 순정균류는 자낭균류, 담자균류, 불완전균류로 구분한다. 이 중 유성생식이 가능하여 유성포자를 만들 수 있는 것은 난균류, 접합균류, 자낭균류, 담자균류가 있다. 한편 순정균류 중에서 유성생식을 하지 못하는 것을 불완전균류로 분류한다.

즉 대부분 곰팡이는 무성생식에 의해서 무성포자를 만들어 번식하며 살아가나 일부 균류는 접합이나 핵융합과 같은 유성생식을 통해 유성포자를 형성할 수도 있다.

표 6-1 진균류의 분류

강(class) / 아강(subclass) / 목(order) / 과(family) / 속(genus)

- 균류 mycetes
  - 조상균류 phycomycetes
    - 호상균류 chytridiomycetes
    - 난균류 oomycetes
      - 물곰팡이목 saprolegniales
      - 점병균목 peronosporales
    - 접합균류 zygomycetes
      - 털곰팡이목 mucorales
        - *Mucor*
        - *Rhizopus*
        - *Absidia*
        - *Thammidium*
  - 순정균류 mycoycetes
    - 자낭균류 ascomycetes
      - 반자낭균류 hemiasomycetes
        - endomy cetales
          - *Eremothecium*
          - *Ashbya*
          - *Bysso chlamys*
      - 진정자낭균류 euascomycetes
        - eurotiales
          - *Aspergillus*
          - *Penicillium*
          - *Monascus*
        - shaeriales
          - *Neurospora*
      - 소방자낭균류 loculoascomycetes
    - 불완전균류 deuteromycetes
      - 의구각균목 sphaeropsidales
      - 흑분균목 melanconiales
      - 무포자균목 mycelia sterilia
      - 선균목 moniliales
        - 담색선균과 moniliaceae
          - *Geotrichum*
          - *Cephalosporium*
          - *Botrytis*
        - 암색선균과 dematiaceae
          - *Cladosporium*
          - *Alternaria*
        - 류상균과 tuberculariaceae
          - *Fusarium*
    - 담자균류 basidiomycetes
      - 동담자균류 homobasidiomycetes
        - 송이버섯 agaricales
      - 이담자균류 heterobacidiomycetes
        - 흰목이버섯목 tremellales
        - 목이버섯목 auriculariales

1) 유성포자

포자가 만들어질 때 세포핵이 융합하는 경우를 유성생식이라고 하고, 이렇게 만들어진 핵을 중심으로 포자가 만들어진 것을 유성포자라고 부른다. 진균류의 유성포자 종류에는 난포자, 접합포자, 자낭포자, 담자포자가 있다.

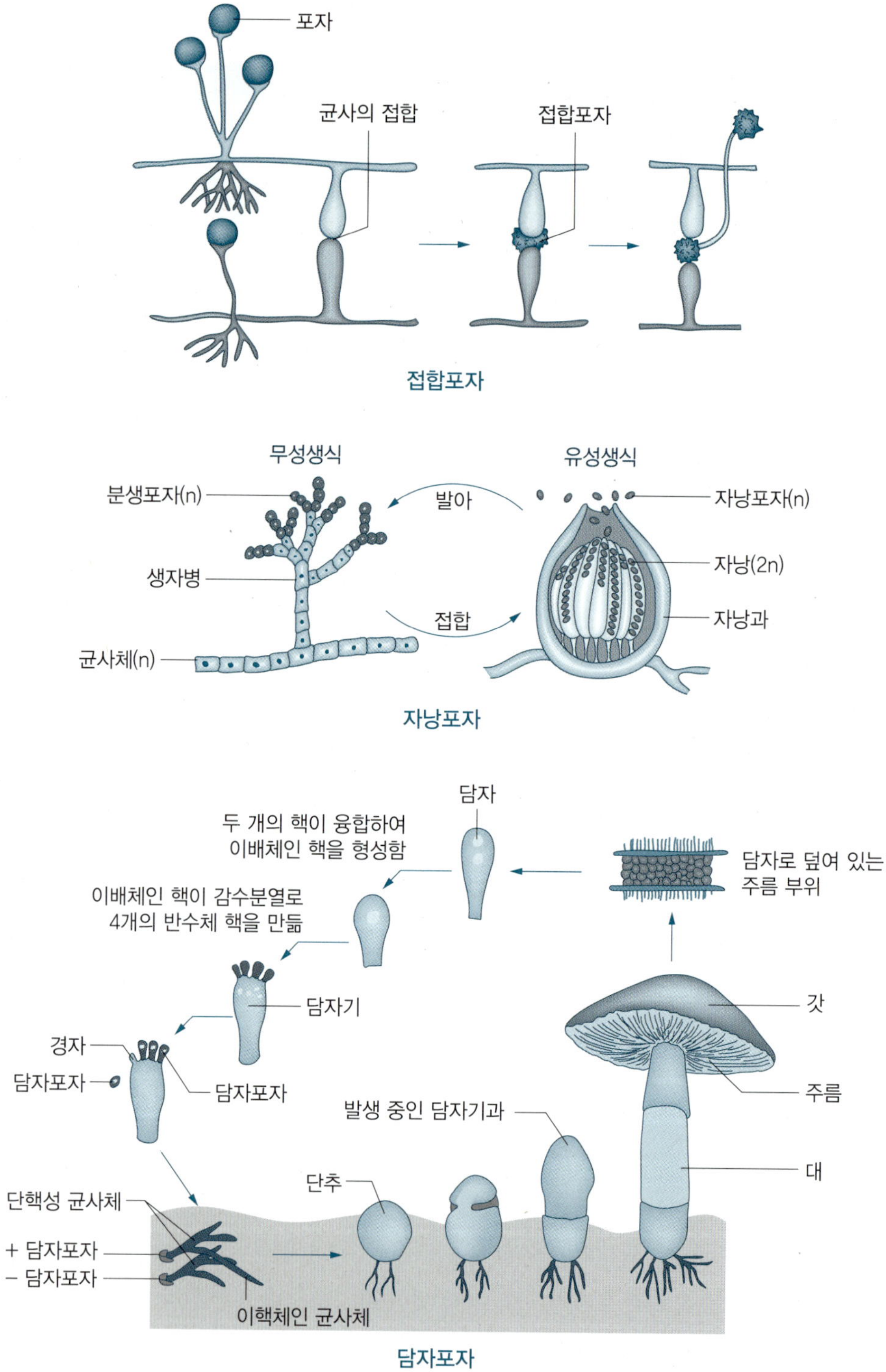

그림 6-3 접합포자, 자낭포자, 담자포자의 생성과정

(1) 난포자

난균류의 유성포자로 편모를 가지고 있어서 포자 자신이 편모운동을 한다. 이러한 포자를 유주자라고 한다. 난포자를 형성하는 균류를 난균류라고 한다.

(2) 접합포자

접합균류에서 접합포자가 형성되는 과정은 성이 다른 두 개의 균사가 돌출하고 신장, 접합하여 접촉 부위가 팽대해지면서 원형질과 핵이 융합하면서 두꺼운 막이 형성되어 포자를 보호한다. 접합포자를 싼 주머니를 접합포자낭이라고 부르고, 접합포자를 형성하는 균류를 접합균류라 부른다. *Mucor* 속, *Rhizopus* 속, *Absidia* 속에서 접합포자를 볼 수 있다.

(3) 자낭포자

자낭균류는 자낭이라고 부르는 유성적으로 생성되는 특수 세포주머니에서 포자를 형성하는데 이를 자낭포자라고 부른다. 두 균사가 접합에 의해서 한 개의 세포 내에 2개의 다른 핵을 갖는 균사세포를 핵융합을 통하여 자낭각을 만들고 자낭각 안에 자낭포자를 만든다. 자낭은 구형의 개구부가 없는 폐자기 cleistothecium, 끝의 입이 열려 있는 피자기perithecium, 내부가 완전히 열려 있는 나자기apothecium 등 세 가지 나눈다. 자낭포자는 *Aspergillus* 속, *Penicillum* 속, *Monascus* 속에서 볼 수 있다.

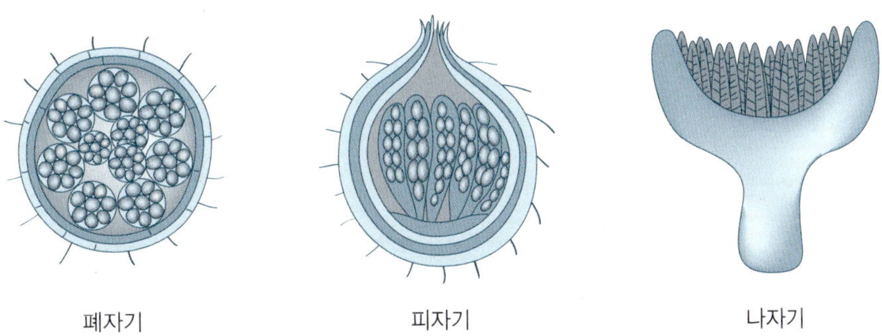

그림 6-4 자낭의 형태

(4) 담자포자

담자균류는 균사가 나타나면 균사가 두 개가 접합되어 취상돌기 혹은 균반 clamp connection을 만든다. 균사체 위에 자실체가 생성되면 담자기를 형성한 후 그 끝에 보통 4개의 경자가 생기고 그 위에 담자포자가 한 개씩 만들어진다. 담자포자는 주로 버섯류에서 발견된다.

2) 무성포자

무성생식이란 세포핵의 융합 없이 단지 분열에 의해 무성적으로 포자를 형성하는 것으로 대부분 곰팡이는 무성포자를 통하여 번식한다. 이들 포자는 대기중에 날려져 나중에 좋은 조건(영양분, 온도, 수분, 산소, pH 등)을 만나면 새로운 균사를 만들어 번식한다. 곰팡이가 피었을 때의 색깔은 곰팡이의 무성포자 색깔에 따라서 나타난다.

무성포자는 균사의 내부에서 생성되는 내생포자와 균사의 외부에서 생성되는 외생포자로 나눌 수 있는데, 대표적인 내생포자로는 포자낭포자와 유주자 zoospore가 있고 외생포자에는 분생포자, 후막포자, 분절포자, 후막포자가 있다.

① 포자낭포자

균사의 한쪽 끝에서 포자낭병이 신장되고 그 끝이 팽대하여 포자낭을 만들며 그 안에 수많은 포자를 내생하는 것으로 *Mucor* 속, *Rhizopus* 속, *Absidia* 속이 있다. 포자가 주머니에 싸여 있기 때문에 대표적인 내생포자이며, 나중에 포자낭이 터져서 포자낭포자들이 공중으로 퍼진다.

② 유주자

물에서 사는 균류에서 볼 수 있으며, 구형이나 관모양의 유주자낭 안에 편모를 가지고 자유롭게 물속을 헤엄치기 때문에 유주자라고 부른다.

③ 분생포자

대표적인 외생포자로서 분생포자 혹은 분생자라고 부른다. 균사로부터 뻗은

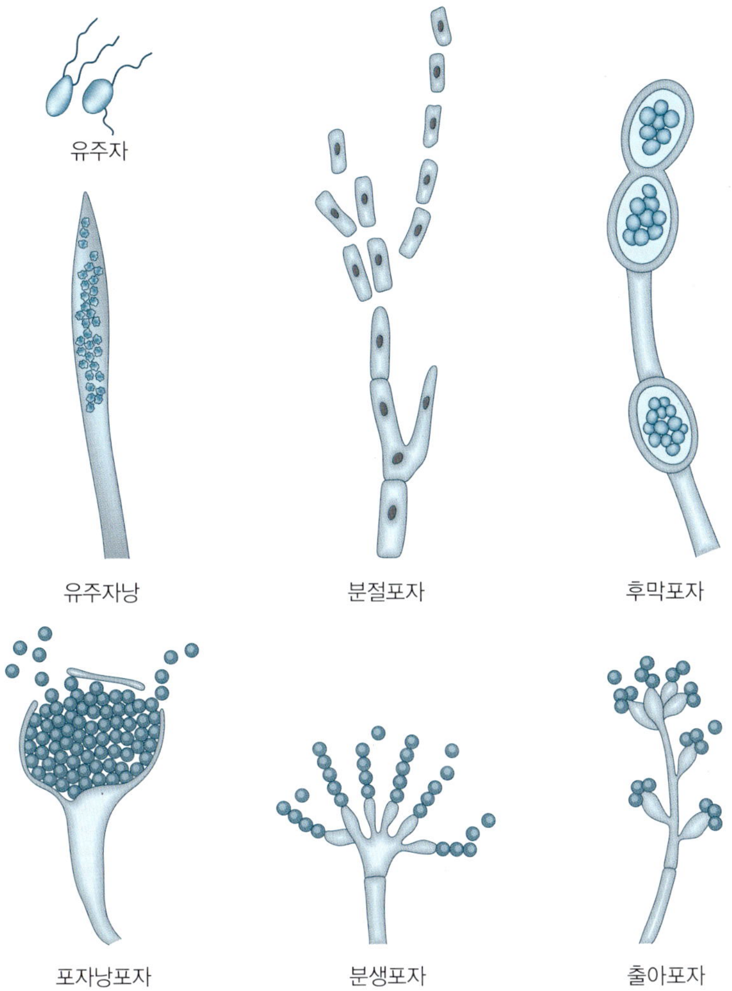

그림 6-5 무성포자의 종류와 형태

분생자병의 끝에 경자가 생기며, 그 경자의 끝이 갈라져서 염주모양의 분생포자가 형성된다. 대표적으로 *Aspergillus* 속과 *Penicillum* 속이 무성생식에 의해 포자를 형성할 때 분생포자를 형성한다.

④ **후막포자**

균사의 끝이나 중간에서 원형질이 모여서 팽대되고 두꺼운 막으로 휴면성의 내구체인 포자를 형성한다. 불완전균류 중의 *Scopulariopsis* 속에서 볼 수 있다.

⑤ **분절포자(분열자)**

균사의 일부에 격막이 생겨 짧은 조각으로 분할되면 분절포자라고 부르고, 분절포자가 살포되어 증식할 때는 분열자라고 부른다. 분절포자는 *Geotrichum* 속과 *Moniliella* 속에서 볼 수 있다.

⑥ **출아포자**

출아포자 혹은 발아포자라고 부르며 제1포자에서 원심적·순차적으로 포자가 형성되므로 최하부 것이 가장 먼저 만들어진 포자이다. 불완전균류인 *Cladosporium* 속에서 볼 수 있는 포자이다.

3 곰팡이의 생리적 성질

곰팡이는 식품처럼 영양분이 풍부하며 약산성 환경이고 수분이 적절한 조건의 상온에서 산소가 풍부한 식품의 표면에서 잘 자란다. 이렇듯 미생물의 생육인자는 온도, pH, 수분, 산소이다.

곰팡이는 넓은 온도범위에서 생육하며 최적의 생육온도는 25~30℃이다. 그러나 일부 호냉성의 곰팡이처럼 낮은 온도에서 증식하는 곰팡이도 있다. 그러나 곰팡이는 내열성은 거의 없으며 열에 의해 곰팡이의 포자도 쉽게 사멸된다.

곰팡이는 식품과 같은 약산성의 pH를 선호하기 때문에 최적의 pH는 pH 5.0~5.5이나 넓은 범위의 pH 2~8.5에서도 잘 생육한다.

생육에 필요한 수분은 균에 따라 다양하나 어떤 균은 높은 수분활성을 요구(수분활성도 A_w 0.8 이상)하지만, 일부 건조한 성질에서 잘 견디는 내건성 곰팡이는 최소생육의 A_w가 0.62까지 내려가는 것도 있다.

대부분 곰팡이는 산소를 절대적으로 요구하는 절대호기성이나 일부 물속에서 살아가는 조상균류의 경우에는 예외이다. 따라서 곰팡이는 공중에서 낙하하며 장류의 표면이나 빵의 표면처럼 영양조건이 충족될 때는 산소가 풍부한 곳에서 잘 자란다.

4 식품에서 중요한 곰팡이

1) 접합균류

조상균류는 균사에 격벽이 없는 균류로서 균사 세포가 서로 연결된 것처럼 보인다. 여기에는 호상균류, 난균류, 접합균류 세 가지로 나누며 식품과 밀접한 조상균류는 거의 접합균류에 소속된다.

접합균류는 주로 평상시에 무성생식에 의해서 포자낭포자를 생성하고, 포자낭이 터져서 공중으로 퍼진 포자낭포자를 통해서 증식하는 것이 보통이나, 유성적으로 접합포자를 형성할 때도 있다. 식품에서 중요한 조상균류에는 접합균류에 소속된 *Mucor* 속, *Rhizopus* 속, *Absidia* 속, *Thamnidium* 속 등이 있다.

(1) *Mucor* 속

토양, 퇴비, 과일에서 흔히 볼 수 있으며 발효공업에서 중요한 곰팡이이다. 기균사가 털 모양이어서 균사의 모습을 따서 털곰팡이라고 부른다. 포자낭병의 분

그림 6-6 *Mucor* 속

지 여부와 길이, 포자낭의 크기, 색깔, 포자낭의 특성, 중축 및 균총의 형태와 색깔에 따라 균종을 분류한다. 포자낭은 구형이며 포자낭병이 균사로부터 직접 뻗어나간 것을 monomucor, 가지를 처음 치는 것을 racemomucor, 줄기를 치는 것을 cymomucor라고 부른다.

① *Mucor mucedo*

토양, 과일, 채소 등에 잘 발생한다. 알코올 발효력이 미약하여 식품에서 활용성은 낮고 단백질이나 유지를 분해하는 성질이 있어서 우유 등 유제품을 생산하는 낙농업계에서 유해균으로 취급한다.

② *Mucor racemosus*

Racemomucor형으로서 과일, 채소, 맥아에서 잘 발생하며 집락은 회색 혹은 회갈색을 띤다. 과일을 부패시키는 곰팡이로 생육적온은 20~25℃이다. 간장 누룩Koji을 만들 때 혼입되어 생육하면 간장 koji를 흑변시키고 나쁜 냄새를 발생시킨다. 한편 당액을 발효시켜 최대 7%의 알코올을 생성하며 비타민 B_1 및 B_2의 합성력도 강하다.

③ *Mucor pusillus*

마른 풀에 많은, 생육적온이 40℃로 비교적 높다. 치즈 제조에서 우유단백질 응고에 필요한 어린 송아지의 응유효소rennet 대용으로 이용할 수 있는 응유효소를 생산하는 균주로 알려져 있다.

생활 속 tip

치즈 제조와 응유효소

기원전 6000년 무렵 메소포타미아에 치즈와 비슷한 식품이 있었다고 한다. 치즈를 만들기 위해서 우유를 고온에서 살균한 뒤에 젖산균을 넣어준다. 이들을 통해서 우유의 산성도가 높아져 0.18~0.22%에 이르면 응유효소인 레넷(rennet)을 넣는다. 레넷은 우유만으로 자란 생후 3~6개월 된 송아지의 위에서 뽑아낸 응유효소이다. 레넷의 활성효소를 레닌(rennin)이라 부른다. 단백질 분해효소로 우유 카제인의 80%에 이르는 카제인을 파라카제인으로 분해시킨다.

우유가 레넷의 작용으로 응고되어 커드(curd)가 형성되면 응고 정도를 확인 후에 커드를 잘라서 안에 있던 액체인 유청을 배출시킨다. 유청이 제거된 커드를 틀에 담아 압착하여 덩어리로 만들고, 풍미를 좋게 하고 과도한 발효를 억제하기 위해 소금을 첨가한다. 완성된 치즈는 숙성과정을 거친다. 치즈는 지역별로 명칭이 정해진다.

④ *Mucor rouxii*

중국의 누룩에서 분리한 *Mucor* 속의 대표적 균주로 전분 당화력이 강하고 알코올 발효력이 강하다. 이 곰팡이를 이용하여 amylo법에 의한 발효를 실시한다.

아밀로법(amylo proess)

아밀로법은 알코올 제조법의 한 가지이다. 전분질 원료로부터 알코올을 제조하기 위해서는 전분을 분해하여 당으로 만드는 당화와 발효의 두 공정이 필요하다. 1892년에 프랑스의 칼메르(Calmer)가 중국의 곡자로부터 당화력과 발효력을 가지는 아밀로균(*Amylomyces rouxii* → (현재 *Mucor rouxii*)을 분리한 후 알코올 제조에 사용한 것이 아밀로법의 시작이다. 그 후 곡류 원료에 알맞은 *Rhizopus delemar*와 고구마 원료에 알맞은 *Rhizopus javanicus*가 사용되고 있다. 실제로 아밀로균의 발효력은 그리 강력하지 않기 때문에 아밀로균을 접종하여 36℃에서 24~30시간 통풍배양을 한 뒤 순수 배양한 주모를 첨가하여 33℃에서 4~5일간 발효시킨다. 주모로서 *Saccharomyces* 속의 일본발효연구소 1호균이 많이 쓰인다. 아밀로법의 장점은 맥아 등의 당화제나 koji를 쓰지 않고 순도가 높은 알코올을 생산할 수 있으며 발효수율은 90% 이상에 달한다.

누룩(국, 곡자, koji)

술을 만드는 효소를 지닌 곰팡이를 곡류에 번식시켜 만든 발효제로 곰팡이와 효모를 곡류에서 키운 것이다.
분쇄한 밀이나 쌀·밀기울 등을 반죽하여 모양을 만들고 적당한 온도에서 숙성시켜 만든다. 누룩은 술을 빚는 데 기본이 되는 것으로, 중국의 춘추전국시대에 처음 만들어진 것으로 알려졌다. 만드는 법은 분쇄한 밀이나 쌀·녹두즙 등을 반죽하여 헝겁·짚·풀잎 등에 싸서 발로 밟거나 누룩틀에 넣어서 밟는다. 이것을 누룩방이나 온돌 또는 헛간에 적당히 배열하여 짚이나 쑥으로 덮어 놓고, 썩지 않게 골고루 뒤집으며 누룩곰팡이가 뜨기를 기다리는데, 짧게는 1주일 길게는 40일 이상이 걸린다. 누룩에서 발견되는 곰팡이로는 누룩곰팡이, 거미줄곰팡이, 털곰팡이 등이 있다.

전분의 당화(아밀라제의 작용)

α-amylase

쌀, 밀과 같은 전분의 구조는 포도당(glucose)이 α-1,4-glucoside 결합으로 연쇄적으로 결합되어 있는 형태이다. 알코올은 포도당으로부터 만들어지기 때문에 전분으로부터 알코올을 제조하기 위해서는 먼저 전분을 포도당으로 바꿔야 한다. 이 효소는 α-1,4-glucoside 결합을 아무 곳에서나 가수분해할 수 있다. 주로 곰팡이 중에는 *Aspergillus*(누룩곰팡이) 속이, 세균 중에서는 *Bacillus* 속이 α-amylase를 대량으로 생산할 수 있다.

β-amylase

전분에 작용하여 포도당 두 개로 연결된 맥아당(maltose)을 만든다. 당화아밀라제라고 한다.

glucoamylase

곰팡이에 많이 존재하며 전분을 비환원성 말단부터 포도당을 분리할 수 있는 효소이다. 이 당화형 아밀라제는 전분을 거의 완전히 포도당으로 분해할 수 있으므로 전분질 원료의 당화에 이용된다.

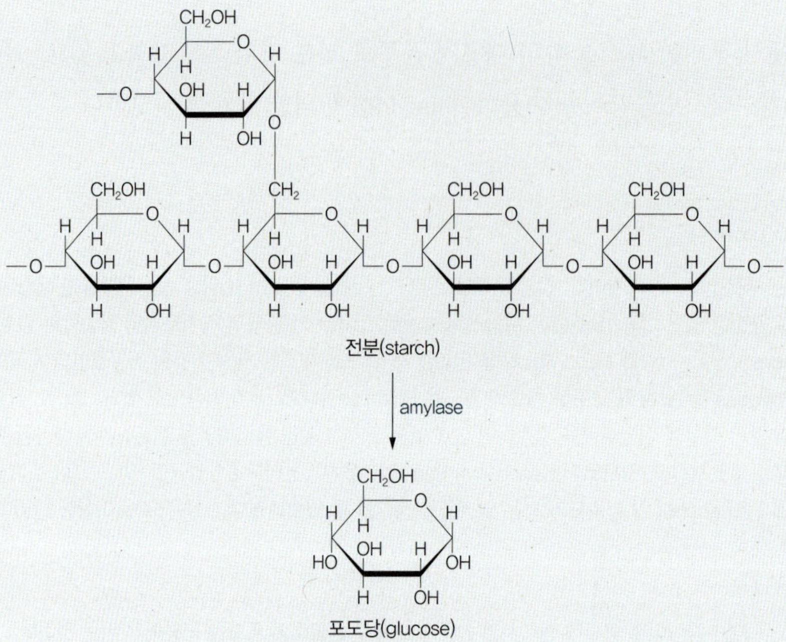

그림 6-7 전분의 당화

(2) *Rhizopus* 속

Rhizopus 속은 생육이 빠른 점에서 *Mucor* 속과 유사하나 *Mucor* 속과 다른 점으로는 포복지stolon가 고구마 줄기처럼 뻗어 있고 배지표면에서 배지와 닿는 곳에 가근rhizoid을 내린다. 생긴 모습을 따서 거미줄곰팡이라고 부른다. 포자낭병은 가근이 있는 곳 위에서 1~5개 생기고 균총은 회백색이며 포복지가 계속 생기므로 *Mucor* 속보다 배지에 닿는 면이 많아 번식이 왕성하다. 곡류나 과일에 발생하여 해를 끼치기도 하나 전분 당화력이나 유기산 생성능이 강하여 발효공업에 이용되는 균종도 많다.

① ***Rhizopus nigricans***

Rhizopus 속의 대표적 균종으로 공기 중에 많다. 균총은 회흑색이며 접합포자를 만든다. 고구마 연부병soft decay의 원인이 되며 과일, 곡류, 빵 등에 번식하여

부패시킨다.

② ***Rhizopus delemar***

중국의 누룩에서 분리한 균으로 균총은 회갈색이며 전분당화력이 강하므로 포도당 제조 시에 사용하는 당화효소glucoamylase 제조에 이용되며 아밀로법(amylo법)에 의한 알코올 발효에 사용되며 생육적온은 25~30℃이다.

③ ***Rhizopus javanicus***

인도네시아 Java 지역의 Raji에서 분리한 균이며 균총은 백색이나 오래되면 황갈색으로 변한다. 전분 당화력이 강하여 아밀로법에 의한 알코올 제조에 사용되며 생육적온은 36~38℃이다.

④ ***Rhizopus japonicus***

일본산 koji에서 분리한 균이다. 전분 당화력이 강하여 아밀로법에 이용되며 raffinose를 발효하고 생육적온은 30℃이다.

⑤ ***Rhizopus tonkinensis***

베트남 Tonkin산 koji에서 분리한 균이다. 라피노스Raffinose를 발효시키지 못하나 아밀로법에 이용되며 포도당을 발효시켜 유기산의 일종인 젖산lactic acid과

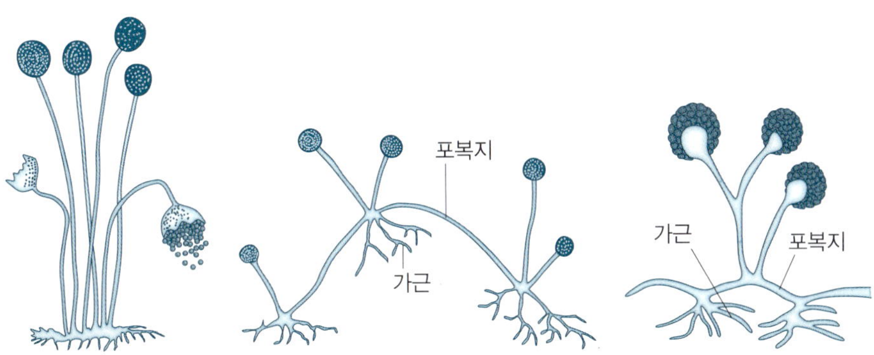

Mucor 속
가근과 포복지가 없음

Rhizopus 속
가근과 포복지가 있음

Absidia 속
가근과 포복지가 있음

그림 6-8 조상균류에서 가근과 포복지 비교

푸마르산fumaric acid을 생산하고 생육적온은 36~38℃이다.

(3) *Absidia* 속

*Rhizopus*와 형태 면에서 비슷하여 포복지와 가근이 있다. 다만 포자낭병이 *Rhizopus*의 경우처럼 가근의 기부에서 발생하지 않고 가근과 가근의 중간에서 포자낭병이 발생하는 점이 차이점이다.

토양에서 광범위하게 분포하고 있으며 고량주의 곡자(누룩)에서 분리되었다. 동물의 병원균이기도 하며 식품에서는 통조림 부패의 원인이 된다.

① ***Absidia lichtheimi***

중국산 소흥주의 곡자(누룩)에서 분리한 균이며 처음에 자랄 땐 회색이다가 나중에 회백색으로 변한다.

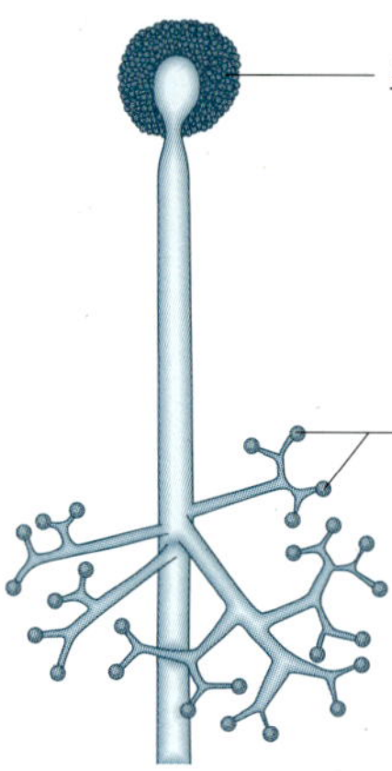

그림 6-9 *Thamnidium elegans*

(4) *Thamnidium* 속

포자낭병의 맨 끝에 포자낭을 만들고 기부 근처에 소포자낭이 부착되어 발생한다. 소포자낭은 포자낭과 같은 형태이지만 그 속에 적은 수인 2~12개의 포자가 들어 있다.

① ***Thamnidium elegans***

저온저장 중인 육류에서 발생하며 포자낭은 암갈색이다.

2) 자낭균류

자낭균류는 균사에 격벽이 있는 순정균류의 한 부류이다. 따라서 균사에 격벽이 있으며 포자는 유성생식을 할 때 자낭포자를 생성한다. *Aspergillus* 속의 경우 유성적 포자형성은 균사의 한쪽 끝이 구부러져 조낭기ascogonium로 되고, 기부로부터 장정기antheridium가 나와서 융합, 분화되어 자낭을 형성한다. 자낭 속에는 8개의 자낭포자를 형성한다. 반면 평상시 무성생식에서는 균사에 분생자병

conidiophore을 만들고 그 위에 분생포자conidiospore 혹은 분생자conidium라는 외생포자exospore를 생성하여 이들 분생포자를 통하여 번식한다.

자낭균류는 자낭ascus이 그대로 노출되어 있는 반자낭균류Hemiascomycetes, 자낭이 자낭과로 싸여 있는 진정자낭균류Euascomycetes, 그 외 소방자낭균류Loculoascomycetes의 3가지 아강으로 나누는데 식품미생물에서 중요한 곰팡이는 진정자낭균류 내 *Aspergillus*(누룩곰팡이) 속, *Penicillum*(푸른곰팡이) 속, *Monascus*(홍국곰팡이) 속 그리고 *Neurospora*(빨간곰팡이) 속이 있다.

(1) *Aspergillus* 속

*Aspergillus*는 된장, 간장 등 장류공업과 약주, 탁주 등 주류공업에서 이용되는 대표적인 곰팡이로 누룩곰팡이라고 부른다. 곰팡이가 장류 제조에 이용되기 위해서 단백질 분해력이 강해야 하며, 주류 제조에 이용되기 위해서는 전분으로부터 당으로 분해된 후에 알코올로 발효되기 때문에 전분을 당으로 분해하는 전분분해력이 강해야 한다. *Aspergillus* 속은 단백질 분해효소protease와 전분 분해효소amylase 생산능력이 우수하다. 일반적으로 균사가 긴 장모균이 전분 당화력이 강하고, 균사가 짧은 단모균이 단백질 분해력이 강하다.

균사는 격벽이 있으며 색깔은 무색이다가 균사의 일부가 두껍게 팽배한 병족세포foot cell로부터 분생자병이 분기한 후 그 끝에 정낭vesicle이 생기고, 그 위에 경자sterigmata가 연쇄적으로 착생하여 분생포자가 염주알처럼 달린다. 균총의 색깔은 처음 균사가 나타날때는 무색 혹은 백색이다가 나중에 분생포자가 생성되면서 백색, 황색, 흑색, 녹색 등 다양한 색깔을 띠게 되어, 이들 색깔에 따라 백국균, 황국균, 흑국균이라고 부른다.

① *Aspergillus oryzae*(황국균)

누룩곰팡이, koji 곰팡이, 또는 황국균이라고 부르며 전분 당화력과 단백질 분해력이 강하다. 전분 당화력이 우수한 균은 주류공업에, 단백질 분해력이 우수한 균은 장류공업에 널리 사용된다. 균총은 처음에는 백색이었다가 분생포자가 생성되면 황색으로 변하고 오래되면 갈색으로 변한다. 생육적온은 30℃ 정도이

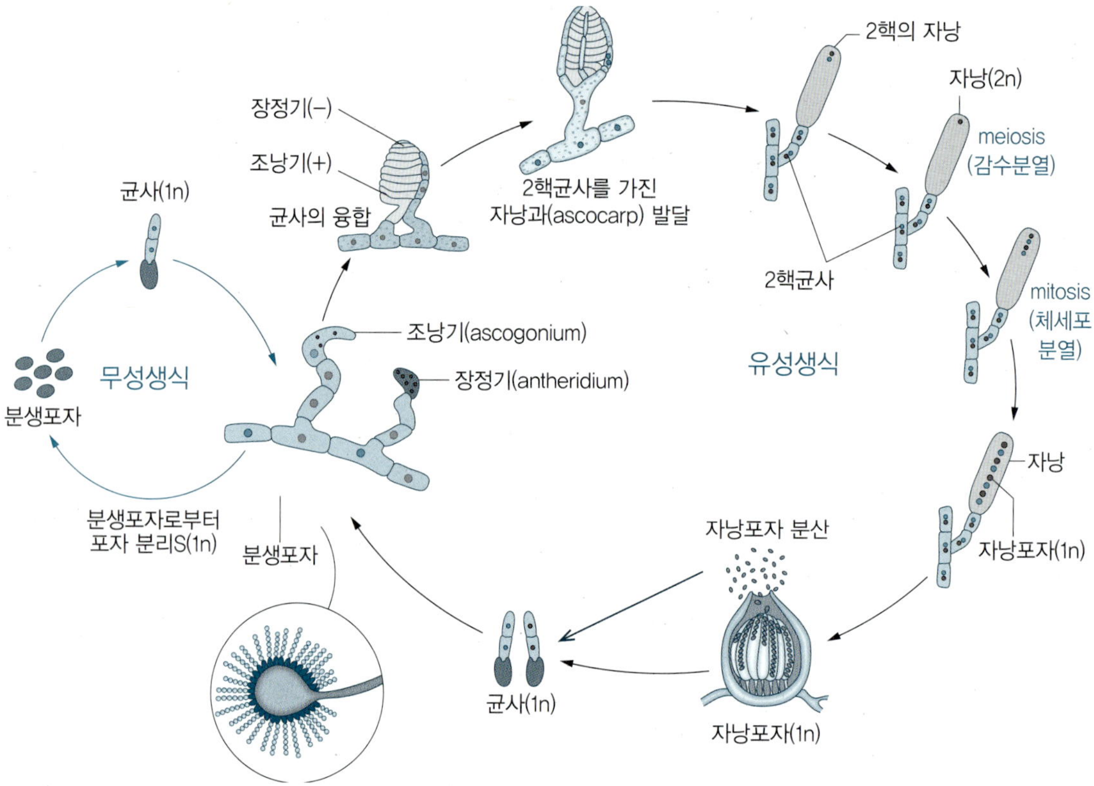

그림 6-10 대표적 자낭균류인 *Aspergillus* 속의 생활사(자낭포자와 분생포자 생성과정)

며 각종 단백질 분해효소protease와 전분 분해효소amylase를 다양하게 생성하므로 누룩(국koji)에서 이들 효소를 추출하여 소화제 제조에 사용하기도 한다.

② *Aspergillus niger*(흑국균)

과일이나 빵에 잘 번식하는 곰팡이로 색깔이 검어서 흑국균이라고 부른다. 라틴어 'niger'는 '검다'라는 의미를 가지고 있다. 전분당화력이 강하여 당액을 발효시키면 옥살산oxalic acid, 구연산citric acid, 글루콘산gluconic acid 등 다양한 유기산을 생성하는 균주가 많아 유기산 발효공업에 이용된다. 또한 펙틴 가수분해효소pectinase를 강하게 분비하는 균주를 이용하여 과일주스의 청징제clarifying agent 제조에 이용한다.

생활 속 tip

소화제

적게 분비된 소화액을 보충하거나 분비를 촉진하여 소화기관의 운동이나 흡수작용을 회복시키기 위한 약을 통틀어 소화제라고 한다. 다카다이아스타제, 아밀라제, 펩신, 트립신 따위가 있다. 아밀라제는 전분 분해효소이며, 펩신 및 트립신은 대표적인 단백질 분해효소이다.

※참고: 된장, 청국장 같은 장류는 누룩곰팡이가 자라면서 나온 단백질 분해효소에 의해 콩단백질을 펩티드 및 아미노산으로 분해한 것이므로 콩보다 소화가 잘되고 다양한 펩티드와 아미노산에 의해 맛이 더 풍부해진다.

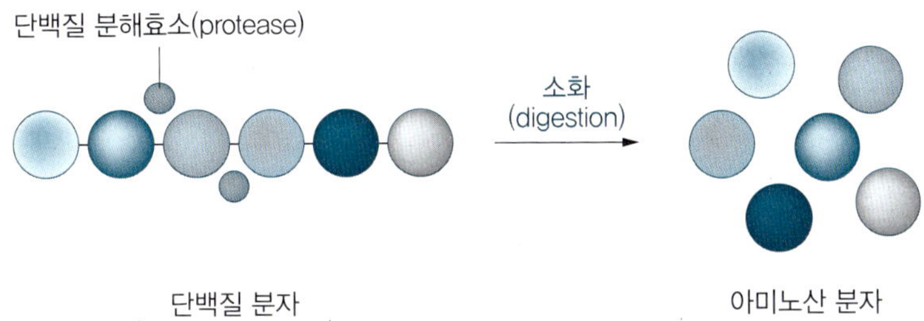

청징제(clarfying agent)

액체의 부유입자를 응집시켜 제거하는 데 이용되는 화학약품을 청징제라고 부른다. 식품에 이용되는 청징제로는 탄닌, 젤라틴, 알부민, 메틸셀룰로스, 펙틴 분해효소, 단백질 분해효소 등이 있다. 펙틴 가수분해효소(pectinase)는 *Aspergillus* 속, *Penicillium* 속, *Coniothyrium* 속 등에서 생산하여 과즙의 청징에 사용하며 착즙 시 사용하면 과즙의 수량이 좋아진다. 과일주스의 제조과정에서 압착과정 이후에 저온살균(pasteurization)을 실시하여 잔존한 효소들을 변성시킨다. 이후 원심분리를 실시한 후에도 작은 입자들(펙틴 포함)이 부유하게 되는데 끈적끈적하여 여과가 어려워지므로 펙틴 가수분해효소를 첨가하면 이들 펙틴을 분해시켜 맑은 과일주스를 제조할 수 있다.

③ *Aspergillus glaucus*

균총은 청록색이며 포자에 가시가 있다. 삼투압이 높은 곳에서도 자라고 훈제품에서 볼 수 있는데 일본의 가다랭이Katsuobushi에 특유한 향기를 부여한다.

④ *Aspergillus sojae*

*Aspergillus oryzae*와 비슷하나 균총이 낮게 밀집되어 있다. 단백질 분해력이 강하여 개량식 간장 제조에 흔히 이용된다.

⑤ ***Aspergillus flavus***

*Aspergillus oryzae*와 유사한 점이 많으나 *Aspergillus oryzae*는 처음엔 백색이 나타나는데 *Aspergillus flavus*는 포자가 처음부터 녹색으로 나타나는 점에서 다르다. 토양이나 식품에서 흔히 볼 수 있는 곰팡이로 곰팡이독소mycotoxin 중에서 강력한 발암물질로 알려진 아플라톡신aflatoxin을 생성하는 것도 있다. 아플라톡신은 1960년대 영국의 칠면조에서 발생했던 'X병'의 원인물질이며 독소에 침범당한 기관은 크게 확대되고 세포가 급성 괴사necrosis 증세와 출혈을 일으킨다.

(2) *Penicillum* 속

자연계에 널리 분포하며 균총은 청록색인 경우가 많아서 푸른곰팡이라고 부르며 회백색, 황색, 적색 등을 나타내는 것도 있다. 항생제인 페니실린penicillin을 생산하거나 치즈의 숙성에 이용되기도 하는 유용한 곰팡이도 있다. 한편 빵이나 과일에 잘 번식하여 과일을 부패시키는 균도 있으며, 쌀을 누렇게 변하게 하는 현상인 황변미yellow disease rice의 원인이 되는 등 곡식에서 유해한 균종도 많다. 생육적온은 20~25℃이며 낮은 온도에서도 잘 자란다.

균사는 무색 투명하며 격벽이 있다. *Aspergillus* 속과 분류학상 가까우나 구조

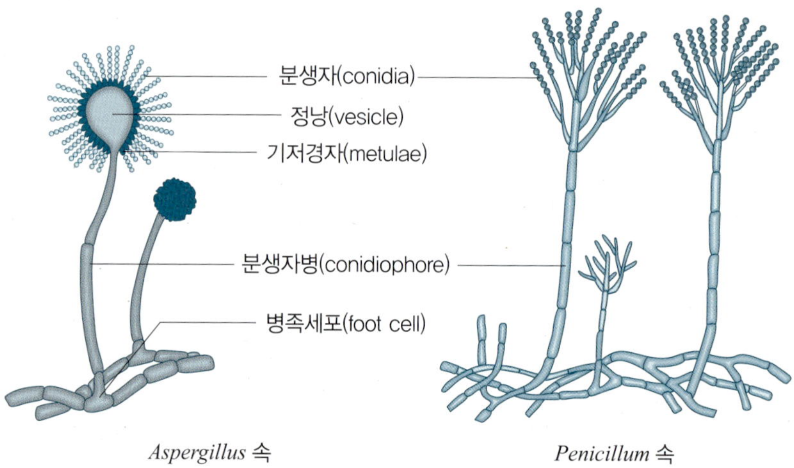

그림 6-11 *Aspergillus* 속과 *Penicillum* 속의 구조 비교

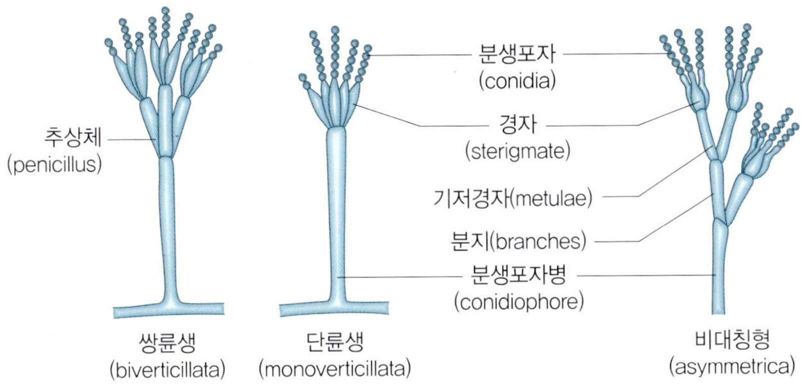

그림 6-12 *Penicillum* 속의 형태

면에서 보면 분생자병 끝에 정낭을 만들지 않고 병족세포도 없다. 경자가 빗자루나 붓모양으로 배열하여 추상체penicillus를 형성하는 점에서도 *Aspergillus* 속과 차이가 있다. 추상체가 분기하지 않는 것을 단윤생, 분기하여 2단이 되는 것을 쌍윤생, 그 이상으로 분기하는 것을 다윤생이라고 한다. 추상체가 분기할 때 대칭 여부에 따라 대칭형과 비대칭형으로 나눌 수 있다.

① ***Penicillium chrysogenum***

과일에서 분리한 균으로 페니실린의 대량생산 균주로 이용되는 유익한 곰팡이다. 황색색소를 만들지 않은 변이주mutant를 사용한다. 비대칭형에 속하고 균총은 선녹색에서 회갈색으로 변하며 포자는 타원형이다.

② ***Penicillium notatum***

과일이나 공기 중에서 잘 검출되며 집락은 양털 모양의 청록색으로, 1929년 플레밍Alexander Fleming에 의해서 발견된 최초의 항생물질인 페니실린penicillin 생성 균주이다. 비대칭형이며 포자는 구형이다.

③ ***Penicillium camemberti***

비대칭형이며 양털모양으로 자라고 처음에는 백색으로 자라다가 분생자를 형성하면서 청회색이 된다. 프랑스의 까망베르camembert치즈 숙성에 관여하여 향기를 주는 치즈 제조 곰팡이이다.

④ ***Penicillium roqueforti***

블루치즈라고 부르는 프랑스의 로크포르roquefort 치즈의 숙성과 향미에 관여하는 곰팡이로 우유단백질인 카제인casein을 분해하여 독특한 향기와 맛을 주며, 균사가 녹색으로 치즈에 침투하여 대리석같은 반점을 만든다. 비대칭형에 속한다.

⑤ ***Penicillium italicum***

과일에서 분리되며 비대칭형으로 집락이 청록색으로 자라며 주변에 백색대를 형성한다. 귤에 연부병을 일으키는 과일 부패균이다.

생활 속 tip

까망베르 치즈

나폴레옹 1세가 프랑스 국내를 진군하던 중 까망베르라는 지방에서 치즈를 발견하였다. 이 치즈는 흰곰팡이를 사용해서 만들기 때문에 '흰곰팡이 치즈'라고도 한다. 표면에 흰곰팡이가 자라 있고 내부는 크림상으로 되어 있다. 까망베르 치즈는 원산지 명칭 보호법을 적용받고 있으며, 생산지역은 프랑스 북부 노르망디 주로 제한되는데, 이렇게 만들어진 까망베르 치즈를 까망베르 드 노르망디(Camembert de Normandie)라고 한다. 까망베르 드 노르망디를 만드는 데에는 많은 시간이 걸린다. 살균하지 않은 우유로만 만들어야 하고, 우유를 응고시킨 다음 치즈 틀(mould)에 넣을 때 치즈 틀의 지름과 같은 크기의 국자로 일일이 떠야 하고 이렇게 해서 만들어진 치즈 덩어리는 그 다음 날 소금을 묻히는 작업을 거친 후 흰곰팡이가 생기도록 *Penicillium camemberti*균을 뿌리고 숙성시킨다. 보통 21일이 지나면 충분히 숙성되었다고 볼 수 있으며, 만든 지 30~35일 된 까망베르 치즈에는 'à point'라는 표현을 쓰는데, 이는 속까지 '완전히 잘 숙성되었다'는 뜻이다.

로크포르 치즈

특수한 푸른곰팡이로 숙성시켜 푸른 줄무늬가 들어 있는 것이 특징이다. 2000년 이상의 역사가 있으며, 오래전부터 상표권이 고수되어 온 것으로, 일반적으로 같은 종류의 프랑스 제품을 블뢰 프로마주라 하고, 다른 나라의 제품은 블루 치즈라고 한다. 영국의 스틸턴이나 이탈리아의 고르곤졸라도 같은 종류의 유명한 제품이다. 크림 타입의 부드럽고 흰 이 치즈는 약간 짜고 강한 맛으로 입에서 녹는다.

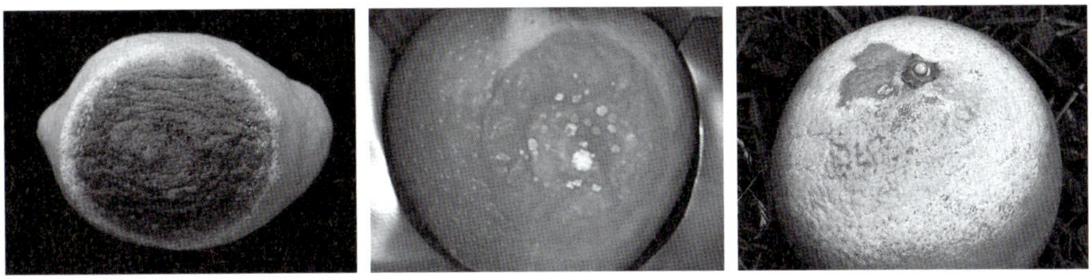

Penicillium italicum *Penicillium expansum* *Penicillium digitatum*

그림 6-13 과일의 연부병 원인인 푸른곰팡이

⑥ ***Penicillium expansum***

집락은 청록 혹은 회록색으로 자라며 사과와 배의 저장 중 연부병을 일으키는 부패균이다.

⑦ ***Penicillium digitatum***

감귤류를 부패시키는 원인균이며 비대칭형이다.

⑧ ***Penicillium citrinum***

쌀을 노랗게 변색시키는 황변미의 원인이 되는 균으로 신장장애를 일으키는 황색색소인 시트리닌citrinin을 생성한다. 비대칭형이고 태국 황변미의 원인균으로 알려져 있다.

⑨ ***Penicillium islandicum***

쌍윤생의 비대칭형이며 황변미의 원인이 되는 균으로 luteoskyrin, cyclochlorotin, islanditoxin과 같은 독소를 생성한다.

⑩ ***Penicillium toxicarium***

단윤생이며 황변미의 원인균으로 곰팡이독소인 citreoviridin을 생산하는데, 이 독소는 인체의 중추신경에 작용하여 전신마비 및 호흡곤란 등을 일으킨다.

(3) *Monascus* 속

진분홍색 색소인 monascorbine을 생성하므로 균총은 선홍색을 나타내며 균사는 분기하여 격벽을 가진다. 중국의 누룩인 홍국을 제조할 때 이용되며, 홍색의 유부를 만들기 위한 색소로 활용된다.

균사의 끝에 폐자기를 형성하고 그 속에 타원형 혹은 구형의 자낭포자를 형성한다. 무성생식 때는 균사의 곁가지에 분생자가 연결되어 착생한다.

① *Monascus purpureus*

중국의 남부지역 및 말레이시아 등에서 쌀에 이 곰팡이를 번식시켜 붉은색 누룩인 홍국을 만들고 이것으로 술을 빚어 홍색의 홍주를 양조하는 데 이용된다. 균사의 색깔은 초기에는 무색이나 차차 분홍색으로 변한다.

② *Monascus anka*

대만이나 중국에서 홍국의 종균으로 사용되고 홍유부의 제조에 이용된다. *Monascus purpureus*와 유사하나 균사는 생육 초기에 바로 홍색이 된다. 펙틴 가수분해효소pectinase를 강하게 분비하기 때문에 이 효소로서 과즙의 펙틴pectin을 분해하여 여과를 쉽게 할 수 있어 주스의 청징제로 이용된다.

(4) *Neurospora* 속

Neurospora 속은 고온다습한 여름철에 옥수수의 속대에서 흔하게 번식하여 오렌지색으로 나타나며 빵에 착생하여 핑크색을 나타내고 푸석푸석하게 만들어서 붉은빵 곰팡이red bread mold로 부르기도 한다.

갈색 혹은 흑색의 피자기를 만들고 그 속에 원통형의 자낭을 형성하여 자낭포자를 4~8개 정도 만든다. 무성생식때는 오렌지색 또는 담홍색의 분생포자가 가루처럼 덩어리 지어 착생한다.

빨간곰팡이와 발효식품
온쫌(Ontjom)은 인도네시아 자바지역의 tempeh와 유사한 발효식품으로, 최근에는 onchom이라고도 부르며 tempeh가 포자 생성을 덜 시키는 데 반하여 ontjom은 포자를 생성시킨다는 점에서 차이가 있음

① *Neurospora sitophila*

기균사가 잘 발달하며 균사 끝에 홍색의 분생자를 착생한다. 포자

의 색소는 카로틴carotene이다. 이 곰팡이를 땅콩에 번식시키면 지방 분해효소 lipase를 강하게 분비하여 온쫌ontjom이라는 발효식품을 만들기도 한다.

표 6-2 주요 곰팡이의 종류와 특징

분류기준 1 격벽의 유무	분류기준 2 유성생식의 유무	균의 종류	식품 및 특징
조상균류 (격벽 X)	호상균류		
	난균류(유성포자)		
	접합균류 (유성포자)	*Mucor* 속	가근(X), 포복지(X), *Mucor pursillus*(치즈 응유효소)
		Rhizopus 속	가근(O), 포복지(O), 포자낭병이 가근 위에 *Rhizopus nigricans*(고구마 연부병)
			R. delemar, *R. javanicus*, *R. japonicus*(전분당화력 강, 알코올 제조)
		Absidia 속	가근(O), 포복지(O), 가근 위에 포자낭병 없고 포복지 중간에 포자낭병 있음
순정균류 (격벽 O)	자낭균류 (유성포자)	*Aspergillus* 속 (누룩곰팡이) 정낭(O), 병족세포(O)	*Aspergillus oryzae*(황국균), 노란 포자, 아밀라제와 프로타제 활성 높음, 장류·약탁주 제조
			Aspergillus niger(흑국균), 흑색, 과실의 청징제 생산, 코르크 부패취, 구연산과 글루콘산 등 유기산 생성균
			Aspergillus kawachii, 백국균, 탁주, 약주 제조
			Aspergillus flavus(곰팡이 독소인 아플라톡신 생산)
		Penicillum 속 (푸른곰팡이) 정낭(X), 병족세포 (X)	*Penicillum chrysogenum*(페니실린 대량생산 균주), *Penicillum notatum*(페니실린 초기 플레밍에 의한 생산균주)
			Penicillum roqueforti(로크포르 치즈), *P. camemberti*(까망베르 치즈)
			Penicilum citrinum(쌀에서 황변미, 신경독 시트룰린 생산균주), *Penicillum islandicum*(황변미), *Penicillum toxicarum*(황변미)
			Pen. expansum, *Pen. digitatum*, *Pen. italicum*, 과일 부패균
		Monascus 속 (홍국곰팡이)	*Monascus perpureus*(홍주)
			Monascus anka(홍주, 홍두부 제조 Monascorbin 색소)
		Neurospora 속 (빨간곰팡이)	*Neurospora sitophila*(발효식품 ontjom 제조)
	담자균류(유성포자)	(버섯)	
	불완전균류 (순정균류 중 유성생식 못하는 균류)	*Geotrichum* 속	*Geotrichum candidum*(우유 부패)
		Cladosporium 속	*Cladosporium*(냉장수육과 달걀 부패)
		Fusarium 속	*Fusarium moniliforme*(벼의 키다리병, 식물생장 호르몬인 지베렐린 생산)
		Trichoderma 속	cellulase 생산력 강

3) 불완전균류

진균류 중에서 유성생식을 하지 못하는 균류, 즉 핵융합을 하는 유성생식이 확인되지 않은 균류를 불완전균류로 지칭한다. 이들은 균사체와 무성포자인 분생자만으로 증식한다. 불완전균류에는 병자각균목, 흑분균목, 선균목, 무포자균목 4가지 목으로 분류한다. 병자각균목과 흑분균목은 거의 식물의 병원균이 많다. 선균목에 중요한 불완전균류가 많은데 이들에는 담색선균과, 암색선균과, 류생균과가 있다.

(1) 담색선균과

① ***Geotrichum* 속**

우유 및 유제품에 잘 번식하고 *Geotrichum candidum*이라는 백색곰팡이가 있는데 제과 및 전분 공장의 폐수에도 잘 발생한다.

② ***Cephalosporium* 속**

집락은 백색 또는 담색이며 항생물질인 cephalosprin C를 생산한다.

③ ***Botrytis* 속**

균총은 회색이고 포도나 딸기 등 과실류에 발생하는 회색곰팡이로 알려져 있고, 흔히 발생하는 부패균이다.

④ ***Trichoderma* 속**

목재에서 잘 발생하며 버섯 재배용 목재에 번식하면 버섯 농가에 해를 주는 경우가 있다. 셀룰로스를 분해하는 효소인 셀룰라제cellulase 활성이 있다.

(2) 암색선균과

① ***Cladosporium* 속**

균총은 암녹색 혹은 흑색이며 양조장의 벽, 냉장한 수육, 달걀 껍데기 등에 흑색 반점을 만들며 습한 맥아, 호프, 목재 등에서 잘 발생하고, 우유에 쓴맛을 내기도 한다.

(3) 류상균과

① ***Fusarium* 속**

식품에 잘 발생하고 토양 중 널리 분포하며 식물의 뿌리와 잎으로 침입하는 병원균이다. *Fusarium moniliforme*는 벼에 생기는 키다리병의 원인균으로 벼의 모를 웃자라게 하는 물질인 지베렐린gibberellin의 생산균으로, 지베렐린은 식물의 성장호르몬으로 활용된다. *Fusarium*의 대표적인 곰팡이 독소인 제랄레논zearalenone은 젖소 사료의 곰팡이 독소로 알려졌으며, 여성호르몬 활성이 있어서 식품안전 측면에서 문제가 된다.

5 담자균류(버섯)

1) 버섯의 특징

버섯은 고등미생물로서 진균류 내 유성생식을 하여 담자균류와 아주 소수가 자낭균류에 소속되어 있다. 우리나라에는 버섯이 풍부한데, 빙하기를 거치지 않았기 때문에 나무 등의 식생이 다양하여 기생하는 버섯의 종류도 상당히 많다. 버섯은 광합성을 하지 않으며 다양한 동식물에 기생한다. 당성분으로 만니트mannit와 트레할로스trehalose가 풍부하여 독특한 단맛을 생성한다. 세포벽 성분에는 키틴질을 함유하고 있다.

우리가 먹는 식용버섯은 번식기관인 포자가 존재하는 자실체가 상당히 비대하게 큰 것을 의미하며, 우리가 섭취하는 버섯의 식용부위는 자실체 부분이다. 버섯은 생성단계에 따라서 1차(1핵) 균사, 2차(2핵) 균사, 3차(버섯) 균사의 3단계로 구분한다.

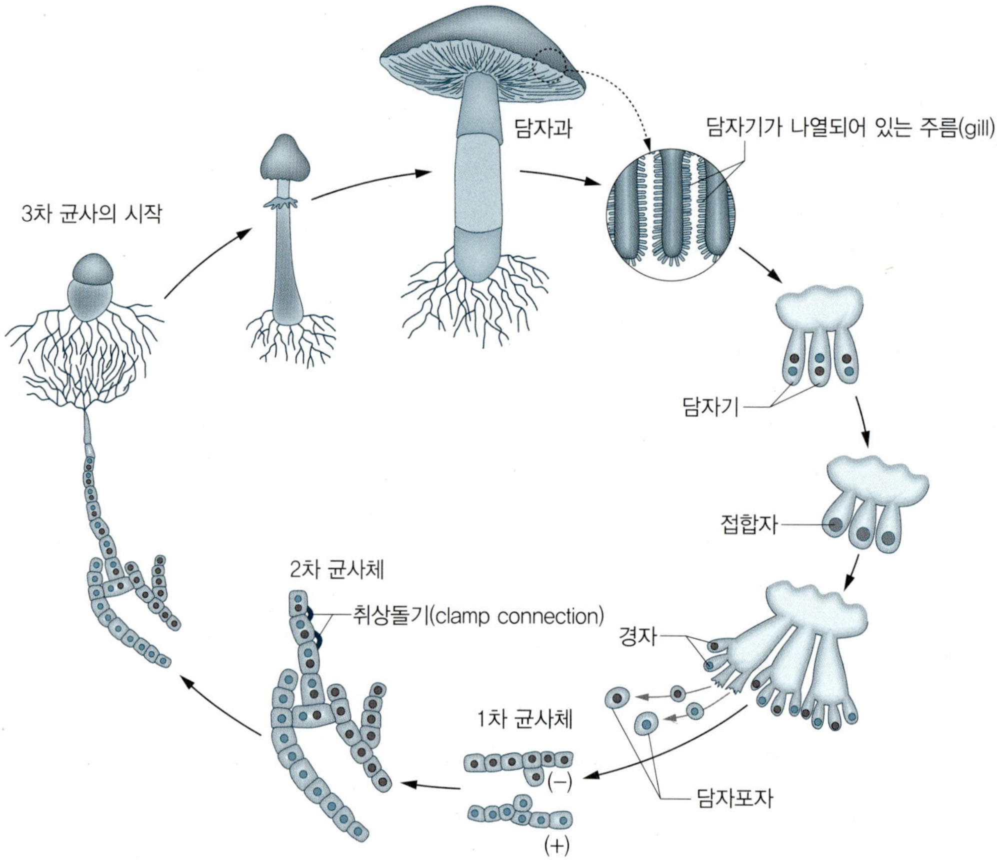

그림 6-13 버섯의 생활사: 1차, 2차, 3차 균사

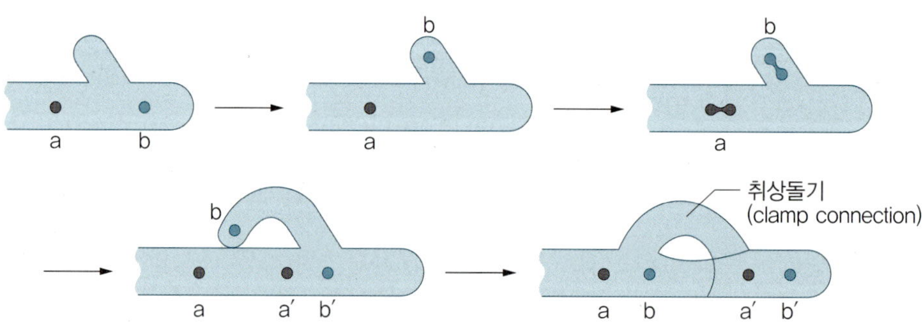

그림 6-14 2차 균사: 취상돌기 형성

2) 담자균류의 생활사

식용 부분인 버섯의 갓 부분 밑 주름에는 담자기가 나열되어 있다. 담자기 안에는 핵이 융합하여 두 개의 핵이 감수분열을 하여 경자 4개와 각각 경자 하나마다 담자포자를 만들어 주름에 잘 붙어 있다. 그 후에 담자포자가 뿌려지면 공기 중에 날아다니다가 적당한 온도와 영양분이 있는 환경에서 담자포자가 발아하여 1차 균사를 형성한다. 이 균사는 균사 세포 하나에 1개의 핵을 가지고 있기에 1차 균사라고 부른다. 그 후 1차 균사와 1차 균사가 만나서 접합하는 경우 세포질만 융합되고 핵은 융합되지 않는 상태가 되어 하나의 세포에 2개의 핵이 존재하는 2핵 균사 상태가 된다. 이때 세포가 분열될 때 취상돌기(균반clamp connection)를 형성하여 두 개의 핵이 동시에 분열하기 때문에 한 개의 세포에 2개의 핵을 가지는 것이 담자균류가 다른 진균류의 균사와 다른 점이다. 두 종류의 서로 다른 핵이 분열된 후에도 새로운 세포속에 각각 하나씩 분배되도록 분열하여 균사 마디마다 돌기가 남는데 이는 담자균류인 버섯의 특징이다. 2차 균사가 더욱 성장하면 어린 버섯의 갓 부분이 형성되는데, 이 시기가 3차 균사의 시작이며 버섯을 3차 균사라고 한다.

담자균류 2차 균사의 분열

두 종류의 서로 다른 핵이 분열 후에도 새로운 세포 속에 각각 하나씩 분배되도록 특별한 방식으로 분열하여 그 결과 균사 마디마디 돌기가 남음

3) 버섯의 종류

식용버섯의 대부분은 송이버섯목에 속하며 대표적으로 송이버섯, 양송이버섯, 느타리버섯, 표고버섯이 속해 있다. 한편 흰목이버섯목에는 흰목이버섯이 있고, 목이버섯목에 목이버섯이 있다.

식용버섯 외에 약용버섯이 있으며, 버섯에는 각종 비타민과 에르고스테롤 ergosterol 같은 성분이 있어서 약효를 나타낸다. 대표적으로 상황버섯과 동충하초 등이 널리 알려져 있다.

주의가 필요한 독버섯이 있는데 외관에 의한 구분법이 항상 맞지 않으므로 처음 보는 버섯은 식용으로 섭취하지 않도록 주의해야 한다. 우리나라에서 산에서 독버섯에 의한 식중독이 보고되는 경우가 있다. 일반적으로 위장과 뇌신

경에 증상을 일으키며 침과 땀을 흘리고, 구토, 불안, 설사 등의 증세가 나타나고, 심하면 죽는 경우도 있다. 이는 버섯에 있는 독소 성분때문으로 땀버섯에는 muscarine, 알광대버섯에는 phaline과 같은 유독성분이 있다.

실험 6 사면 배지에 곰팡이 배양하기

1. 실험 원리 및 목적

배지는 식물이나 세균, 배양 세포 따위를 기르는 데 필요한 영양소가 들어 있는 액체나 고체 상태의 영양원이다. 곰팡이 배양을 위해서는 주로 PDA배지(potato dextrose agar)를 사용하며 이 배지는 다른 세균 등이 함께 증식하지 않도록 주석산을 활용하여 pH를 낮추어서 제조한다. 일반적으로 중성 조건에서는 세균이 곰팡이보다 증식이 빠르기 때문에 곰팡이에 세균이 오염되면 곰팡이 증식과 관찰이 어렵다. 따라서 pH를 낮추어 세균의 증식을 억제할 수 있도록 배지의 pH를 조절한 상태에서 곰팡이를 배양한다. PDA배지의 성분인 potato infusion은 성장에 필수적인 영양소를 제공하고 dextrose는 탄수화물을 제공한다. 또다른 곰팡이 배양 배지로는 czapek dox agar를 활용한다.

미생물이 닿는 모든 부위는 멸균하여 실험하고자 하는 미생물 외의 잡균을 제거하고 미생물 실험을 수행해야 한다. 따라서 미생물의 배지, 미생물이 접하는 배지와 모든 도구는 멸균을 한다. 미생물 실험실에서는 고압증기멸균기를 사용하면 습열과 고압을 이용한 높은 온도 유지로 단시간 내에 멸균이 가능한 장점으로 인하여 가장 보편적으로 널리 쓰인다. Agar가 함유된 배지는 높은 온도에서는 액상이지만 상온으로 식으면 굳는다.

사면배지(slant media)는 시험관에 고체배지를 약 30도 정도 경사되도록 굳힌 배지로 호기성 미생물의 증식, 보존, 생화학적 검사 등에 활용한다.

2. 실험 재료 및 방법

실험재료

증류수/ czapek dox agar/ 1L 플라스크(또는 강화 유리병)/ 저울/ 스푼/
교반기/ 알루미늄 포일/ 멸균기(autoclave)/ 배양기/ 시험관/ 면전(또는 실리스토퍼)/
알코올램프/ 백금이/ 누룩 곰팡이(*Aspergillus oryzae*)

실험방법

1. 시판되는 czapek dox agar를 100 mL 준비하기 위해서 저울에 계량후 증류수로 100 mL 부피를 맞춘다.

2. 배지를 교반 시킨다. (배지가 가라앉는 경우가 있으므로 온도를 높여 배지를 녹여야 한다. 만일 최종 사면배지를 건조 제조한 후에도 잘 굳지 않는다면 agar 함량이 부족한 경우이므로 이런 경우에는 agar 함량을 2% 정도로 조절한다.)

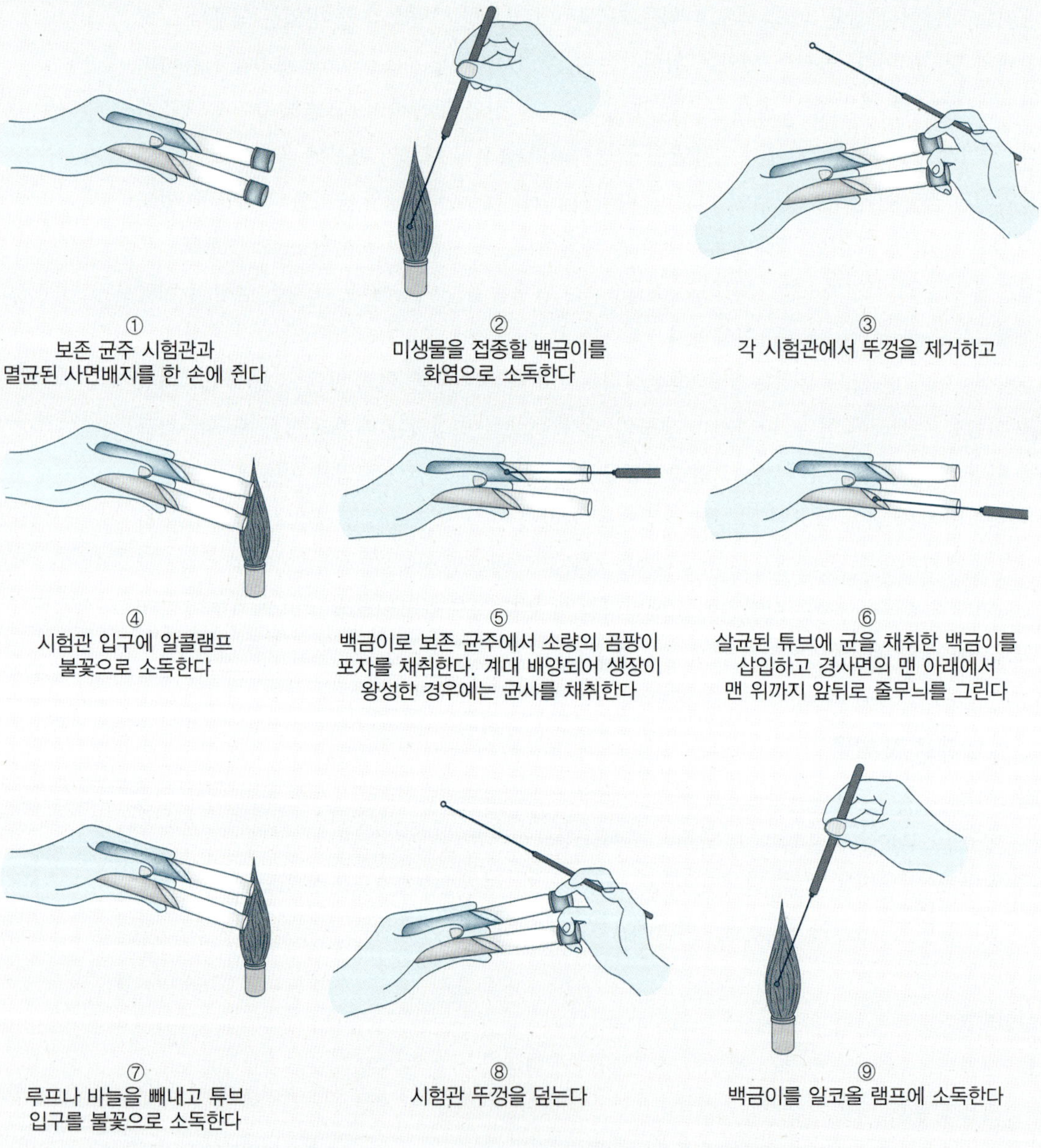

곰팡이의 사면배양

3. 10 mL 피펫을 이용해 배지를 5~7mL씩 Test tube에 분주한다.
4. Test tube의 뚜껑을 살짝 닫고 시험관 랙에 꽂고 알루미늄 포일로 전체를 감싼다.
5. 고압증기멸균이 끝난 후 test tube의 뚜껑을 완전히 닫는다. (뚜껑이 없는 경우에는 실리스토퍼나 면전으로 마개를 만든다.)
6. 책이나 rack 등을 이용하여 배지가 경사면이 30도 정도로 만들어지도록 2~3일 정도 비스듬하게 굳힌다. 계대배양보존을 위한 사면배지는 일반사면배지와 유사하게 제조하나 사면의 각도를 일반 배양 시보다 완만하게 제조한다.
7. 사면배지가 굳은 것이 확인되면 무균대에 알코올램프를 켜고 백금이를 화염 멸균한다.
8. 생장이 왕성한 곰팡이 콜로니의 가장자리 부위의 균사를 취하여 사면의 중심부 약간 아래에 접종하고 25℃에서 5~7일간 배양한다.
9. 곰팡이가 사면의 전체에 충분히 자라면 품질을 검사하고 기록한다.
10. 균주의 보존과 재보존을 위해 시험관은 일반적으로 4℃ 저장고에 보관하나 일부는15℃ 저장고에 보관하기도 한다.
11. 계대배양보존된 곰팡이는 1년마다 재보존한다. 균의 종류에 따라 3개월 또는 6개월 주기로 배양한다.

FOOD MICROBIOLOGY • chapter 7

바이러스, 박테리오파지

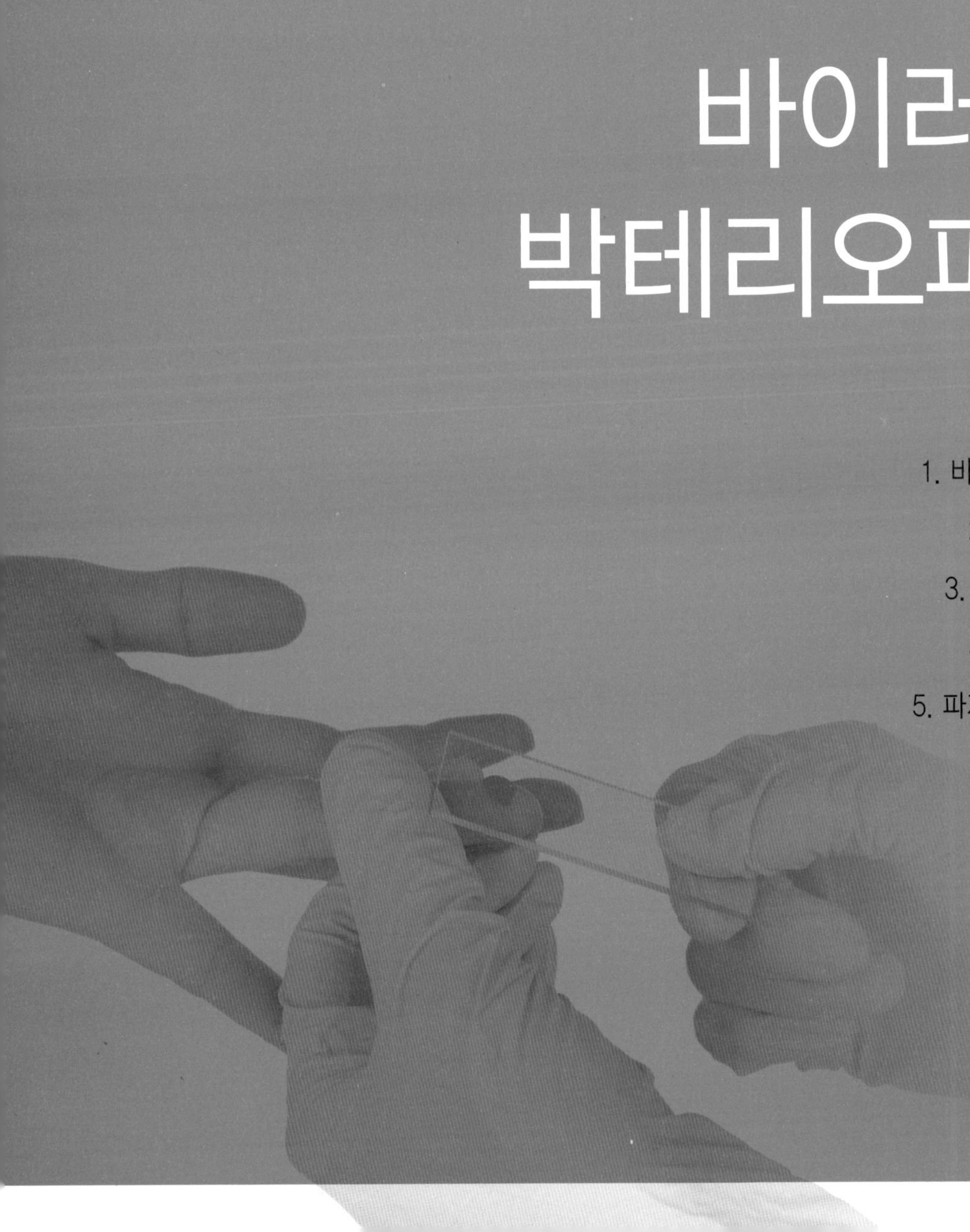

학습목표

1. 파지의 생물학적 특성에 대해 이해한다.
2. 파지에 대한 산업적 대책방법을 이해한다.

1 바이러스와 파지

바이러스는 독물질poisonous substance이란 뜻을 가진 라틴어로서 병의 원인을 나타내는 말이다. 바이러스의 존재는 1892년 이바노브스키D. J. Iwanowsky가 담배모자이크병TMV, Tabacco mosaic virus에 걸린 담뱃잎 추출액이 세균이 통과할 수 없는 필터로 여과한 후에도 여전히 전염력을 유지하고 있다는 사실을 발견한 때부터 알게 되었다. 바이러스는 동식물의 세포나 세균세포에 기생하여 증식하며 광학현미경으로는 볼 수 없는 직경 0.5μm 이하의 매우 작은 초여과성 미생물을 지칭한다.

바이러스는 크기가 작기도 하지만 일반 미생물과는 전혀 다른 구조를 이루고 있으며, DNA나 RNA 중 어느 하나의 핵산을 가진다. DNA나 RNA의 양이 적어 독자적 대사기능을 거의 갖지 못하기 때문에 숙주세포의 대사기능을 이용하며 따라서 반드시 살아 있는 세포 내에서만 증식이 가능하므로 생물과 무생물의 중간적인 존재라고 할 수 있다. 그러나 바이러스는 자기복제를 하고 숙주인 세포를 파괴하며 병원성을 가진다는 의미에서 생물체라고 할 수 있다.

바이러스는 각각 고유의 숙주가 있어 숙주 특이성host specificity이 높으며 동물을 숙주로 기생하는 동물 바이러스, 식물을 숙주로 기생하는 식물 바이러스 및 세균을 숙주로 사용하는 박테리오파지bacteriophage 혹은 파지phage로 구분할 수 있다. 파지의 크기는 세균의 약 1/10이고 용적은 1/1000 정도이다. 파지는 숙주에 흡착한 후에 숙주세포 속에서 핵산을 복제하고 증식한 후 숙주를 용균하여 외부로 나오는 독성파지virulent phage와 2가지 생활환을 가진 용원파지temperate phage로 나뉜다. 독성파지는 특이성이 있는 숙주에 침입하여 반드시 숙주를 용균하는 독성이 강한 파지이다. 용원파지는 숙주세포의 생활 상태에 따라 숙주에 침입하여 용균하는 경우와 숙주에 기생하여 공존하게 되는 용원화lysogenization의 경우가 있는 비교적 온화한 파지이다.

파지는 초기에 병원성 세균에서 발견되었기 때문에 병원성 질환 치료 목적으로 연구되었으며, 자기복제에 필요한 정보를 가진 가장 작고 단순한 생물체이기 때문에 유전연구에 널리 이용되었다. 그러나 그 후 식품과 의약품이 세균을 이용한 발효에 의해 공장 규모로 생산됨에 따라 파지에 의한 세균 오염이 문제되고 있어 이에 대한 대책이 다양하게 연구되고 있다.

2 파지의 구조

파지는 크기가 매우 작기 때문에 광학현미경으로는 관찰이 불가능하며 고배율을 가지는 전자현미경으로 관찰이 가능하다. 파지의 형태는 구상(정이십면체), 올챙이형, 막대기형(섬유상) 등이 있고 크기는 보통 20~30nm이다.

파지 중 구조가 가장 잘 알려진 것은 대장균을 숙주로 하는 전형적 파지인 T계열 파지로 T2, T4, T6으로서 기본 구조는 그림 7-1과 같다.

파지의 형태는 바이러스 중에서도 특이하여 전체적으로 올챙이처럼 생겼으며 두부, 미부, 여섯 개의 스파이크spike가 달린 기부가 있고 말단에는 꼬리섬유tail fiber 부분으로 구성되어 있다.

전형적인 대장균 파지(T2 파지)의 머리 부분 외곽은 캡시드capsid라는 단백질로

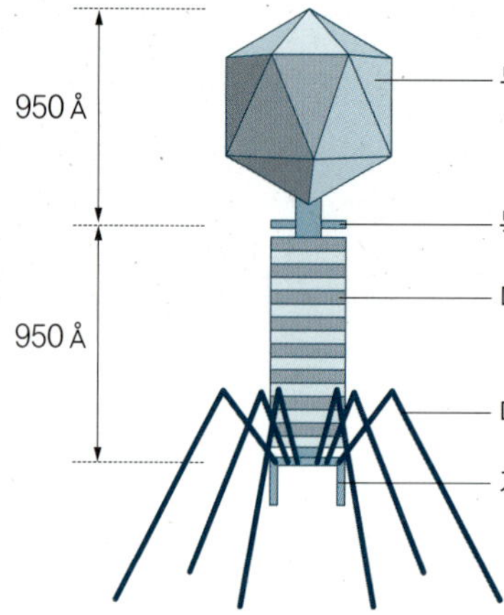

그림 7-1 박테리오파지(T2, T4, T6)의 미세구조

싸여 있으며 그 속에는 유전정보인 DNA가 들어 있으나 다른 성분은 거의 없다. 그리고 꼬리부분의 껍질인 미초sheath에는 단백질이 나선형으로 배열되어 있고 그 내부의 중심central core은 속이 비어 있다. 기부에 있는 스파이크는 파지가 숙주세균에 부착하여 DNA를 숙주세균에 넣을 때 표면에 몸을 고정시키는 장치이며 미초섬유부분도 숙주표면에 부착하는 장치이다.

파지는 숙주세균에 부착함과 동시에 수축성 단백질로 구성되어 있는 미부와 미초가 수축하여 내측의 관을 숙주세균의 세포 속으로 깊이 삽입한다. 이때 효소를 분비하여 숙주세균의 세포벽에 구멍을 만들어 두부에 있는 DNA를 숙주세균 속으로 집어넣는다. 이렇게 숙주세균으로 들어온 DNA는 숙주세균의 염색체 유전자chromosomal DNA에 들어가거나(용원화) 독자적으로 전사(유전정보를 mRNA로 옮기는 과정)되어 전사RNAmRNA를 만들고 이 mRNA에 의해 DNA 복제에 필요한 중합효소polymerase, 단백질각capsid을 만들어 새로운 바이러스로 조립되고, 이후 숙주세포는 라이소자임lysozyme에 의해 용해되어 새로운 바이러스가 방출된다.

파지의 화학조성은 종류에 따라 다른데 건물량의 40~50%의 핵산DNA과 나머지 대부분은 단백질로 구성되어 있다. 파지 자체는 단백질로 되어 있어 열에 약하다. 즉 60~70℃에서 30분 정도 가열하면 변성되어 활성을 잃는다. 그러나 약품에 대한 저항력은 일반세균보다 훨씬 강하여 약품에 의한 살균효과가 없으며 항생물질에 대한 살균효과도 낮다.

3 파지의 생활사

파지의 일반적인 생활사life cycle는 그림 7-2와 같다. 파지가 공격하는 고유의 숙주가 있는데, 이를 숙주 특이성이 있다고 한다.파지가 특이성이 있는 세균에 부착하여 DNA를 주입한다. 이때 숙주세균에 들어간 파지 DNA가 증식형 파지가 되어 파지 mRNA를 합성하고 숙주세균의 대사계를 이용하여 파지 DNA와 단백질을 합성한다.

생육 후기에 이들 DNA와 단백질이 각각 특이적으로 결합하여 원래 파지와 동일한 파지를 형성한 후 숙주세균의 세포막을 파괴한 후 밖으로 용출된다.

적당한 실험조건으로 이러한 생활사가 한 번만 진행되게 조정하면 1단 증식곡선을 구할 수 있는데 이는 파지 감염 후의 시간과 감염된 세균 1개를 감염시킨 후 생긴 용균반점의 수를 측정하여 작성한다. 이 곡선에 의하면 일정시간 후 용균반점의 수가 급격하게 증가함을 볼 수 있는데, 이는 숙주세포가 용해되어 파지가 용출되었기 때문이다. 그리고 한 사이클에 소요되는 시간은 15~60분 정도

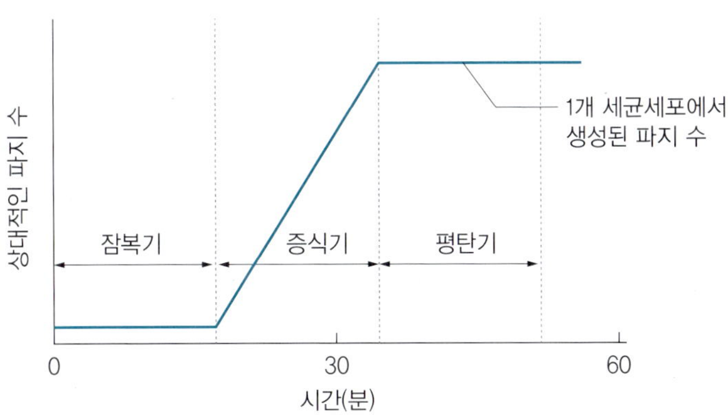

그림 7-2 박테리오파지의 1단 증식곡선

이며 1개 세포가 용균되어 방출되는 유리파지의 수burst size는 일반적으로 수십에서 수백 정도이다.

이와는 달리 독성이 약한 용원파지의 생활사는 세균세포 속으로 들어온 파지 DNA가 세균세포에서 새로운 DNA나 단백질을 합성하지 않고 숙주세균의 염색체에 끼어들어 염색체의 일부가 되어서 세균을 죽이지 않고 세균의 증식에 따라 분열한다. 이러한 파지를 프로파지prophage라 한다. 이러한 프로파지를 가진 숙

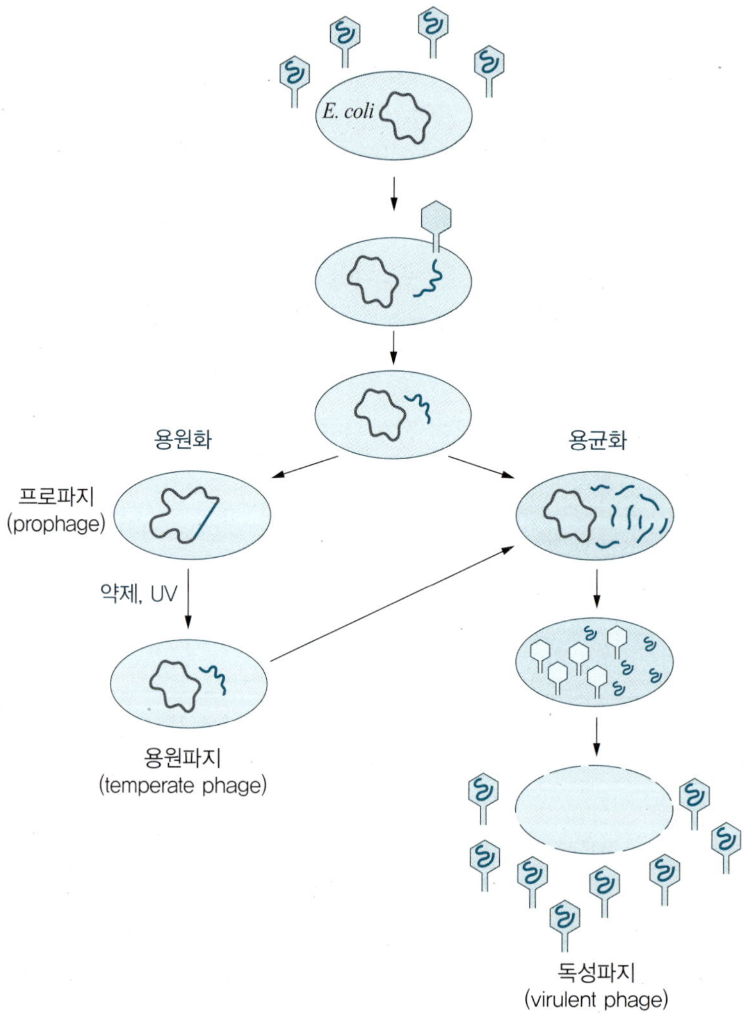

그림 7-3 파지의 생활사

주세균을 용원균lysogenic strain이라고 한다.

용원균은 정상상태에서는 일반세균과 동일하게 분열, 증식을 계속하나 자외선 조사나 화학물질에 의해 인공유발을 일으키면 프로파지가 독성파지가 되어 용균생활사로 전환된다.

일반적으로 용원균의 경우 1/10000의 비율로 프로파지 DNA와 세균세포 염색체 DNA 간에 유전적 변이가 발생하여 프로파지의 유전형질이 숙주세포에 도입될 수 있는데 이러한 현상을 형질도입transduction이라고 한다.

4 파지의 종류

1962년 르워프Andrie Michel Lwoff와 동료 연구자들이 주장하여 일반적으로 사용되고 있는 바이러스 분류는 비리온virion의 성질, 즉 핵산의 종류(DNA 또는 RNA), 단백질각의 배열상태(정십이면체, 나선형), 피막envelop의 유무, 단백질각의 크기, 숙주세균, 파지와 숙주세균의 상호관계, 감염증 증세, 항원성 등에 의해 분류하는 법이다. 그러나 이러한 분류는 바이러스의 화학적·구조적 특징에 의한 분류이므로 진화적 관점에서의 분류가 아니라 체계성이 떨어진다.

특히 세균을 숙주로 하는 파지를 분류하는 기준은 아직까지 확립되어 있지 않으며 현재는 T계 파지 이외에 많은 파지가 알려졌는데 λlamda(람다)계, φphi(파이)계 등이 있다.

5 파지에 대한 대책

파지는 동물과 식물에 질병을 유발할 뿐 아니라 세균에 의해 생산되는 발효공정인 아세톤, 부탄올, 치즈, 요구르트, 글루탐산, 아밀라제, 항생물질, 핵산 관련 물질의 생산공정에 오염되어 생산균주를 파괴시켜 막대한 손실을 초래할 수 있다.

발효조에 파지가 침입하면 발효세균의 당 소비와 가스 발생이 급격히 떨어지는데 이는 독성파지에 의해 세균이 파괴되었기 때문이다. 따라서 이러한 현상이 발생하면 파지가 침입하였음을 알 수 있으며 또한 발효 상등액을 한천평판배지에서 배양하면 독성파지에 의해 발효세균이 자랄 수 없기 때문에 파지가 있는 부분에서 투명한 용균반점plaque을 형성함을 알 수 있다.

파지의 오염을 막는 방법으로는

첫째, 발효 환경을 청결하게 관리하여 오염을 방지한다. 또한 배양장비 및 기구를 철저히 살균한다.

둘째, 식품공장 공기를 수시로 검사하여 파지를 조기에 발견한다.

셋째, 식품용기를 가열 및 약제 살균을 통하여 사용 후 청결히 소독한다.

넷째, 연속교체법rotation system을 이용한다. 즉 파지에 대해 감수성이 서로 다른 생산균주를 혼합하여 사용한다. 요구르트나 치즈 제조 시 스타터starter를 이러한 방법으로 사용한다.

다섯째, 항생물질을 이용한다. Chloramphenicol, streptomycin 등의 항생물질에 대하여 저항성이 있는 내성균주를 사용하여 발효한다. 예로 *Clostridium* 속의 균을 이용하여 부탄올 발효를 할 경우 배지에 chloroamphenicol을 1 mg/L의 농도로 첨가하면 파지의 증식을 완전히 저지하여 정상 발효가 진행된다. 또한 *Streptomyces griseus*가 발효균일 경우 감염 파지가 균체 표면에 부착하는 데 Ca^{2+}가 필요하므로 금속이온과 결합하여 금속이온을 제거하는 능력이 있는 킬레이트제chelate를 미량 첨가하면 효과를 볼 수 있다.

코로나19 백신 종류 및 예방원리

코로나 바이러스는 식품을 통해 감염되지 않고 호흡기를 통해 감염되는 바이러스이다. 바이러스에 대한 치료제 개발이 매우 어려우므로 백신을 통해 감염을 막는 것이 가장 좋은 방법이다. 백신을 접종하면 면역세포인 B세포가 활성화되어 중화항체를 생산하여 면역이 완료된다. 현재 코로나19 백신은 다양한 방법으로 제조된다.

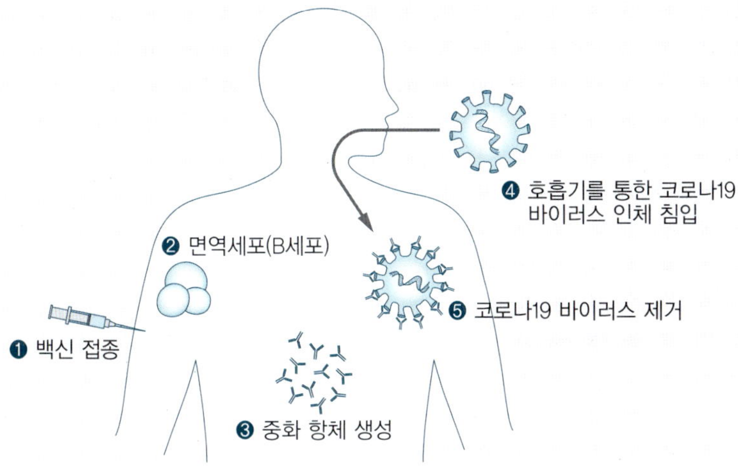

코로나19 백신의 예방 원리 및 종류

1. 바이러스벡터 백신(아스트라제네카, 스푸트니크 V, 얀센)

바이러스 표면의 S 단백질에 대한 유전정보를 아데노바이러스 유전자에 재조합하여 인체에 투여한다. 생성된 항원 단백질이 면역반응을 유도한다. 전달체로 사용된 아데노바이러스에 대한 면역반응이 일어나기 때문에 고열, 몸살, 두통이 나타날 수 있다.

2. 불활성화 백신(시노팜, 시노백)

바이러스를 사멸시킨 후 인체에 투여한다. 불활성화된 바이러스가 항원으로 작용하여 면역반응을 유도한다.

3. mRNA 백신(모더나, 화이자)

바이러스 스파이크 단백질에 대한 전체 염기서열을 mRNA로 제조한다. 인체에 투여된 후 mRNA에 의해 항원 단백질이 생산되어 면역반응이 일어난다. 코로나바이러스에 처음으로 도입된 새로운 제조방식의 백신이다. mRNA 핵산이 분해되지 않도록 냉동 보관이 필요하다.

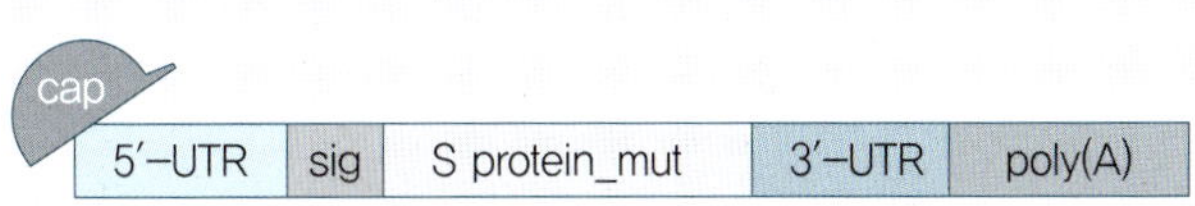

mRNA 백신 구조

4. 재조합 백신(노바백스)

유전자재조합 기술을 이용해 만든 바이러스 항원 단백질을 직접 인체에 투여하여 면역반응을 유도한다.

출처: https://www.korea.kr/news/cultureColumnView.do?newsId=148874621

실험 7 Spot test를 통한 박테리오파지 plaque 관찰하기

1. 실험 원리 및 목적

Spot test는 세균이 접종된 배지에 (박테리오)파지 한 방울 또는 반점을 놓아 파지 샘플이 박테리아를 감염시킬 수 있는지 여부를 확인하는 빠른 방법이다. 실험을 위해서 숙주 세균은 *E. coli*를, 대장균의 파지 수집을 위해 하수구에서 샘플을 채취하거나 폐수처리장 등 파지가 생육하기 좋은 환경에서 분리된 파지 등을 사용할 수 있다.

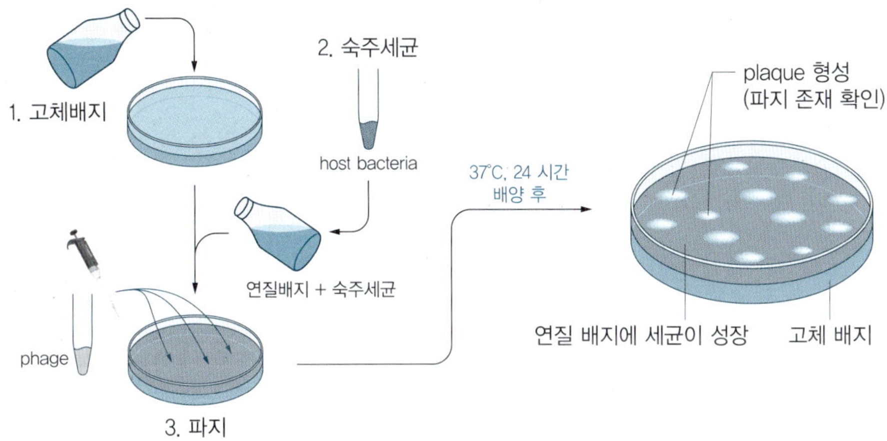

2. 실험 재료 및 방법

실험재료

E. coli/ 파지 샘플/ LB broth/ LB medium(0.7% agar 함유)/ LB medium(1.5% agar 함유)/ 배양기/ 교반기/ 피펫/ 전자레인지/ 멸균 시험관/ 미생물 균주/ 한천배지/ 중층배지/ 페트리디쉬

실험방법

1. 세균(host)을 LB broth(LBC)에서 30℃에서 밤새(18시간) 성장시켜 정지기에 도달시킨다.

2. 적정한 세균 배양농도 도달을 위해 세균을 LBC에서 4~6시간 동안 진탕기 인큐베이터에서 37℃에서 성장시킨다.

3. 0.7% agar를 함유한 LB broth로 만든 연질 배지(soft agar)를 상부 한천용으로 준비한다.
4. LBC agar(1.5% agar)를 petridish에 분주하여 굳힌다.
5. LBC에서 배양한 세균(host)을 0.1 mL 취해 LBC soft agar(0.7% agar 함유)에 분주하고 LBC agar에 중층시킨 후 분리된 박테리오파지 용액 또는 하수구 처리장 샘플을 10 μL씩 분주한다.
6. 위와 같이 spot test를 수행 후 37℃에서 24 시간 배양한 후 투명한 환인 plaque 형성 여부를 확인한다.

FOOD MICROBIOLOGY ● chapter 8

미생물의 생육과 생육에 영향을 미치는 요인

1. 미생물과 영양소
2. 독립영양균과 종속영양균
3. 미생물의 생육곡선
4. 세포의 증식도를 판정하는 실험
5. 배지
6. 내적 요인
7. 외적 요인

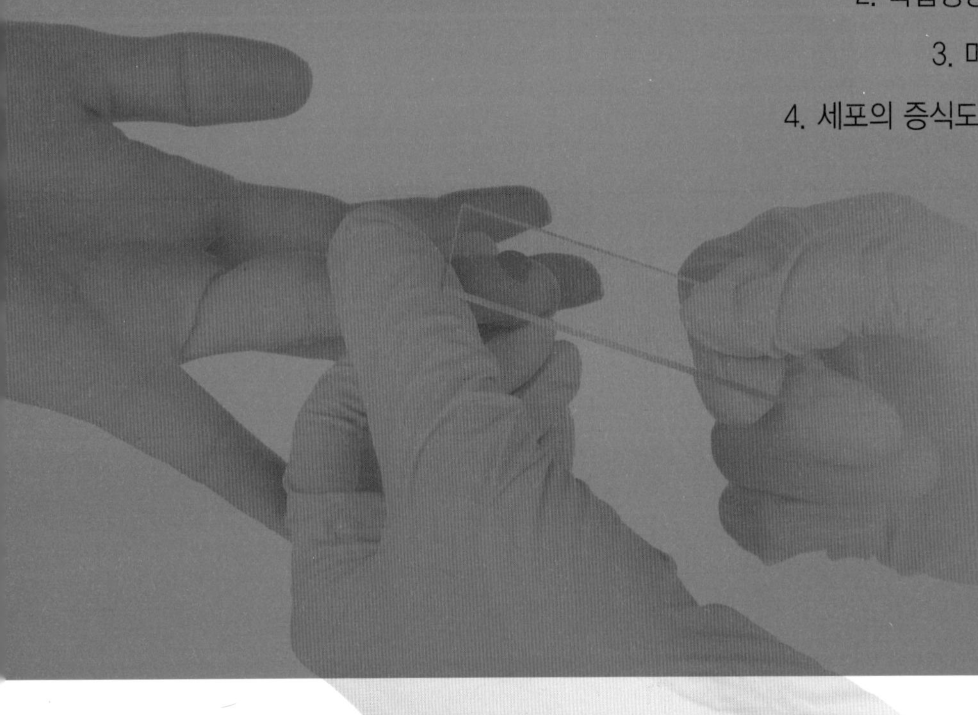

학습목표

1. 미생물의 생육에 필요한 영양소와 생육곡선을 이해한다.
2. 식품에서 미생물이 생육하는 데 영향을 미치는 주요 식품의 내적·외적 요인을 알아본다.
3. 내적·외적 요인의 주요 특성에 대하여 이해한다.

미생물은 다른 생물과 마찬가지로 생육에 적합한 환경과 부적합한 환경이 있으며, 미생물의 생육과 이들의 생리적 성질은 주어진 환경에 따라 달라질 수 있다. 이러한 미생물의 증식에 영향을 미치는 요인은 온도·광선·압력 등의 물리적 요인, 수분·산소·소금·pH·첨가물(보존제 등) 등의 화학적 요인, 식품에 있는 다른 미생물과의 공생 및 길항 등 생물학적 요인을 포함한다. 특히 식품미생물에서는 식품에 미생물 생육에 영향을 미치는 요인을 식품 내의 환경(식품의 고유한 특성)인 내적 요인(내인성 인자)과 식품을 유통·보관하는 외부환경인 외적 요인(외인성 인자)으로 구분할 수 있다. 내적 요인에는 식품의 수분활성도, pH, 산화-환원전위, 식품 내 항균물질(자연적 혹은 인위적 항균물질) 등이 있으며, 외적 요인에는 온도, 상대습도, 대기 기체 조성, 광선 등을 들 수 있다.

1 미생물과 영양소

1) 대량영양소 탄소와 질소

생물체는 대량영양소처럼 많은 양이 요구되는 성분과 미량영양소처럼 극소량만 필요한 성분도 있다. 세포는 주로 H, O, C, N, P, S로 구성되어 있지만 최소 50개의 원소들이 미생물에 의해 대사된다. 가장 많이 필요한 대량영양소인 탄소carbon, C와 질소nitrogen, N는 모든 세포가 필요하며 탄소는 주로 유기물로부터 얻는다. 대조적으로 광합성이라고 하는 과정을 통하여 이산화탄소로부터 세포구성체를 만드는 독립영양균도 있다.

탄소 다음으로 질소가 세포내 구성성분 건조세포의 12% 정도로 많이 차지하고 있다. 질소는 단백질, 핵산, 세포구성성분으로 자연상태의 질소는 유기물과 무기물의 두 가지 형태로 이용된다. 미생물이 이용할 수 있는 질소성분은 암모니아, 질산염, 질소 같은 성분인데 질소 기체는 질소고정세균과 같은 극소수의 세균만이 질소원으로 이용할 수 있다.

2) 기타 대량영양소(P, S, K, Mg, Ca, Na)

탄소와 질소 다음으로 다른 필수 영양소들은 소량으로 요구된다. 인phosphorus, P은 자연계에서 세포에서 핵산과 인지질 합성에 이용된다. 황sulfur, S은 아미노산인 시스테인과 메티오닌을 구성하고 여러 비타민인 티아민thiaimin, 비오틴biotin, 리포산lipoic acid에 존재한다. 칼륨potassium, K은 단백질 합성효소처럼 효소활성에 요구되고 마그네슘magnesium, Mg은 리보솜, 세포막, 핵산을 안정화하며 효소활성에 요구된다. 칼슘calcium, Ca은 세균 세포벽과 내생포자의 안정성에 필요하고 나트륨sodium, Na은 서식지를 반영하여 해수미생물의 경우 필수적으로 요구된다.

3) 철과 미량금속

미생물의 생장에 미량의 다양한 금속을 요구한다. 철Fe은 세포의 호흡에 중요한 역할을 하며 이들 미량영양소는 세포의 촉매제인 효소의 구성성분으로 역할을 한다.

4) 생장인자: 비타민, 아미노산, 퓨린, 피리미딘

생장인자growth factor는 미량금속을 포함한 유기물로서 일부 개체들에서 미량만 요구된다. 주로 비타민, 아미노산, 퓨린, 피리미딘이 해당하며 대부분 미생물은 스스로 합성하는 경우도 있지만 어떤 미생물은 환경으로부터 한 가지 또는 그 이상의 생장인자가 필요하기에 생육을 위하여 실험실에서 영양분을 공급해 주어야 한다. 비타민은 조효소로서 작용하여 효소의 작용을 돕는 역할을 하며 젖산균은 이들 비타민을 필수적으로 요구한다.

2 독립영양균과 종속영양균

미생물은 살아 있는 세포이기 때문에 인간세포와 마찬가지로 다양한 영양분을 요구한다. 살아 있는 미생물은 화합물의 산화에 의해 에너지를 얻을 수 있으며 아데노신 삼인산adenosine triphosphate, ATP의 에너지를 이용한다.

다만 영양소 측면에서 특정 영양분에 대한 요구성에서 차이가 있으므로 이들이 에너지를 획득해서 살아가는 방식은 두 가지로 분류된다. 즉, 스스로 에너지를 생산할 수 있느냐, 그렇지 않으냐에 따라서 독립영양균(자력영양균)과 종속영양균(유기물영양균)으로 분류한다. 독립영양균은 크게 광합성균과 화학합성균으로 분류한다. 종속영양균은 요구하는 영양분의 종류에 따라서 그리고 영양요구도에 따라서 크게 질소고정균, 영양요구성이 무난한 균, 영양요구성이 까다로운 균으로 분류할 수 있다.

독립영양균에는 광합성색소를 가지고 있으며 태양에너지를 이용하여 ATP를 합성하는 광합성균과 무기물을 산화하여 에너지를 얻어내는 화학합성균으로 나눌 수 있다. 화학합성균에는 황세균, 철세균, 수소세균, 질화세균이 있다. 주로 화학합성균은 원핵세포를 지닌 세균과 고세균에서 널리 볼 수 있으며 특정 무기물을 이용하여 에너지를 생산한다. 이들은 생물체들이 사용하지 않는 무기물을 이용하여 생존하는 전략을 취하고 있다.

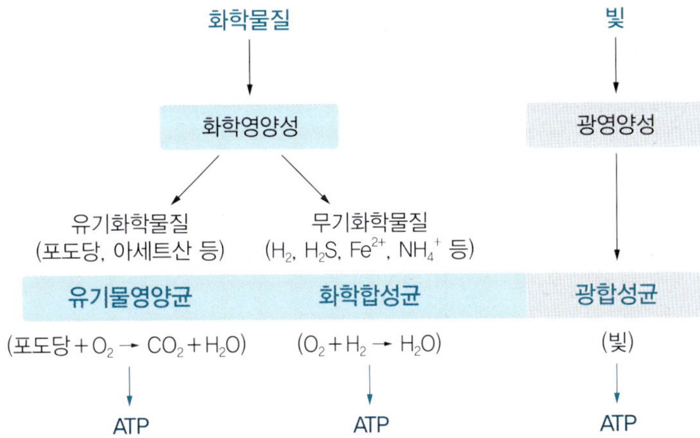

그림 8-1 독립영양균(광합성균, 화학합성균)과 종속영양균(유기물영양균)의 에너지를 얻는 방식

대부분 식품에는 유기물이 풍부하다. 따라서 식품에서 증식하는 대부분 식품 미생물은 종속영양균이며 이들 식품의 유기물을 이용한다는 측면에서 유기물영양균이라고 부른다. 유기물영양균 중에는 공기 중 질소인 무기질소를 이용하여 생육할 수 있는 질소고정균이 있다. 질소고정균에는 토양 중에 서식하는 *Azotobacter* 속과 *Clostridium* 속이 있으며 콩과 식물의 뿌리혹에서 살며 공생관계에 있는 *Rhizobium* 속이 대표적이다. 그리고 영양요구성이 무난한 미생물로

표 8-1 세균의 분류 단계

	구분	특징	예
독립영양균 (자력영양균)	광합성균	CO_2 이용 에너지 생산	광합성세균
	화학합성균	무기물을 산화할 때 생성한 에너지로 균체를 합성	황세균
			철세균
			수소세균
			질화(아질산 HNO_2)세균
종속영양균 (유기영양균)	질소고정균	무기질소(N_2) 이용	*Azotobacter* 속, *Rhizobium* 속, *Clostridium* 속
	영양요구성 무난한 균	비타민 스스로 합성	대장균
	영양요구성 까다로운 균	생육인자인 비타민, 아미노산을 요구	젖산균

는 탄소원과 질소원 등 영양성분은 공급해 주어야 하나 비타민 등 일부 생육인자를 스스로 합성할 수 있는 대장균이 있어서 장내에서 비타민 K를 합성하여 다른 미생물에 공급할 수 있다.

젖산균은 비타민과 아미노산 등 모든 영양분이 공급되어야만 생육이 가능한 영양요구성이 까다로운 미생물에 속하는데, 이런 성질을 이용하여 비타민과 아미노산의 정량실험에 사용하여 비타민 존재 유무를 측정하는 데 이용한다.

3 미생물의 생육곡선

생물의 생장은 세포의 구성성분이 늘어나는 과정이라고 볼 수 있지만 미생물의 경우 크기가 매우 작아서 미생물의 크기를 이용하여 생장을 측정하기보다, 미생물의 세포수를 측정하여 집단적으로 수가 늘어나는지 여부를 측정한다. 미생물 증식 정도를 알기 위해서 일정량의 영양분만을 함유한 밀폐된 배양 용기에 키우는 회분배양batch culture방법을 이용하여 액체배지에서 배양한다. 회분배양을 통하여 새로운 영양분 공급이 없을 때 미생물의 수의 변화를 알아볼 수 있다. 미생물 세포수의 변화를 시간에 따라서 그래프로 그려서 생육곡선을 얻는

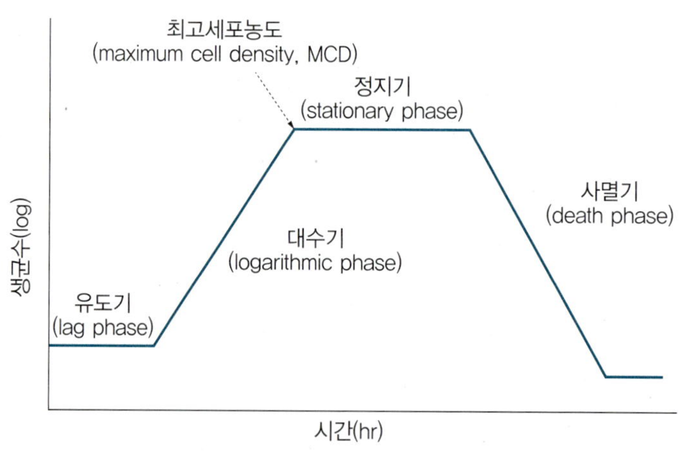

그림 8-2 미생물의 생육곡선

다. 다만 미생물 수가 증가할 때 기하급수적으로 늘어나서 지수적 증가를 그래프에 표현하기 어렵기 때문에 미생물 수에 log값을 취하여 시간에 따른 미생물의 변화를 보기 쉽게 표현한 것semi-log graph을 미생물의 생육곡선이라고 한다.

1) 유도기(lag phase)

미생물을 새로운 배양액에 접종하면 세포가 일정시간 적응기간을 갖는다. 세포증식을 위한 환경에 적응기간으로서 세포증식에 필요한 여러 성분, ATP, 필수 보조인자, 리보좀을 합성하고 새로운 영양물질을 사용하여 대사하기 위해서 필요한 효소를 새로이 합성해야 하기 때문에 이들을 만들어내는 준비기간으로 볼 수 있다. 또한 손상된 세포의 회복에도 시간이 요구된다. 이때 세포 크기는 증식을 준비하고 새로운 물질을 합성하여 준비하기 때문에 세포 크기가 커진다.

2) 대수기(지수기, exponential phase, log phase, logarithmic phase)

미생물이 유도기를 거치고 나면 세포수가 기하급수적으로 증가하는 대수기에 이르게 된다. 대수기 동안 미생물은 빠른 속도로 수가 증식하기 때문에 세대 시간generation time이 전 배양기간을 통하여 가장 짧고 일정하다. 대수기 동안 세포수를 늘리는 데 유리하도록 세포 크기가 전 세대를 통하여 가장 작은 시기이며 외부 자극에도 예민하여 열이나 화학약품 처리에 민감하다. 생육곡선에서도 증식하는 속도가 일정하기 때문에 직선에 가까운 형태를 나타낸다.

3) 정지기(정상기, stationary phase)

세포의 증식이 활발한 대수기를 지나고 나면 영양분이 고갈되고 용존산소가 부족하게 되며, 불어난 미생물 수에 의해서 늘어난 대사산물의 축적, 배지의 산성화된 pH의 변화 등에 따라서 더 이상 미생물 수가 늘어날 수 없는 정지기(정상기stationary phase)가 나타난다. 정지기는 세포수가 최고 정점이 되는 시기이며 생균수의 변화가 나타나지 않는 시기로서 정지기 미생물 집단의 생장속도는 0이 된다. 외형적으로 생육곡선상에서 생균수가 일정한 것은 미생물의 생장이 멈춘 것이 아니라 새로운 세포의 생성과 사멸이 평형을 이루는 현상인 비밀생장cryptic growth 현상으로 수의 균형이 맞기 때문이다. 혹은 세포가 활성은 유지하고 분열하지 않는 느린 생장 단계로 볼 수 있다. 세균 중 내생포자를 형성하는 경우, 정지기에 포자형성을 시작한다.

4) 사멸기(decline phase, death phase)

정지기 이후에도 계속 배양을 하면 세포들은 결국 죽고 세포수도 감소할 것이다. 이렇게 생균수가 감소하는 단계를 생육곡선 전 과정 중에 음의 상관관계를 보이는 단계를 사멸기death phase, decline phase라고 한다. 세포의 사멸 후에 세포의 용해lysis가 일어나서 대수적으로 감소하나 감소하는 데 걸리는 속도는 대수기보다 훨씬 느리다. 세포가 죽은 후에도 용해가 일어나기 전에는 균이 살아 있는지 여부는 배양해 보아야 알 수 있으며, 배양환경이 열악해짐에 따라서 구성성분 중 핵산과 세포벽의 분해를 일으키는 자기소화autolysis가 발생하는 경우 일시적으로 세포수가 다소 증가하기도 하나 결국 미생물 수는 다시 계속 감소하게 된다.

4 세포의 증식도를 판정하는 실험

세균의 증식 여부를 판정하는 실험에는 크게 생균수 측정법, 균체량 측정법, 비탁법에 의한 광학적 측정법, 현미경 등을 활용한 직접계수법을 통하여 세균의 증식 여부 및 증식 정도를 알 수 있다.

1) 생균수 측정법

(1) 주입평판법(pour plate method)

적절히 희석한 미생물 배양액에 한천을 섞은 배지를 적절한 온도(45~55℃)로 준비한 후 시료와 균일하게 섞으면 한천표면과 내부까지 집락colony을 형성하여 평판 내 30~300개의 집락을 계수하고 희석배수를 곱하여 생균수로 계산한다.

(2) 표면도말법(spread plate method)

적절히 희석된 미생물 배양액을 미리 만들어 굳힌 고체배지 위에 균일하게 배지에 접종하여 유리봉을 이용하여 배양한 후 집락수를 측정하여 희석배율을 곱하여 측정한다.

(3) 최확수법(most probable number)

식품시료 중 균수가 낮은 특정 미생물의 수를 알기 위하여 액체 배지에 시료

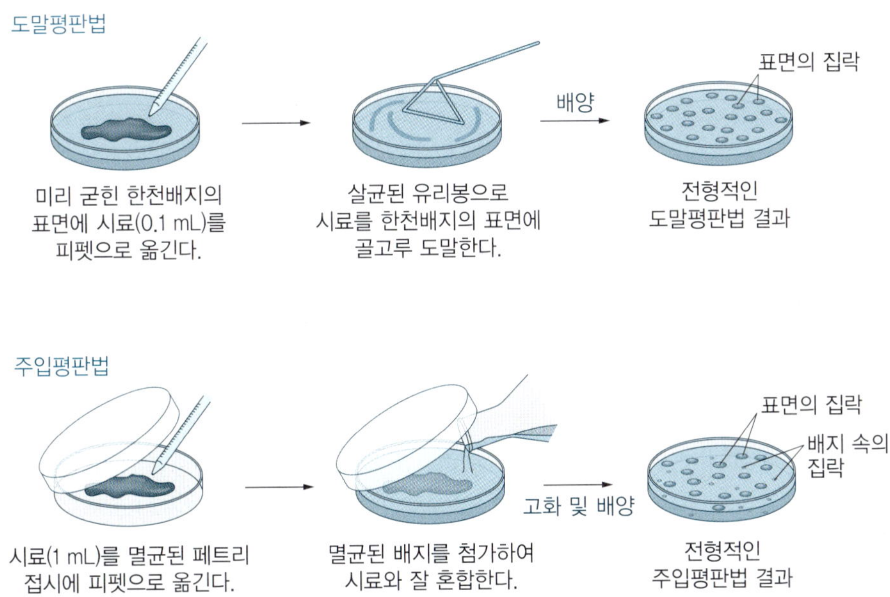

그림 8-3 생균수 측정법

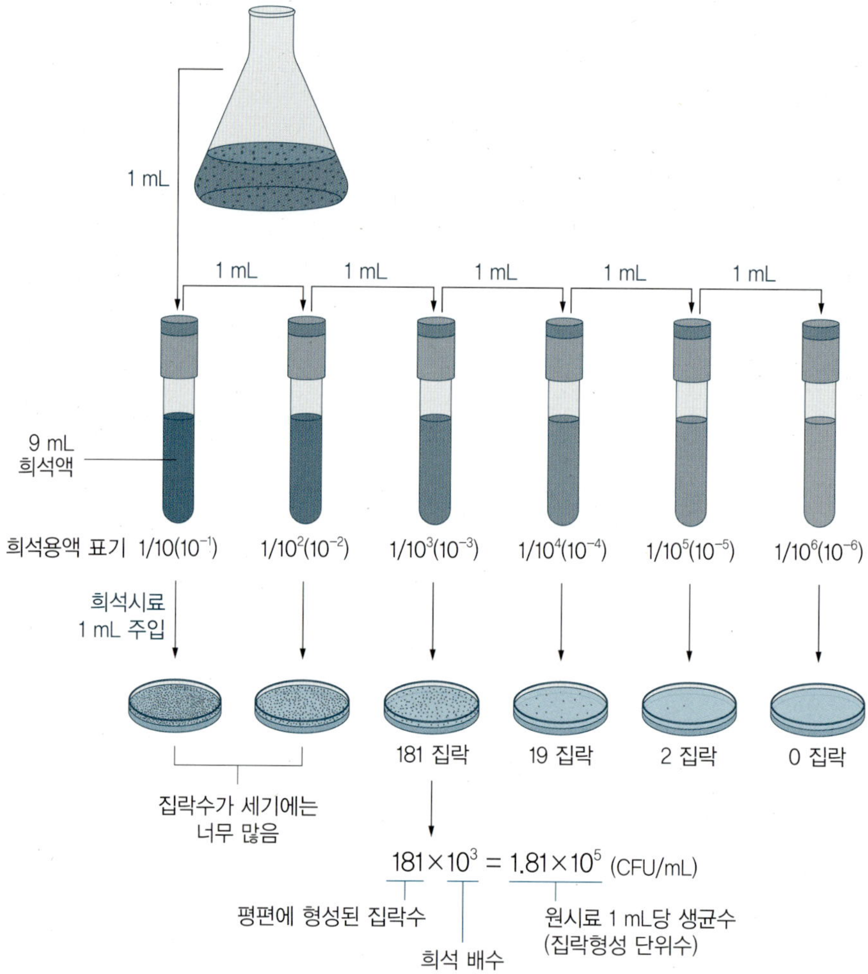

그림 8-4 시료의 10진 희석과 주입평판법을 이용한 생균 측정 방법

를 접종 후 배양시켜 성장 유무를 기록하고 그 결과를 최확수 통계표에 의해 생균수를 측정하는 방법으로 수질검사나 음료의 미생물 검사에 주로 이용한다(그림 12-2, 표 12-2 참고).

(4) 막투과법(membrane filtration method)

세균 등 미생물이 통과하지 못하도록 여과막을 사용하여 미생물을 여과지에 걸러내고 이 여과지를 배지 위에 올려놓고 걸러진 여과막 위에서 생육한 집락수를 측정하는 방법이다. 이 방법은 음용수의 일반 세균 및 대장균 검사처럼 균수가 적은 액상시료에 이용한다(그림 12-4 참고).

2) 균체량 측정법

균체량 측정법에는 배양액에서 미생물을 원심분리하고 상등액을 제거하여 균수 무게를 측정하거나 이들 균을 건조시켜 균체의 무게를 측정하는 방법이 있다. 균체성분 중 균체 질소량을 측정하여 단백질량 증가를 측정하는 균체질소량 측정법도 있다.

3) 광학적 측정법

미생물 생장과정에서 세포의 구성성분은 균수 증가에 따라 증가하는데 배양액의 단백질, DNA, 중량 증가를 혼탁도를 측정하여 알 수 있다. 세포배양액에 있는 세포수에 따라서 빛의 산란 정도가 달라지는데, 세포수가 많아질수록 혼탁하게 보인다. 따라서 배양액의 혼탁도의 증가 정도를 측정하여 총균수의 증가를 알 수 있다. 혼탁도를 감지하기 위하여 기기인 분광광도계spectrophotometer를 사용하여 측정한다. 혼탁도는 특정 파장에서 흡광도absorbance, optical density, OD값을 측정하여 알 수 있다.

4) 직접계수법

직접계수법은 배양액 일정량을 일정 넓이의 검경 면적 위에 놓고 혈구계수기haematocytometer나 페트로프-하우저Petroff-Hausser 계수기를 이용하여 단위면적에 존재하는 미생물 수를 현미경으로 측정하여 일정 부피의 총균수로 환산하여 계산하는 방법이다. 형체를 가진 생균과 사균 모두 측정이 되는 단점과 정확하지 않다는 점, 그리고 균수 농도가 적어도 1 mL당 10^7 cells 이상이어야 활용 가능하다(그림 12-3 참고).

5 배지

배지medium는 미생물 성장에 필요한 영양분을 함유하고 있어 미생물의 성장, 분리 및 보존에 필수적이다.

1) 영양분 종류에 따른 배지

(1) 자연배지(natural medium)

자연으로부터 얻는 감자, 우유 등 자연산물을 이용하여 미생물을 키우는 배지가 해당된다.

(2) 인공배지(synthetic medium)

여러 가지 영양성분을 넣어주어 만드는 배지를 인공배지라고 한다. 인공배지의 종류로는 화합물의 종류 및 농도를 알고 제조하는 배지를 제한배지, 화합물의 조성을 모르는 복합화합물인 펩톤과 효모추출물이 함유되어 정확히 조성을 모르는 복합배지, 유기물 종류를 적게 넣은 단순배지로 구분한다.

2) 사용 목적에 따른 배지

(1) 일반영양배지(general nutrient medium)

모든 생육인자를 포함한 영양물질을 함유하여 대다수의 세균, 효모, 곰팡이를 배양하는 데 사용하는 배지이다. 세균용으로는 nutrient agar, plate count agar 등이 있으며 곰팡이와 효모용으로는 potato dextrose agar 혹은 malt extract agar를 사용한다.

(2) 선택배지(selective medium)

특정 미생물 성장을 위해 특별 영양물질(항생제, 염료, 탄소원 등)을 포함시켜 원하는 미생물만 선택적으로 배양하기 위하여 사용하는 배지를 선택배지라고 한다. 살모넬라 및 시겔라균을 분리하기 위한 Salmonella-Shigella agar가 선택배지에 해당한다.

(3) 분별배지(감별배지, differential medium)

배지에 특수한 생화학적 지시약을 넣어서 한 종류의 미생물을 다른 종류의 미생물과 구별할 수 있게 한 배지를 분별배지라고 한다. 대장균 실험에서 Eosin-methylene blue(EMB) agar는 대장균을 금속성 녹색 집락으로 띄게 하여 다른 세균과 구별할 수 있도록 하는 대표적 분별배지이다.

(4) 강화배지(enrichment medium)

여러 종류의 미생물이 함께 존재하는 경우 특정 미생물의 증식을 강화시키기 위해 선택적인 성분을 함유한 배지를 강화배지라고 한다. 배지에 혈액을 넣은 blood nutrient medium의 경우 병원성 세균의 증식을 강화하여 분리를 쉽게 할 수 있는 배지이다.

6 내적 요인

내적 요인(내인성 인자)은 미생물의 생육에 영향을 줄 수 있는 식품의 고유한 특성을 말한다. 식품의 수분활성도a_w, pH, 산화-환원전위Eh, 영양성분, 자연 항균 성분, 보존제 등의 화학물질 함유 여부, 미생물의 공존 및 길항작용 등이 내적 요인에 포함된다.

1) 수분활성도

다른 생물과 마찬가지로 미생물도 생육을 위해서 수분을 요구한다. 식품 내에 수분은 결합수와 자유수 두 가지 형태로 존재하며. 결합수는 단백질과 같은 친수 콜로이드와 직접 결합(전기적 결합, 예: 수소결합)을 하여 안정화된 물이고, 자유수는 결합되지 않아 미생물이 자유로이 사용할 수 있는 물을 뜻한다. 하지만 결합수 중에서도 결합 정도가 약한 결합수의 경우 미생물이 제한적으로 사용할 수도 있다. 이렇게 식품 내에 있는 수분이 미생물이 사용할 수 있는 형태와 없는 형태로 구분되기 때문에 식품에서 미생물 생육에 직접적으로 영향을 미치는 인자는 식품의 수분함량water content이 아닌 수분활성도water activity, a_w로 표현한다. 수분활성도는 어떤 형태로 결합하고 있지 않은 자유수 또는 약한 결합수로서 '미생물이 사용할 수 있는 물의 양'을 의미한다. 수분활성도a_w는 임의의 온도에서 그 식품이 갖는 수증기압P_s에 대한 그 온도에서 순수한 물이 갖는 최대 수증기압P_o의 비로 나타내며, 이는 다른 표현으로 평형상대습도를 100으로 나눈 값과 같다. 이를 구하는 공식은 다음과 같다.

$$\text{수분활성도}(a_w) = \frac{\text{식품의 수증기압}(P_s)}{\text{순수한 물의 수증기압}(P_o)}$$

또는

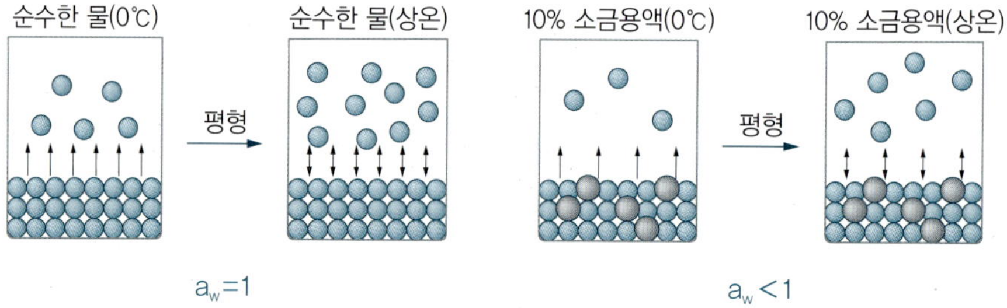

그림 8-5 수증기압과 수분활성도의 관계

소금을 첨가할 경우 소금과 물이 전기적으로 결합하여 물의 평형상태를 유지하기 위한 수증기압이 감소한다. 따라서 그 감소량을 순수한 물의 수증기압으로 나누면 소금용액의 수분활성도가 되며 수분활성도는 1 이하의 값을 갖는다.

라울트 법칙(Raoult's law)을 이용한 수분활성도 계산법

$$a_w = \frac{n}{N+n}$$

N: 용질의 몰(mole) 수, n: 용매(물)의 몰(mole) 수

그런데 몰수는 질량(w, W)를 분자량(m, M)으로 나눈 값이므로, 아래와 같이 나타낼 수 있다

$$a_w = \frac{\frac{w}{m}}{\frac{W}{M}+\frac{w}{m}}$$

예제) 물 100mL 중에 5g의 설탕이 녹아 있는 용액의 수분 활성도는? (분자량: 물 18, 설탕 342)

$$a_w = \frac{\frac{100}{18}}{\frac{5}{342}+\frac{100}{18}} = 0.997$$

$$\text{수분활성도}(a_w) = \frac{\text{평형상대습도(equilibrium relative humidity, ERH)}}{100}$$

순수한 물의 수분활성도는 1이며, 식품의 수분활성도는 0~1($0 \le a_w \le 1$)에 존재한다. 순수한 물은 물의 양 전체가 자유수로서 미생물이 모두 사용할 수 있지만, 식품에 포함되어 있는 물은 얼음과 같은 결정형태나 소금, 설탕 등의 극성 성분과 전기적 화학결합에 의하여 결합하므로 미생물이 사용할 수 없는 결합수 상태로 존재할 수가 있다. 이러한 경우 수분활성도의 값이 낮아지며, 미생물이 사용할 수 있는 자유수의 양이 감소하여 미생물의 생육이 저해될 수 있다. 다음과 같은 물의 형태는 미생물이 사용할 수 없는 상태로 식품의 수분활성도를 저해시키는 요인이 된다. 따라서 건조, 농축, 염장, 당절임, 냉동과 같은 가공방법은 수분활성도를 낮추어 미생물의 생육을 억제한다.

- 소금이나 당과 같은 극성 물질에 전기적으로 결합되어 있는 형태
- 동결 형태(얼음 결정)

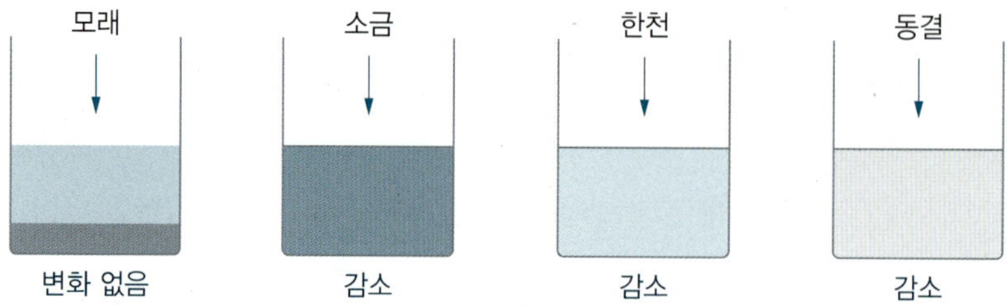

그림 8-6 물질 및 형태에 따른 수분활성도 변화의 예
모래와 같은 무극성 물질은 물과 전기적으로 결합하지 않으므로 수분활성도를 변화시키지 않으며, 소금 등의 극성 물질, 물을 수화시키는 한천, 얼음 결정 등은 수분활성도를 감소시킨다.

- 수화된 상태
- 표면에 흡수된 상태

일반적으로 수분활성도가 감소할수록 미생물의 증식이 저해되며, 높은 수분활성도에는 세균이 생육하기 가장 쉽고, 그 다음 효모, 곰팡이의 순서로 증식이 이루어진다. 따라서 각 식품의 수분활성도에 따라 주로 증식하는 미생물이 달라질 수 있으며, 대부분의 세균은 수분활성도가 0.9, 효모가 0.8, 곰팡이는 0.6 이상에서 생육이 가능하다. 하지만 예외로 호염성 세균이나 내건성 곰팡이, 내삼투압성 효모 등은 비교적 낮은 수분활성도에서도 증식이 가능하다.

이러한 낮은 수분활성도에서도 생육이 가능한 미생물의 종류는 다음과 같다.

표 8-2 설탕 및 소금 수용액의 수분활성도(25℃)

수분활성도(a_w)	설탕(%)	소금(%)
0.995	8.5	0.9
0.990	15.4	1.7
0.980	26.1	3.4
0.940	48.2	9.4
0.900	58.4	14.2
0.850	67.2	19.1
0.800	–	23.1

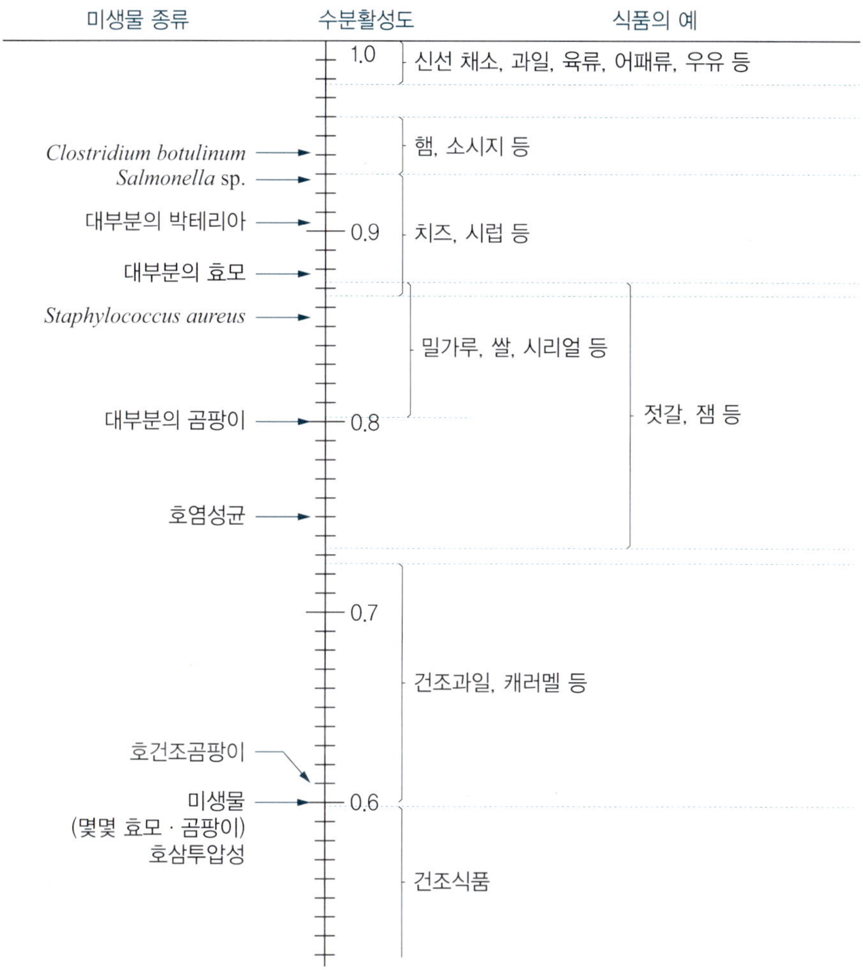

그림 8-7 미생물에 따른 최소 생육 수분활성도와 식품의 예

- 호건성곰팡이xerophiles or xerophilic mold: 매우 건조한 환경에서 성장하는 곰팡이로 매우 높은 수분활성도(a_w > 0.96)에서는 성장하지 못한다. 최적 생육 수분활성도는 약 0.85~0.90이며, 최저 생육 수분활성도는 0.61이다. 대표적인 호건성곰팡이로는 *Xeromyces bisporus*가 있으며, 이 곰팡이는 건조 혹은 염장한 생선의 부패에 관여하는 것으로 알려졌다.
- 호염성균halophiles: 성장하기 위해서 최소한의 염분을 필요로 하는 균을 호

표 8-3 수분활성도에 따른 식품과 생육 가능한 미생물

수분활성도(a_w)	식품 예	생육 가능한 미생물
0.95~0.99	육류, 해산물, 과일, 채소, 주스, 우유	그람양성·음성균, 곰팡이, 효모
0.95~0.90	햄, 소시지, 빵, 치즈	그람양성균, 곰팡이, 효모
0.90~0.80	쌀, 시리얼, 케이크, 밀가루	호염성균, 내염성균, 효모, 곰팡이
0.80~0.61	건조식품, 염장식품, 잼	고도호염성균, 호삼투압성효모, 호건성곰팡이
<0.61*	과자, 분유, 꿀, 설탕, 초콜릿	–

*미생물이 생육할 수 있는 최소 수분활성도 한계선, 따라서 a_w<0.61의 수분활성도를 가진 식품의 부패는 미생물이 아닌 화학적 부패만 발생함

염성균이라 한다. 호염성균은 생육에 필요한 최소 염분 농도에 따라 중등호염성균moderate halophiles와 고도호염성균extreme halophiles로 구분할 수 있다.

- 중등호염성균moderate halophiles: 생육에 약 1~10%의 소금 농도가 필요하며, 대표적인 미생물로는 해양환경에 주로 생존하며 해산물을 통한 식중독의 주요 원인으로 작용하는 장염비브리오균*Vibrio parahaemelyticus*을 들 수 있다. 장염비브리오균의 생육을 위한 최적 소금 농도는 약 2~4%이며, 생육이 가능한 소금 농도의 범위는 1~8%이다.
- 고도호염성균extreme halophiles: 높은 소금 농도(>10%)에서만 생육, 성장

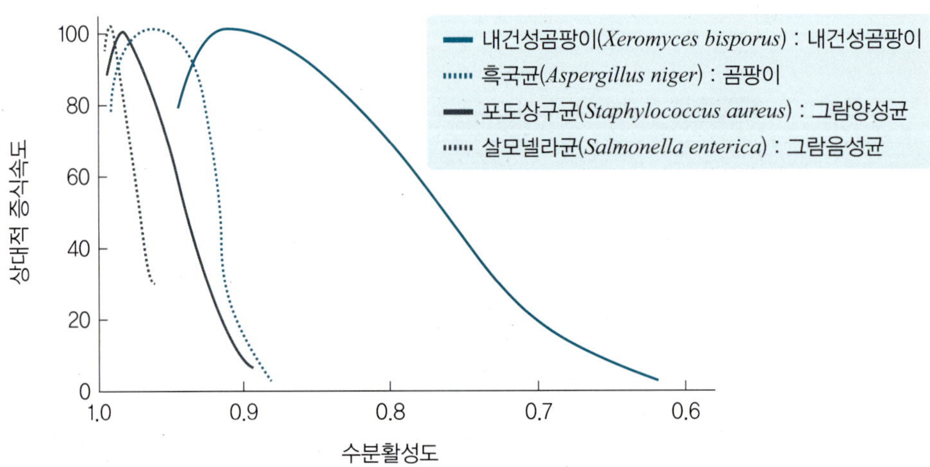

그림 8-8 수분활성도에 따른 미생물의 증식

할 수 있는 균으로 대표적인 미생물로는 *Halobacterium salinarum*이 있다. 이 균의 생육 가능한 소금의 농도는 12~36%이며, 생육 최적 소금농도는 약 25%(a_w=0.8)이다.

- 내염성균halotolerant or haloduric organisms: 높은 소금 농도에서 자랄 수 있지만, 소금이 없는 환경에서도 생육이 가능한 균을 말한다. 대표적인 미생물로는 식품에서 독소를 생성하여 식중독을 일으키는 독소형 식중독인 황색포도상구균*Staphylococcus aureus*을 들 수 있다. 황색포도상구균은 약 20%(a_w=0.83) 소금 농도에서도 생육이 가능하며 최적 생육 소금 농도는 0.5~4%이다. 하지만 이 균은 소금이 전혀 없는 환경에서도 생육이 가능하다.
- 호삼투압성 미생물osmophilic microorganism: 당의 농도가 높은 경우에만 성장할 수 있는 미생물을 말한다. 대표적인 예로는 *Zygosaccharomyces rouxii*를 들 수 있다. 이 효모는 약 70%(a_w=0.62)의 당 농도에까지 생육할 수 있으며, 생육할 수 있는 최소 당 농도는 약 20%(a_w=0.986)이다. 이 효모는 당이 높은 환경에서 생육할 수 있으므로 초콜릿과 같은 당 농도가 높은 식품의 부패를 일

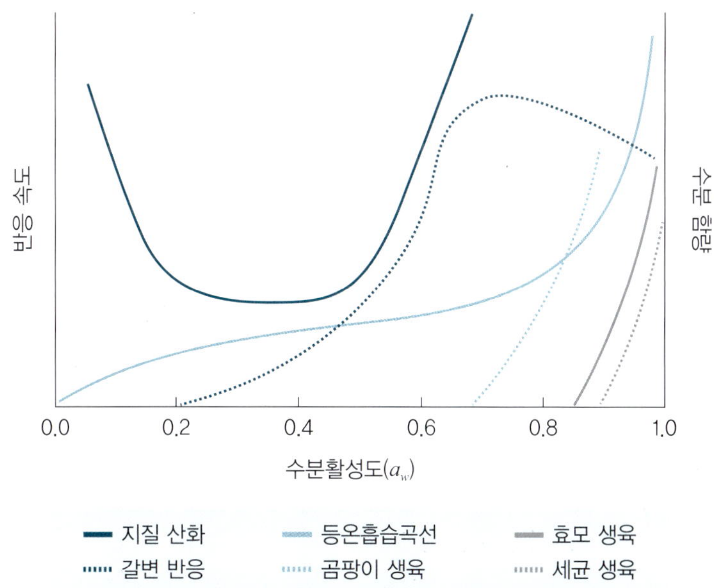

그림 8-9 수분활성도에 따른 미생물 생육 및 식품에서의 반응

으킬 수 있으며, 당뿐만 아니라 소금에도 내성을 가져 발효간장 등과 같이 염분의 높은 식품의 부패에도 관여할 수 있다.

- 내삼투압성 효모osmotolerant yeast: 높은 수분활성도에서 최적으로 생육하나 높은 당 농도의 조건에도 내성을 가지는 효모를 일컫는다. 대표적인 미생물로는 빵이나 술과 같은 발효식품의 주요 발효미생물인 *Saccharomyces cerevisiae*를 들 수 있다. 이 효모는 높은 수분활성도에서 가장 잘 생육하나 약 60% 이상의 높은 당 농도에서도 생육할 수 있는 것으로 알려져 있다.

2) pH

식품의 pH는 미생물의 생육에 영향을 주는 주요 요인 중 하나로서, 식품의 pH에 따라서 생육할 수 있는 미생물의 종류와 생육 정도가 크게 달라진다. 매우 낮거나 높은 pH는 미생물을 사멸할 수 있게 하는 원인으로 식품의 효과적인 저장법으로 이용될 수 있다. 일반적으로 세균은 pH 4.0~4.5가 생육할 수 있는 최소 pH이며, pH 6.5~7.2에서 가장 잘 생육하는 것으로 알려졌다. 효모나 곰팡이는 세균보다 낮은 pH에서 잘 생육하는 것으로 나타나는데 효모는 pH 4.0~8.5, 곰팡

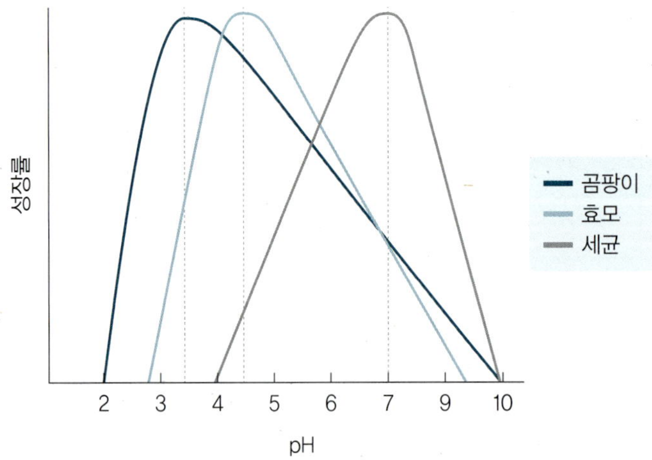

그림 8-10 미생물의 pH에 따른 성장률

표 8-4 병원성 세균(식중독균)의 생육 pH 범위

세균명	최저 pH	최적 pH	최고 pH
황색포도상구균(*Staphylococcus aureus*)	4.0	6.0~7.0	9.8
클로스트리듐 퍼프린젠스(*Clostridium perfringens*)	5.5	7.0	8.0
리스테리아(*Listeria monocytogenes*)	4.1	6.0~8.0	9.6
살모넬라(*Salmonella* 속)	4.1	7.0	9.0
장염비브리오(*Vibrio parahaemolyticus*)	4.8	7.0	11.0
바실러스 세레우스(*Bacillus cereus*)	4.9	7.0	9.3
캠필로박터 제주니(*Campylobacter jejuni*)	4.9	7.0	9.0
여시니아(*Yersinia* 속)	4.6	7.0~8.0	9.0
보툴리늄균(*Clostridium botulinum*)	4.2	7.0	9.0

이는 2.0~9.0에서 생육이 가능하며, 최적 pH는 각각 4.0~4.5, 3.0~3.5이다. 따라서 우유나 육류 등의 중성 pH 식품에서는 세균에 의한 부패가 쉽게 발생하며, 사과·딸기 등의 과일, 과일주스 같은 산성 pH 식품에서는 효모나 곰팡이에 의한 부패가 쉽게 발생한다.

하지만 몇몇 세균은 낮은 pH에 내성을 가지고 있어 산성식품에서도 오랫동안 생존하거나 생육할 수 있다. 예를 들면 젖산균의 일종인 *Lactobacillus* 속은 pH 3.8~7.2에서도 생육이 가능하며, 중성 pH보다 낮은 pH 5에서 가장 잘 생육하는 것으로 알려져 있다. 그 외에도 식초 발효에 이용되는 *Acetobacter* 속은 pH 5 이하에서도 생육 가능하며 pH 5.4~6.3에서 가장 잘 생육하는 것으로 보고되었다.

표 8-5 식품의 pH

식품	pH	식품	pH
레몬	2.2~2.4	딸기	3.1~3.9
토마토	3.9~4.6	배	3.7~4.7
바나나	4.5~4.7	당근	5.0~6.0
감자	5.3~5.6	고기	5.4~6.9
넙치	5.6	양상추	6.0
대구	6.2~6.6	우유	6.3~6.6
달걀흰자	8.6~9.6		

3) 산화-환원전위oxidation-reduction potential, redox potential, Rh

산화-환원전위란 어떤 물질이 전자electron를 잃고 산화되거나 또는 전자를 받고 환원되려는 경향의 강도를 나타낸다. 산화-환원전위는 산화-환원 가역 평형상태에 있는 수용액에 백금 같은 부반응성 전극을 주입시켜 가역반전지를 구성, 발생되는 전위를 측정한다. 산화된 상태(전자를 얻으려는 경향)의 물질은 양(+)의 값을 가지며, 환원된 상태(전자를 잃으려는 경향)의 물질은 음(−)의 값을 갖는다. 이러한 산화-환원전위는 식품 내 산소량이나 pH 등에 영향을 받을 수 있으며, 미생물의 생육에도 영향을 줄 수 있다. 일반적으로 산화된 상태인 양(+)의 산화-환원전위에서는 호기성균이 잘 생육하며, 환원된 상태인 음(−)의 산화-환원전위에서는 혐기성균이 잘 생육할 수 있다. 일반적으로 같은 재료일 경우 신선한 식품은 가공상태 식품에 비교하여 음(−)의 산화-환원전위를 갖는다.

표 8-6 산화-환원전위와 생육할 수 있는 미생물의 분류

미생물	산화환원전위(Rh, mV)	산소 요구도에 대한 미생물 분류*
Pseudomonas fluorescens	+500 → +100	편성 호기성
Staphylococcus aureus	+180 → −230	통성 혐기성
Proteus vulgaris	+150 → −600	통성 혐기성
Clostridium perfringens	+216 → −230	내산소 혐기성
Clostridium spp.	−30 → −550	편성 혐기성

*외인성 인자 중 대기 기체 조성 부분 참고

표 8-7 다양한 산화-환원전위 값을 가진 식품의 예

식품	산화환원전위(Rh, mV)	식품	산화환원전위(Rh, mV)
계란	+500	통조림 고기	−150
포도주스	+400	감자	−150
우유	+200	덩어리 고기 내부	−200
분쇄한 소고기	+200	간	−200
덩어리 고기 표면	+200		

4) 자연적 혹은 인위적 항균물질

식품은 자연적으로 미생물의 생육을 억제하거나 사멸시킬 수 있는 항균물질을 포함하는 경우가 있다. 이렇게 식품에 존재하는 항균물질을 자연유래 항균물질이라 부르며, 달걀에 있는 리소자임lysozyme, 녹차, 허브 등의 식물에 있는 폴리페놀polyphenol, 겨자에 있는 티오시아네이트thiocyanate 등이 있다. 이러한 자연적으로 존재하는 항균물질은 특정 미생물의 생육을 지연 혹은 억제할 수 있다. 또한 자연적으로 존재하는 항균물질 이외에 식품을 준비, 가공하는 과정에서 첨가하는 인위적 항균성 화합물질도 식품에서의 미생물 생육에 영향을 줄 수 있다. 이러한 화학물질에는 살균소독제, 보존제(방부제), 항생제 등이 있다.

5) 공존 미생물(미생물의 상호관계)

대부분 식품에는 여러 가지 미생물이 존재하며, 식품에 존재하는 미생물의 종류와 양에 따라서 특정 미생물의 생육은 달라질 수 있다. 이러한 미생물들은 식품 내에서 영양분이나 산소 등 생육에 필요한 물질을 경쟁적으로 사용하기도 하며(경합competition), 또는 미생물이 생육하면서 배출하는 대사산물이 상대 미생물의 생육을 억제하거나 도와주는 작용을 할 수 있다. 이렇게 미생물의 종류에 따라 미생물이 공생symbiosis하면서 서로에게 영향을 주는 방향이 다를 수 있다. 이러한 공생의 관계에 따라서 상리공생mutualism, 편리공생commensalism, 중립관계neutralism 등으로 구분하며, 미생물의 작용을 서로 촉진하는 것을 공동작용synergism, 억제하는 것을 길항작용antagonism이라고 한다.

- 상리공생: 서로 다른 종의 미생물이 상호작용을 통하여 서로 이익을 주고받는 것을 말한다. 해조류에 붙어 있는 *Bacillus*는 해조류에게 비타민 B_{12}를 공급하고 *Bacillus*는 해조류로부터 영양분을 얻는다.
- 편리공생: 서로 다른 미생물이 공존했을 때 한쪽의 미생물이 생장 혹은 생존에 이익을 얻는 공생관계를 말한다. 예를 들어 과즙을 발효할 때 효모가 생산하는 아미노산, 퓨린염기 등에 의해 젖산균의 생육이 촉진될 수 있다.

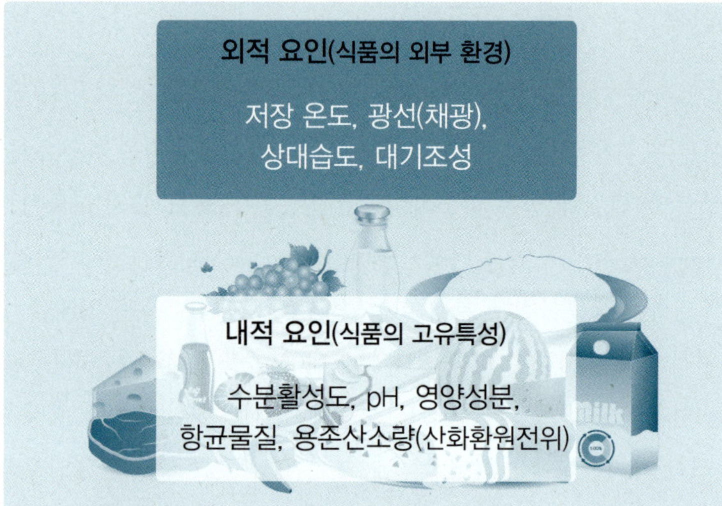

그림 8-11 식품에서 미생물 생육에 영향을 미치는 내적·외적 요인

- 중립관계: 미생물이 서로 상호작용이 없이 생육하거나 생존하는 것을 말한다. 서로 상호작용이 있더라도 생육이나 활동에 크게 영향이 없는 경우도 중립관계에 포함한다.
- 공동작용: 두 종류 이상의 미생물이 공존하면서 각 미생물이 가지지 않는 기능을 나타내는 경우를 말한다. 예를 들면 유제품에 *Pseudomonas syncyanea*는 담갈색을 나타내며, *Streptococcus lactis*는 색을 변화시키지 않지만 두 균이 공존하는 경우 청색을 나타낸다.
- 길항작용: 미생물이 생산하는 대사산물에 의해 다른 미생물의 생육이 억제되는 경우를 말한다. 예를 들어 식품에 효모가 생육하면 효모에 의해 생성된 알코올에 의하여 다른 곰팡이나 세균의 생육이 억제된다.
- 경합: 두 종류 이상의 미생물을 함께 배양하였을 때 영양분, 산소, 생활공간 등을 경쟁하여 차지함으로써 서로 불리한 영향을 받는 현상을 말한다.

7 외적 요인

외적 요인(외인성 인자)은 미생물의 생육에 영향을 줄 수 있는 식품을 유통·보관하는 외부환경의 조건을 말한다. 이러한 외적 요인은 온도, 상대습도, 대기 기체 조성 등을 포함한다.

1) 온도

다른 생물과 마찬가지로 미생물도 일정한 온도범위에서만 생육이나 증식이 가능하다. 또한 생육 가능한 온도 범위 및 최적생육온도는 미생물의 종류에 따라 차이가 있으며, 이러한 생육 가능 온도범위에 따라서 호냉균psychrophile, 저온균psychrotroph, 중온균mesophile, 고온균thermophile으로 구분할 수 있다.

- 호냉균: 0℃ 이하의 낮은 온도에서도 생육이 가능한 미생물로 주로 해수, 담수, 토양 등에 분포하며, 식품에는 흔히 존재하지 않으나 저온 저장식품에서 발견될 수 있다.
- 저온균: 생육을 위한 최적 온도는 중온이나 5℃ 이하의 냉장온도에서도 생육이 가능한 미생물이다. 또한 호냉균에 비하여 비교적 높은 온도(40℃)에서도 생육이 가능하다. 이 균은 냉장온도에서 생육이 가능하기 때문에 냉장식

표 8-8 생육온도에 따른 미생물의 분류

분류	생육온도(℃)*			비고	미생물 예
	최저	최적	최고		
호냉균 (psychrophile)	≤0	10~15	20	최적온도가 저온임	*Flavobacterium* spp., *Arthrobacter glacialis*
저온균 (psychrotroph)	0	20~30	42	최적온도가 중온이나 저온에서도 생육 가능	*Pseudomonas fluorescens*, *Listeria monocytogenes*
중온균 (mesophile)	10	28~43	52	대부분의 식품미생물	*Escherichia coli*, *Bacillus subtilis*
고온균 (thermophile)	30	50~85	80	생육의 범위가 매우 넓음	*Bacillus stearothermophilus*, *Thermococcus* spp.

*자료에 따라 약간의 차이가 있음

품의 부패에 관여하는 미생물로 식품에서 중요한 미생물 군 중 하나이다. 대표적인 미생물로 냉장식품의 부패에 관여하는 *Pseudomonas* 속과 식중독을 일으키는 병원성 미생물 *Listeria monocytogenes*, *Yersinia enterocolitica* 등이 있다. 이러한 병원성 미생물은 냉장온도에서도 생육이 가능하기 때문에 식품을 냉장 보관하는 동안에 충분한 농도로 자라서 식중독의 원인으로 작용할 수 있다. 저온균은 중온균에 비해 불포화지방산의 함량이 높아 낮은 온도에서도 세포막의 유동성을 유지할 수 있기 때문에 낮은 온도에서도 생육할 수 있는 것으로 알려졌다.

- 중온균: 자연계에 가장 널리 분포하는 종류로 대부분의 식품 부패 및 병원성 미생물이 여기에 포함된다. 이 균은 저온균처럼 냉장온도에서는 생육이 불가능하며, 대부분 37℃에서 가장 높은 성장을 보인다. 식품미생물 중에 몇몇 저온균과 고온균을 제외한 거의 모든 미생물이 여기에 포함되며, *Escherichia coli*를 비롯하여 *Salmonella*, *Staphylococcus aureus*, *Campylobacter* 속, *Vibrio* 속, *Bacillus cereus*, *Clostridium* 속 등 다양한 병원성 미생물도 여기에 속한다.
- 고온균: 저온균이나 중온균에 비해서 상대적으로 높은 온도에서 생육할 수 있는 미생물이다. 주로 생육을 위한 최적온도가 45℃ 이상인 미생물로 온천

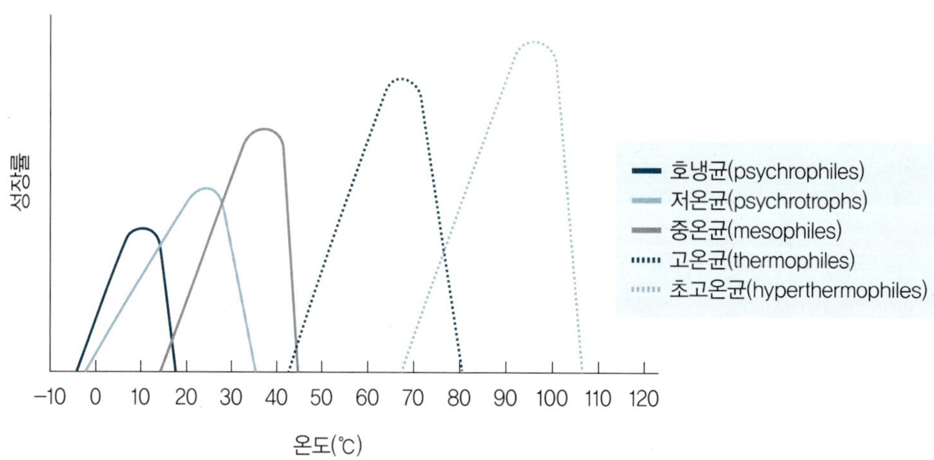

그림 8-12 각각 미생물 종의 생육 가능 온도범위 및 최적 온도

이나 열대 토양 등에 다수 분포한다. 식품에는 *Bacillus stearothermophilus*, *Clostridium thermosaccharolyticum*, *Desulfotomaculum nigrificans* 등의 몇몇 고온균이 가열 처리 혹은 통조림 식품의 부패에 관여하는 것으로 알려져 있다. 고온균은 세포막에 상대적으로 포화지방산의 함량이 높으며, 효소를 포함한 세포 단백질과 리보솜ribosome이 열에 안정하기 때문에 높은 온도에서도 생육할 수 있는 것으로 보인다.

대부분 미생물은 저온에서 생육이 저해되기 때문에 냉동이나 냉장 등 저온에 식품을 저장함으로써 식품의 저장성과 안전성을 높일 수 있다. 하지만 리스테리아*Listeria monocytogenes* 등과 같은 균은 냉장온도에서도 생육할 수 있는 저온균이므로 이에 대한 관리가 필요하다. 또한 가열 처리로도 대부분의 미생물을 사멸시킬 수 있으나 열에 내성을 가진 고온균의 경우 식품의 열처리 과정에서도 살아남아 식품을 부패시킬 수 있다.

2) 상대습도

식품을 저장하는 환경의 상대습도 또한 미생물의 생육에 영향을 줄 수 있다. 하지만 식품이 이미 충분히 높은 수분활성도를 가지고 있다면 상대습도의 영향을 거의 받지 않는다. 하지만 건조식품 등 식품이 매우 낮은 수분활성도를 가지고 있고, 외부 환경이 그에 비해 높은 상대습도를 가지고 있다면 식품이 환경으로부터 수분을 흡수하여 식품의 수분활성도를 높이고 식품에서 미생물 생육에 영향을 줄 수 있다. 따라서 건조식품의 경우, 외부의 높은 습도와 접촉하지 않도록 잘 밀봉하여 보관하는 것이 중요하다. 이러한 수분이 흡수된 건조식품에서는 비교적 낮은 수분활성도에서도 생육이 가능한 곰팡이와 효모가 가장 빠르게 증식할 수 있다.

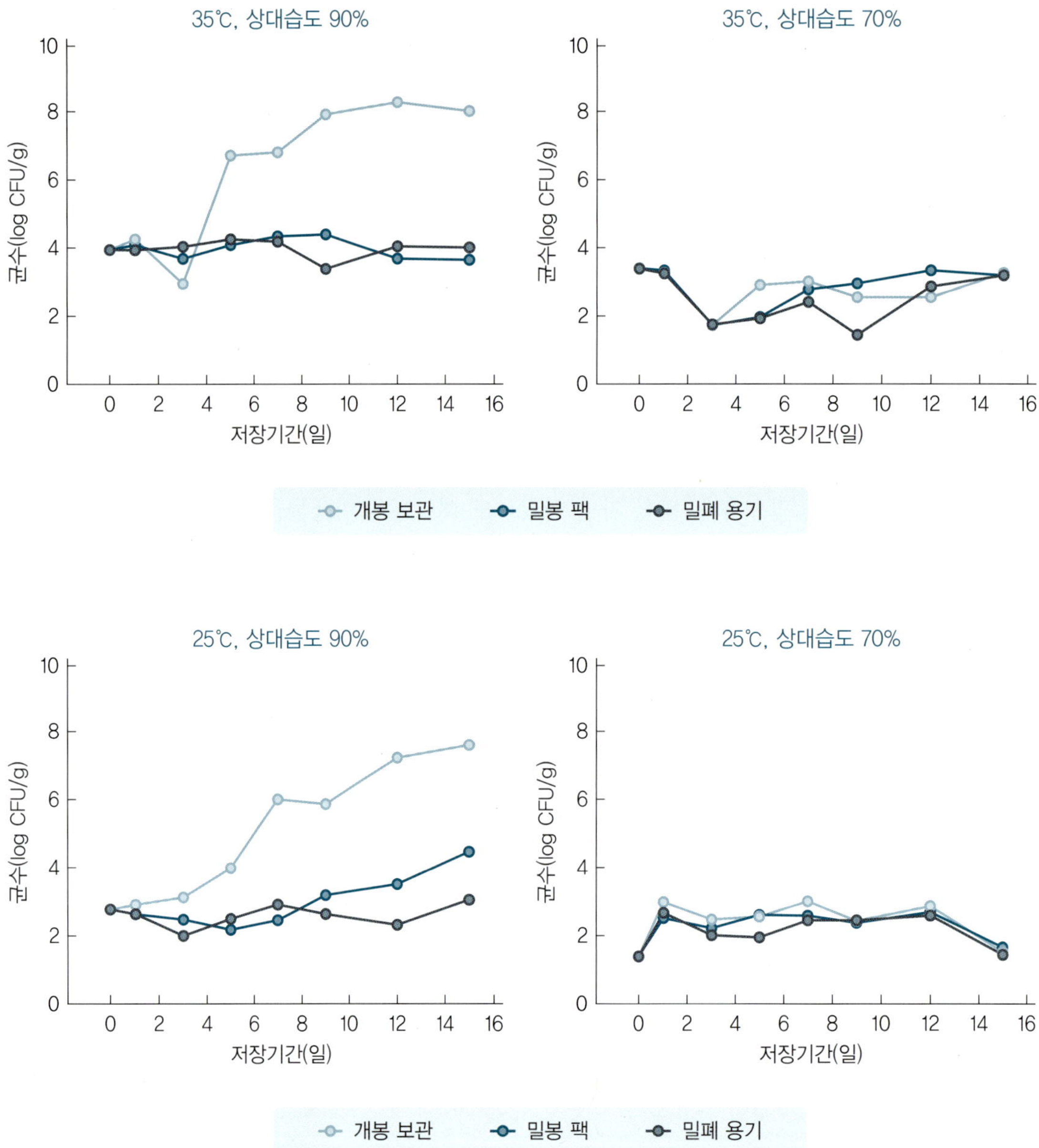

그림 8-13 다른 온도, 습도 환경에 저장된 건호박나물의 효모/곰팡이 생육

3) 대기 기체 조성

인간을 포함한 많은 생물은 살아남기 위해서 산소를 필요로 하지만, 미생물은 생육에 산소를 필요로 하는 그룹이 있는 반면, 산소가 없어도 생육이 가능한 그룹이 있다. 따라서 미생물 생육에 필요한 산소 요구도에 따라 호기성 혹은 혐기

산소에 의한 독성물질과 미생물의 산소유래 독성물질 제거 효소

세포가 산소를 흡수할 경우 여러 가지 세포에 독성을 가진 물질이 생산될 수 있으며, 미생물의 종류에 따라 이러한 산소에 의하여 발생되는 독성물질을 제거할 수 있는 효소를 생산할 수 있는 능력에 다르다. 따라서 미생물의 효소를 생산하는 능력에 따라 산소가 있는 환경에서 생육 여부가 결정된다.

산소에 의해 생산되는 독성물질

- superoxide(O_2^-)
- hyderogen peroxide(H_2O_2)
- hydroxyl free radical(OH^-)
- singlet oxygen($O_2 \cdot$)

산소 독성물질 제거 효소

- superoxide dismutase(SOD): $O_2^- + O_2^- + 2H^+ \rightarrow H_2O_2 + O_2$
- catalase: $H_2O_2 + H_2O_2 \rightarrow 2H_2O + O_2$
- peroxidase: $H_2O_2 + NADH + H^+ \rightarrow 2H_2O + NAD^+$

미생물 분류에 따른 산소 독성물질 제거 효소 생산 여부

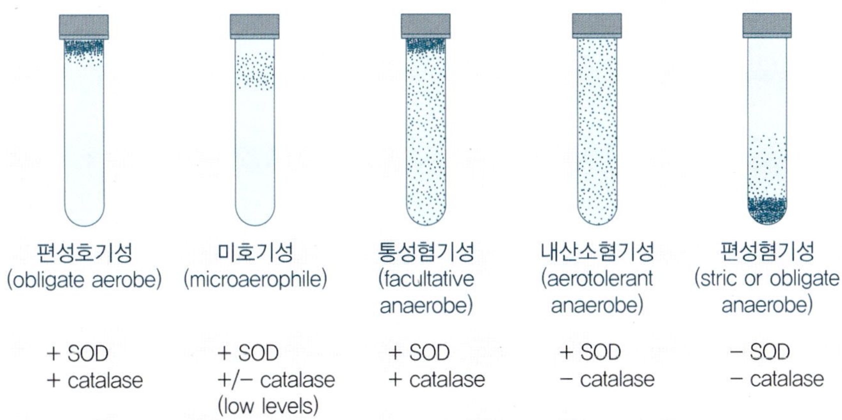

그림 8-14 미생물 분류에 따른 산소 독성물질 제거 효소 생산 여부

성 미생물로 분리될 수 있으며 더 구체적인 분류는 다음과 같다.

- 편성호기성obligate aerobes: 인간과 마찬가지로 생육에 필요한 에너지를 생산하기 위해 산소를 전자수용체로 사용하기 때문에 반드시 산소를 필요로 하는 미생물이다. 대부분의 곰팡이, 조류가 여기에 포함되며, 세균 중에서는 *Pseudomonas*, *Acetobacter*, *Bacillus* 속 등이 여기에 포함된다.
- 미호기성microaerophiles: 편성호기성 미생물처럼 생육을 위하여 반드시 산소가 있어야 하나 높은 농도의 산소(20%) 환경에서는 자랄 수 없으며, 약 1~10% 정도의 산소의 농도에서만 생육이 가능한 미생물이다. 대표적인 미생물로는 *Campylobacter* 속, *Helicobacter pylori* 등이 있다.
- 통성혐기성facultative anaerobes: 산소가 있거나 없는 환경 모두에서 생육이 가능한 미생물이다. 하지만 주로 호기적인 환경에서 에너지의 생산이 빠르기 때문에 더 빠른 속도로 생육이 가능하다. 식품미생물 중 *Saccharomyces cerevisiae*와 같은 효모와 *E. coli*, *Salmonella* 속, *Staphylococcus aureus*와 같은 대부분의 부패 및 병원성 세균, 젖산균lactic acid bacteria 등이 여기에 포함된다.
- 내산소혐기성aerotolerant anaerobes: 산소를 전자수용체로 사용하지 않기 때문에 혐기 환경에서 생육하는 혐기미생물이나 산소에 의한 독성에 내성이 있는 미생물로 어느 정도 산소가 있는 환경에서도 생육이 가능한 미생물이다. 그 예로는 *Clostridium perfringens*가 있다.
- 편성혐기성obligate anaerobes: 산소를 전자수용체로 사용하지 않을 뿐 아니라 산소에 의한 독성물질을 제거할 수 있는 효소를 생산하지 못하므로 산소가 없는 환경에서만 생육할 수 있는 미생물이다. 대표적인 예로는 *Clostridium botulinum*이 있으며, 이러한 혐기성 미생물은 통조림 등의 식품 부패와 관련한 식중독에 관여할 수 있다.

식품 내 미생물이 산소의 농도 및 유무에 따라서 생육이 달라지기 때문에 식품의 종류와 특성(산화-환원전위)에 따라서 생육할 수 있는 미생물의 종이 달라진다고 할 수 있다. 또한 가공이나 포장법 등을 활용하여 식품의 대기 기체 조성을 변화시키면 식품에서의 미생물 생육을 억제할 수 있다. 주로 산소가 있는 환경에

실험실에서 혐기성 미생물의 배양

일반적으로 대기에는 산소가 약 20% 정도 있으므로 미호기성 및 혐기성균을 배양하기 위해서는 그림 8-11과 같은 혐기 배양기(anaerobic jar)와 가스팩을 사용하여 주로 사용한다. 또한 실험실에서 혐기성균을 다룰 때도 산소가 있는 대기 환경에 장시간 노출 시 미생물이 사멸되거나 손상될 수 있으므로 혐기 실험대를 이용하여 미생물을 다루는 것이 안전하다.

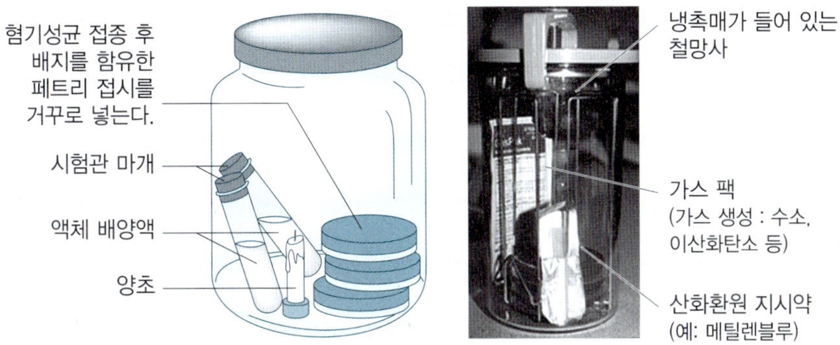

그림 8-15 혐기성 미생물 배양을 위한 혐기 배양기

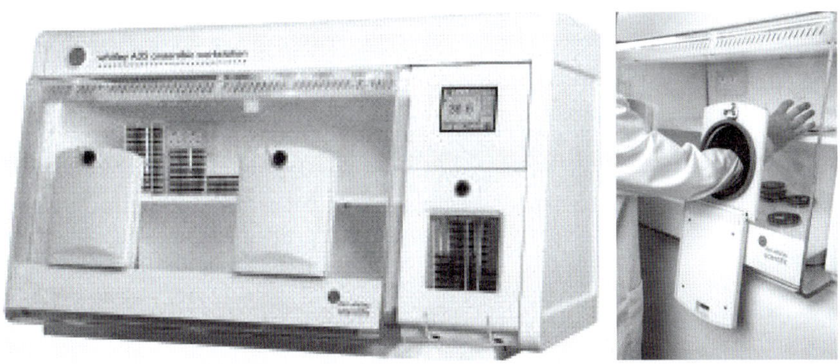

그림 8-16 혐기성 미생물 실험을 위한 혐기 실험대

서 많은 종류의 식품미생물이 빠르게 생육하기 때문에 진공 포장이나 이산화탄소나 질소가스를 치환하여 기체조절 포장modified atmosphere packaging, MAP법을 활용하여 미생물 생육을 저해하고 식품의 저장기간과 효과를 증가시킬 수 있다.

실험 8-1 평판배양법을 통한 미생물 정량 검사

1. 실험 원리 및 목적

식품의 미생물학적 품질 및 안전성을 예측하기 위해서 식품 중에 살아있는 미생물의 수를 측정하기 위해 배양법을 통해 미생물 정량실험방법을 학습한다. 그리고 고농도의 미생물이 존재하는 경우는 시료를 십진희석방법으로 희석하고 평판배양법을 통해 미생물 수를 산출하도록 한다.

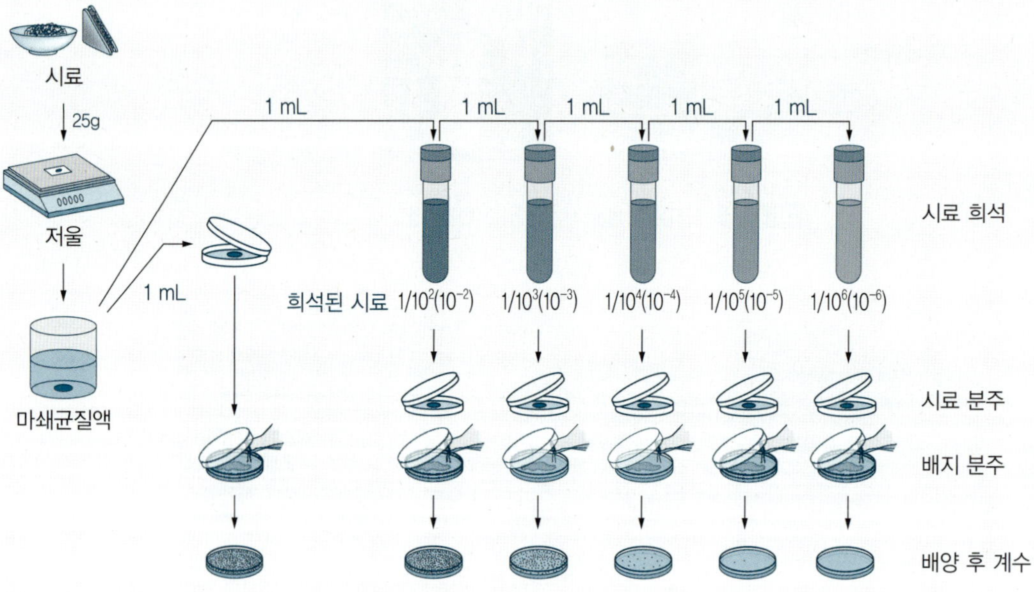

십진희석법과 평판배양법

2. 실험 재료 및 방법

실험재료

고압 멸균기/ 배양기/ 무균대/ 균질기(Stomacher, Homogenizer 또는 Mixer)/ 멸균 시료백/ 페트리디쉬/ 피펫 또는 분주기/ 집락계산기(colony counter)/ 항온조(water bath)/ 알코올 램프/ 캡튜브/ 시험관/ 배지병/시험관 랙(rack)/표준한천배지(PCA)/

희석용액(생리식염수)/ 증류수/ voltex/ 70% 에탄올/식품시료(분쇄육, 샌드위치, 생과일 주스, 생유 등)

실험방법

샘플의 채취 및 준비

미생물학적 검사를 위한 샘플은 미생물에 오염되지 않도록 단위포장상태 그대로 사용하거나 소분 채취할 경우에는 멸균된 기구·용기 등을 사용하여 무균적으로 행하여야 한다. 흔히 고체시료는 25 g을 무균적으로 채취하며, 식품의 표면이나 도구 검사를 위한 검체 채취는 식품공전 방법을 따른다.

평판배양법을 통한 미생물 수 측정 실험 절차

실험

시험관 희석액 준비하기

희석액은 생리식염수(0.85%)를 준비한다. 희석액은 뚜껑이 있는 시험관에 각 9 mL씩 5~6개를 준비한다. 121℃로 15분간 멸균하여 식혀서 준비한다.

샘플 균질화를 위한 희석액 준비하기(고체 시료 사용 시)

고체 샘플은 균질화 작업을 위해 고체 시료를 교반하기 위한 용액으로 생리식염수 등 희석액 225 mL 1병을 준비한다. 121℃로 15분간 멸균하여 식혀서 준비한다. 고체 샘플의 균질화 작업을 위해 균질기와 스토마커 사용시 멸균시료백을 준비한다.

PCA 배지(agar) 준비하기

1. 시판 PCA배지믹스를 활용하여 필요한 용량에 맞춰 배지믹스의 무게를 단다. (별도로 PCA 배지 제조를 하는 경우에는 배지 1L 제조 기준 Tryptone 5.0 g, Yeast Extract 2.5 g, Dextrose 1.0 g, Agar 15.0 g를 투입하고 증류수로 최종 1L 부피를 맞춤)
2. 준비한 플라스크 또는 유리병에 배지믹스를 담고, 원하는 양의 증류수를 첨가한다.
3. 교반기를 이용하여 가열하면서 아가와 배지믹스가 완전히 녹을 때까지 충분히 섞어준다.
4. 알루미늄 호일 또는 마개로 주둥이를 막은 후 멸균기(autoclave)에 넣고 121℃, 15분 이상 멸균처리 한다.
5. 멸균 후 배지를 항온조(water bath)에 넣어 45~50℃로 식힌다.

희석 및 평판배양하기

1. 샘플 25g을 무균적으로 채취하여 균질기(Stomacher, Homogenizer 또는 Mixer)에 샘플을 넣고 생리식염수를 225 mL를 넣어 2분간 교반하여 10^{-1} 샘플을 준비한다(stomacher를 사용하는 경우에는 stomacher bag을 사용한다). (생유와 같은 액상 식품인 경우는 균질화 단계를 생략하고 액상식품 원액을 10^{0} 샘플로 기재한다.)
2. 생리식염수 9 mL 용액이 들어있는 시험관을 각각 10^{-2}, 10^{-3}, 10^{-4}, 10^{-5}로 라벨링한다(생유와 같은 액상식품인 경우는 10^{-1}, 10^{-2}, 10^{-3}, 10^{-4}로 라벨링한다).
3. 1번의 교반이 완료된 시료 1 mL를 채취하여 10^{-2} 샘플시험관에 첨가한다. Voltex를 이용하여 진탕한다.
4. 3번의 교반이 완료된 10^{-2} 샘플시험관 시료 1 mL를 채취하여 10^{-3} 샘플시험관에 첨가한다. Voltex를 이용하여 진탕한다.
5. 4번의 교반이 완료된 10^{-3} 샘플시험관 시료 1 mL를 채취하여 10^{-4} 샘플시험관에 첨가한다. Voltex를 이용하여 진탕한다.

6. 5번의 교반이 완료된 10^{-4} 샘플시험관 시료 1 mL를 채취하여 10^{-5} 샘플시험관에 첨가한다. Voltex를 이용하여 진탕한다.
7. 샘플시험관별로 빈 페트리디쉬에 미리 샘플명을 라벨링한 후 1mL씩 취하여 페트리디쉬에 넣는다. 희석용액별로 2번 반복하여 희석시료별로 각각 2개의 페트리디쉬에 넣는다.
8. 7번에 PCA배지(항온조에 보관한 45~50℃)를 15~20 mL 씩 붓고 희석액과 PCA배지가 잘 섞이도록 천천히 배양접시를 돌려준다.
9. 그 상태로 굳혀 배지색깔이 탁해지고 굳은 후에 페트리디쉬를 뒤집어 배양기에 넣는다 (배지를 뒤집어 배양기에 넣어야 페트리디쉬 뚜껑에 응축수가 생기는 것을 방지).

3. 결과 확인

미생물 수 계산

일정시간 배양 후(24~48시간) PCA배지에서 30~300개 집락을 형성한 plate를 선별한다.
형성된 집락수에 희석배수를 곱하고 가한 희석액 주입시료의 mL수를 곱하여 생균수를 산출한다.

예를 들어, 10^{-2} 샘플(희석배수 100배)에서 시료 1 mL를 주입하여 배양한 plate에서 colony(집락수)를 31개를 세었다면 31(CFU) × 100(희석배수) × 1(mL) = 3100 CFU/mL로 산출한다.

식품공전의 일반세균수 계산방법

$$N = \frac{\Sigma C}{\{(1 \times n_1) + (0.1 \times n_2)\} \times (d)}$$

N : 식육 g 또는 mL당 세균 집락수
ΣC : 모든 평판에 계산된 집락수의 합
n_1 : 첫 번째 희석배수에서 계산에 적용된 평판 갯수
n_2 : 두 번째 희석배수에서 계산에 적용된 평판 갯수
d : 첫 번째 희석배수에서 계산된 평판의 희석배수

① 전 평판의 집락수가 15~300 CFU/plate인 경우*

구분	희석배수		CFU/g(mL)
	1:100	1:1,000	
집락수	232 244	33 28	24,000
	n_1 : 유효평판수 2개	n_2 : 유효평판수 2개	

$$N = \frac{(232+244+33+28)}{\{(1 \times 2)+(0.1 \times 2)\} \times (10^{-2})} = 537/0.022 = 24,409 = 24,000$$

② 전 평판의 집락수가 15 CFU/plate 미만인 경우(첫번째 희석배수의 평판만 계수함)

구분	희석배수		CFU/g(mL)
	1:10	1:100	
집락수	14 10	2 1	120
	n_1 : 유효평판수 2개	n_2 : 계수하지 않음	

$$N = \frac{(14+10)}{(1\times2)\times(10^{-1})} = 24/0.2 = 120$$

*미국 USDA의 경우 장내세균과 및 대장균 검출용 Petrifilm은 15부터 계수를 허용함

실험 8-2 미생물 생육곡선 그리기

1. 실험 원리 및 목적

미생물을 액체 배지에 배양하고 균체량의 변화를 분광광도계(spectrophotometer)를 활용하여 미생물의 생육곡선의 단계를 구분해본다. 단 분광광도계를 활용하는 경우 미생물의 생육 중 실시간으로 생육곡선의 단계를 쉽게 파악할 수 있다는 장점이 있으나 일단 균체가 형성되고 나면 생균과 사균을 구분하기는 어렵다. 세균의 농도가 증가함에 따라 흡광도가 비례하여 증가하는데, 흡광도를 실제의 세균수로 계산하기 위해서는 표준평판법을 병행하여야 한다. 분광광도계를 활용하면 정확한 균체수의 측정이 요구되지 않는 간단한 생육곡선을 그릴 때 유용하다.

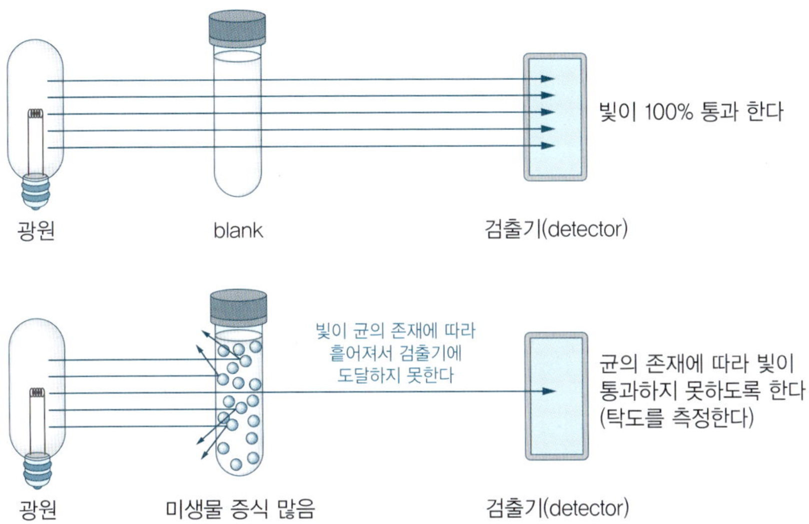

분광광도계 측정 원리

2. 실험 재료 및 방법

실험 재료

세균(*Bacillus subtilis* 혹은 *Escherichia coli*)/ 멸균된 nutrient broth(100 mL 및 10 mL)/ 분광광도계(spectrophotometer)/ Excel 프로그램/ 희석용액(멸균 식염수)/ 항온 진탕배양기/ PCA agar/ 배양기/ 피펫

실험 방법

1. 멸균 피펫으로 전날 배양한 배양액 1 mL를 취하여 100 mL의 nutrient broth에 접종한다.
2. 배양삼각플라스크를 37℃로 진탕배양한다.
3. 삼각플라스크 배양액을 3~4 mL를 큐벳에 넣어 spectrophotometer의 OD를 600 nm에서 측정한다. 멸균된 배양액(접종하지 않은 nutrient broth) blank로 설정하고 30분 혹은 1시간 간격으로 OD값을 측정한다. OD값이 0.8을 넘는 경우에는 0~0.8 사이에 OD값이 나타나도록 샘플을 희석용액(nutrient broth 혹은 생리식염수 등)으로 희석한 다음 OD값을 잰 후 희석배수를 곱하여 OD값을 기록한다.
4. Standard curve 작성에 참고가 되기 위해서 시간별로 각 배양액으로부터 샘플을 취하여 적절하게 희석하여 표준평판배지법을 활용하여 균수를 측정한다.
   ※ 각 샘플별로 OD값에 상용로그를 취하여 시간(x축)과 log 균수(y축)에 대한 Semi-log 그래프를 그려서 활용할 수 있다(엑셀프로그램 등을 활용한다).
5. 미리 만들어 둔 표준평판배지법에서 나타난 균수와 OD측정값을 각각 standard curve로 작성하도록 한다.

미생물 배양 시간별 OD값 변화

시간(분)	OD값(희석배수 적용 후)	생균수(CFU/mL)
0	0.001	
30	0.001	
60	0.004	
90	0.024	
120	…	
150	…	
180	…	
210	…	
240	…	
270	…	
300	…	
…	…	

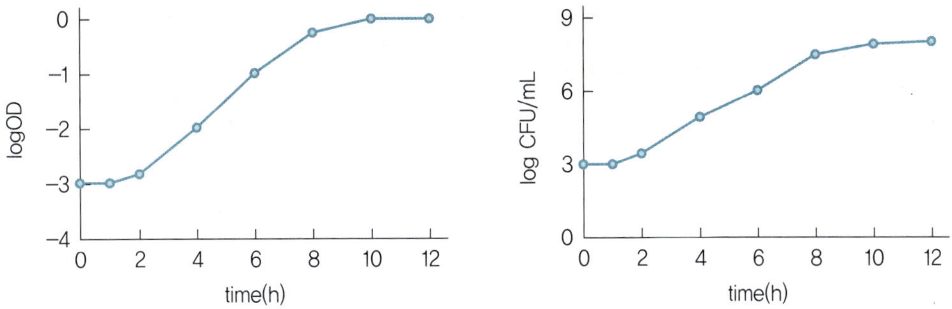

미생물 생육곡선 비교 (OD값 측정과 생균수)

FOOD MICROBIOLOGY • chapter 9

미생물 제어법

1. 물리적 제어법
2. 화학적 제어법

학습목표

1. 식품에 존재하는 미생물 수를 감소시킬 수 있는 미생물 제어법의 종류를 알아본다.
2. 물리적 제어법의 원리와 장단점에 대하여 이해한다.
3. 화학적 제어법의 원리와 장단점에 대하여 이해한다.

식품에 존재하는 미생물은 식품의 부패에 관여할 수 있으며, 몇몇 병원성 세균은 식품 섭취 후 식중독의 원인이 될 수 있다. 따라서 식품에 내재하는 미생물의 생육을 억제하거나 그 양을 감소시키면 식품의 신선도를 유지할 수 있다. 제어법(제어기술)은 부패를 방지할 뿐만 아니라 식중독을 예방하는 데 매우 중요하다. 오래전부터 식품에서의 미생물 생육을 억제하여 식품의 저장성을 증가시키기 위한 여러 제어법(제어기술)이 이용되었다. 이러한 전통적 제어법에는 열처리, 저온저장, 발효, 절임(염장, 당장), 건조, 화학적 보존제 등을 들 수 있으며, 이러한 제어법은 식품에서 단독 혹은 결합된 형태로 처리되었다. 하지만 최근 전통적 제어법에 대한 여러 병원성 미생물의 저항성이 보고되었으며, 처리 후 식품의 신선도 및 품질에 대한 소비자의 요구가 증가하면서 식품의 신선도를 유지하면서 식품에서의 부패 및 병원성 미생물을 효과적으로 살균할 수 있는 다양한 미생물 제어법이 개발되고 있다.

식품에서 미생물 제어법은 크게 물리적 제어법과 화학적 제어법으로 구분한다. 다시 물리적 제어법은 열을 이용하는 열처리 기술과 비열처리 기술로, 화학적 제어법은 화학적 항균물질과 자연항균물질을 이용하는 방법으로 구분할 수 있다.

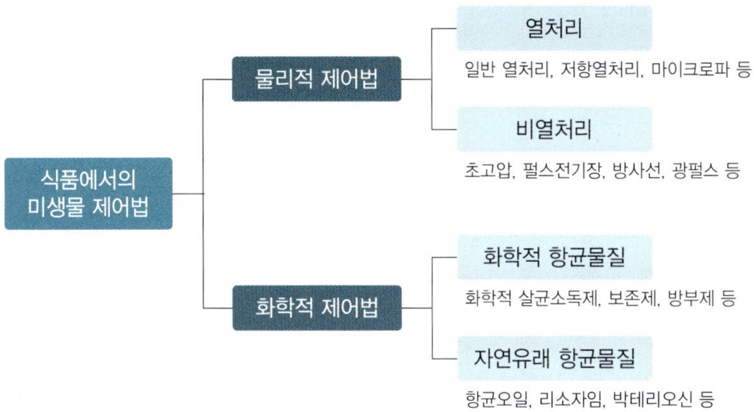

그림 9-1 식품에서의 미생물 제어법 종류

1 물리적 제어법

식품에서 미생물 제어를 위한 물리적 제어법(제어 또는 처리 기술)은 크게 열을 이용하는 열처리법thermal treatment과 비열처리법non-thermal treatment로 구분된다. 열처리법은 전통적인 열처리 기술과 저항열처리ohmic heating이나 마이크로파microwave 등과 같은 새로운 열처리 기술을 포함하며, 비열처리법은 열을 사용하지 않는 물리적 처리기술로써 초고압 처리high pressure processing, 펄스전기장pulsed electric field, 방사선 처리irradiation, 광펄스pulsed light 등이 알려져 있다.

1) 열처리법

열처리법은 식품에 열을 가하여 식품에 있는 미생물을 제어하는 기술로 가장 오래되고 현재까지도 가장 효과적인 식품 보존방법이다. 열처리로써 식품 내의 미생물 양을 저해시키는 정도에 따라 살균pasteurization과 멸균sterilization으로 구분하며, 사용하는 가열 온도에 따라서 고온살균과 저온살균으로 구분할 수 있다. 살균은 멸균에 비해 상대적으로 낮은 온도 또는 단시간에 처리하기 때문에 식품에 존재하는 미생물의 양을 감소시키나 모두 사멸시키는 것이 아니다. 따라서 살균처리 후에도 저장기간에 살아 있는 미생물이 생육하여 식품의 부패가 발생한다. 따라서 살균처리한 식품은 미생물의 생육을 억제하기 위해서 처리 후에도 냉장보관 등 저온보관이 필요하다. 또한 낮은 열처리 온도를 사용하기 때문에 미생물의 포자를 억제할 수 없다. 반면 멸균은 100℃ 이상 높은 온도에서 장시간(예: 121℃, 15분) 열처리를 하여 식품에 있는 포자를 포함한 모든 미생물을 사멸시키기 때문에 처리 후 저장기간에 미생물 생육이 일어나지 않아 식품을 상온에서도 장기간 보관할 수 있다.

식품에서 열처리에 의한 살균이나 멸균을 응용 시 열처리에 대한 지표미생물의 저해효과 및 사용온도와 시간 등을 설정하기 위하여 열처리에 대한 미생물 사멸효과에 대한 평가가 필요하다. 이를 위하여 양적 표시단위인 D값D-value, decimal reduction time과 Z값Z-value을 주로 사용한다. D값은 '주어진 온도(하나의 온도)에서 미생물 또는 포자를 90%(1 log) 감소시키는 데 걸리는 시간'으로서 시간을 의미하므로 단위는 초, 분 등의 시간단위가 된다. 그림 9-2에서 볼 수 있듯

표 9-1 식품의 살균과 멸균의 차이점과 대표적인 예

	살균(pasteurization)	멸균(sterilization)
정의	세균, 효모, 곰팡이 등 미생물의 영양세포를 사멸시키는 것(또는 미생물 수를 감소시키는 것)	미생물의 영양세포 및 포자를 사멸시켜 무균 상태로 만드는 것
사용온도	상대적으로 낮은 온도(주로 100℃ 이하)	높은 온도(100℃ 이상)
장점	• 식품의 저장기간 연장 • 멸균에 비해 상대적으로 식품의 맛이나 질 보존 가능	• 식품의 저장기간을 크게 연장(상온 저장 가능) • 미생물 포자까지 완전 사멸
단점	• 미생물 포자를 제어하지 못함 • 열에 저항성 있는 효소나 독소를 분해하지 못함 • 처리 후 저온저장 필요	• 식품의 질적 저하가 심함
예	살균우유 • 저온살균: 63–65℃, 30분 (LTLT)* • 고온살균: 72–75℃, 15초(HTST)*	• 통조림: 121℃, 15분 • 멸균우유: 80~85℃, 5~6분 + 135~150℃, 0.5~4초(UHT)*

*LTLT(low temperature/long time): 저온살균법
HTST(high temperature/short time): 고온살균법
UHT(ultra-high temperature): 초고온살균(멸균)법

> **통조림의 역사**
>
> - 1804년 니콜라 아페르(Nicolas appert)가 최초로 병조림 개발: 병 속에 음식을 넣고 코르크로 막은 뒤 가열하고 양초로 밀봉하는 진공포장 기술 개발
> - 1810년 영국의 피터 듀란드(Peter Durand)가 통조림을 개발
> - 1813년 브리언 도킨(Bryan Dorkin)과 존 홀(John Hall)이 영국에 최초의 상용 통조림 공장 설립

이 처리시간(X축)과 log 균수(Log CFU/g or mL)(Y축)의 그래프에서 Y축 log 균수 1이 감소하는 데 걸리는 시간이 D값이 된다. D값은 주어진 온도에서 미생물을 1 log 감소시키는 데 걸리는 시간을 의미하므로 동일 온도에서 D값이 크면 클수록 미생물의 사멸에 긴 시간이 소요된다는 의미로 열에 저항성이 높음을 의미한다. 반면 미생물은 높은 온도에서 열처리 시 사멸이 쉽게 일어나므로 온도가 높아질수록 D값은 감소하게 된다.

반면 Z값은 D값을 1 log 변화시키는 데 요구되는 열처리 온도로 단위는 온도의 단위인 섭씨도(℃)가 된다. Z값은 그림 9-4에서 볼 수 있듯이 처리온도(X축)과

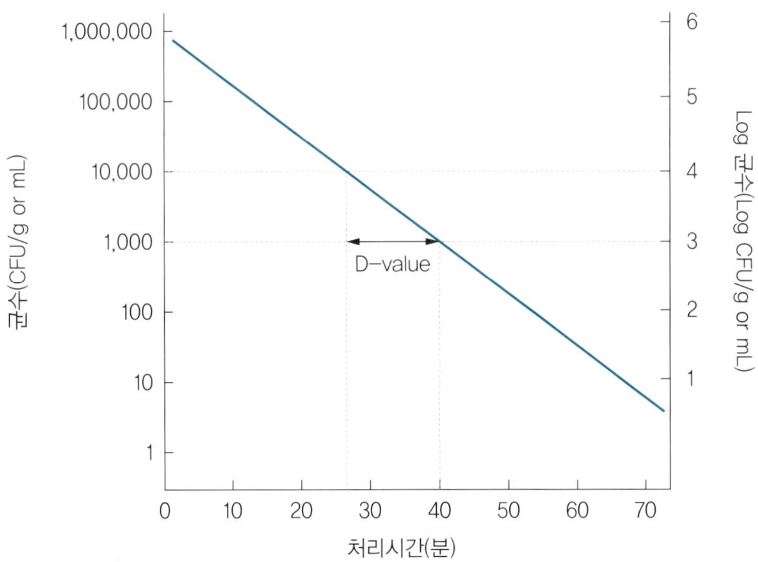

그림 9-2 한 온도에서 미생물의 생존곡선과 D값 구하기

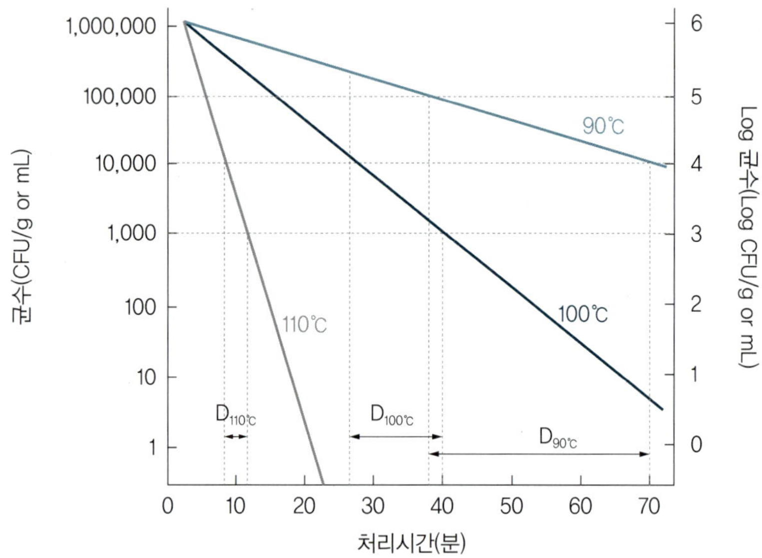

그림 9-3 여러 온도에서 미생물의 생존곡선과 D값의 차이

log D값(Y축)의 그래프에서 Y축 log D값을 1 감소시키는 데 필요한 온도의 차이이다. 이를 반대로 설명하면 Z값의 온도에 따라 Z값에 해당하는 온도를 높이면

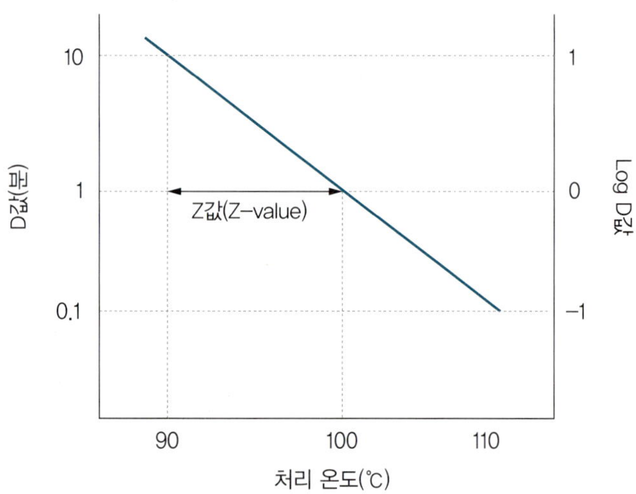

그림 9-4 온도별 D값 변화 그래프와 Z값 구하기

D값은 10배가 감소하므로 동일한 양의 미생물 균수를 사멸시키는 데 10배의 시간을 감소시킬 수 있다는 의미와 같다.

식품의 멸균기술로는 통조림canning뿐만 아니라 최근 무균공정aseptic processing이 이용되고 있다. 기존의 통조림 생산법은 용기에 식품을 넣은 후 밀봉한 뒤에

미생물의 D값과 Z값 구하기

우유에 대장균을 각 온도에 따라 처리했을 때 미생물 수가 다음과 같이 나타났다. 대장균의 각 온도의 D값과 Z값을 구하라.

표 9-2 대장균 균수(단위: log CFU/mL)

열처리 시간(분)	열처리 온도		
	40℃	50℃	60℃
0	10	10	10
5	9.9	9	0
10	9.8	8	–
20	9.6	6	–
30	9.4	4	–
40	9.2	2	–
50	9	0	–

풀이: D값을 구하기 위해 열처리 시간(X축)에 따른 $\log_{10}$ 균수(Y축) 그래프를 그린다.

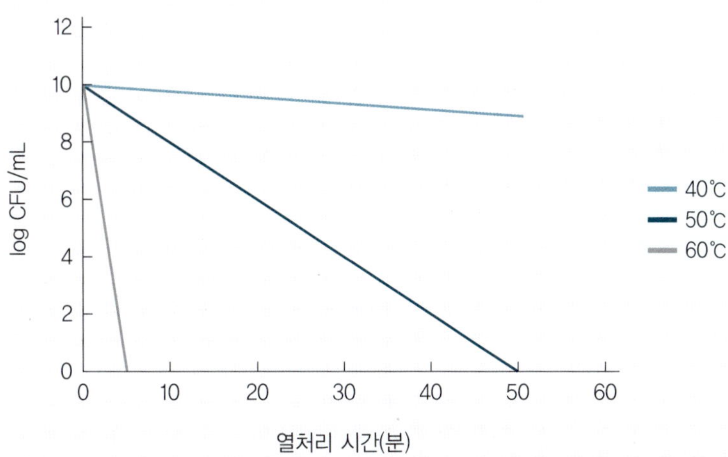

그림으로부터 Y축 균수를 1 log 감소시키는 열처리 시간을 구하면

$D_{40℃}$ = 50분

$D_{50℃}$ = 5분

$D_{60℃}$ = 0.5분(30초)

위의 자료를 바탕으로 열처리 온도(X축)에 따른 Log_{10} D값(Y축)의 그래프를 그린다.

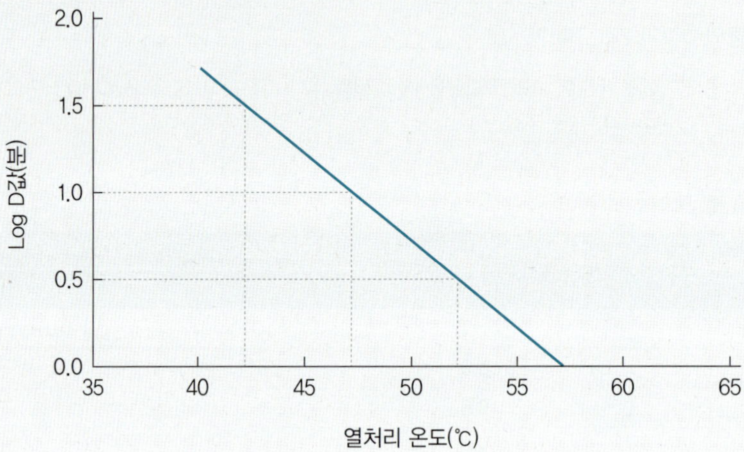

그림으로부터 Y축 D값을 1 log 감소시키는 열처리 온도의 차를 구하면

Z = 10℃

멸균하여 생산을 하는 반면, 무균공정은 식품을 따로 살균 혹은 멸균하고 미리 멸균(살균)해둔 포장용기에 무균환경에서 식품을 충진하고 밀봉하여 저장성을 연장시키는 것이다. 이러한 무균공정은 식품을 초고온살균법UHT를 사용하여 식품의 품질을 향상시킬 수 있으며, 열에 민감한 포장지나 종이 등을 사용할 수 있는 장점을 가지고 있다.

또한 기존의 전통적 열처리 방법 이외에도 최근에는 새로운 열처리 기술로서 저항열처리ohmic heating나 마이크로파microwave 등이 개발, 사용되고 있다. 저항열처리는 전도체를 이용해 식품 내로 교차전류가 흐르도록 하여 식품의 전기저항 효과를 이용하여 열을 발생시키는 방법이다. 마이크로파는 전기 자기장의 파장을 이용하여 식품에 열을 주는 방식으로 식품에 포함되어 있는 수분 분자가

양극성(쌍극자) 특성으로 인하여 높은 파장에 의해서 빠르게 진동하여 열을 발생시킨다. 이러한 저항 열처리나 마이크로파는 기존의 전통적인 열처리 방법에 비해 식품의 온도를 신속하게 높임으로써 식품 내 미생물을 더욱 효과적으로 제어할 수 있으며, 처리 후 식품의 품질과 영양을 향상시킬 수 있는 장점이 있다. 하지만 저항 열처리는 균일한 열처리에 비해 전도성을 가진 식품에만 처리가 가능하다는 단점이 있으며, 마이크로파는 경제성과 효율성이 높은 반면 균일하지 않은 열처리가 된다는 단점으로 현재까지 산업적인 응용에 제한적이다.

2) 비열처리법

식품의 미생물 제어기술로서 열을 사용하지 않는 물리적 처리법인 비열처리법non-thermal treatment은 열처리나 화학적 처리법에 비해 비교적 최근에 개발되었으며, 그 종류로는 초고압 처리high pressure processing, 펄스전기장pulsed electric field, 방사선 처리irradiation, 광펄스pulsed light 등이 있다. 이러한 비열처리법은 열처리에서 나타나는 열에 의한 식품의 품질 저하를 현저히 감소시킬 수 있으며, 기존의 열처리에 내성이 생긴 병원성 미생물을 효과적으로 제어할 수 있다. 반면 대부분의 비열처리법은 처리 시 고가의 장비나 장치가 필요하다는 단점이 있으며, 몇몇 식품은 형태에 따라 제한적으로만 사용이 가능하다.

(1) 초고압 처리법

초고압 처리법high pressure processing, HPP은 이외에도 ultra high pressureUHP, high hydrostatic pressureHHP 등으로 불리며, 높은 압력으로 식품 내 미생물을 살균하는 기술이다. 오래전부터 우유의 미생물에 의한 부패를 방지하기 위해 이용된 바가 있으며, 최근 유럽이나 일본, 미국에서 액체 혹은 고체식품의 살균에 이미 적용되고 있다. 주로 100~800 MPa(약 1000~8000기압)의 높은 압력을 사용하며 고압만을 사용하거나 또는 열처리 등과 결합하여 사용될 수 있다. 초고압처리법은 처리 후 식품의 신선도, 색, 향미, 맛 등의 관능적인 품질을 유지할 수 있으며,

식품의 모양과 크기에 상관없이 균일하게 처리할 수 있다는 장점이 있다.

(2) 펄스전기장

펄스전기장pulsed electric field, PEF은 두 개의 전극을 이용하여 높은 볼트의 전기장(일반적으로 20~80 kV/cm^2)을 만들어 식품을 살균하는 처리법이다. 식품의 관능적·물리적 변화를 최소화할 수 있는 방법으로 주로 전기에 의한 높은 볼트의 충격으로 세포막 안과 밖의 전위차에 의한 세포막 파손이 일어나기 때문에 미생물이 사멸되는 것으로 알려졌다. 주로 과일주스, 우유, 액상 달걀 등 액체식품의 살균에 부분적으로 이용되고 있다.

(3) 방사선 처리

식품의 방사선 조사(이온화살균법)는 방사선 동위원소 또는 기계로부터 배출되

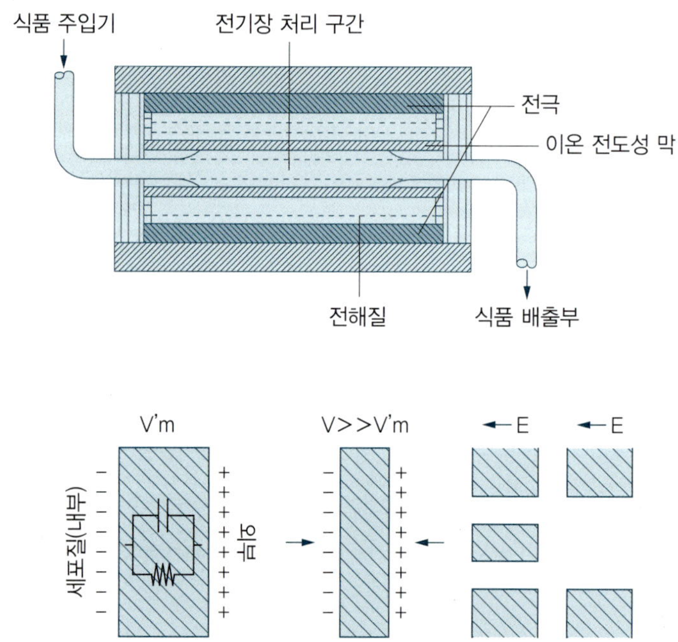

그림 9-5 펄스전기장 처리기 모식도

는 알파(α), 베타(β), 감마(γ), 전자, 그리고 X선 등을 포함하는 이온화 방사선처리irradiation or ionizing irradiation를 말하며, 식품 살균 등의 목적으로는 주로 감마선과 전자선을 사용하고 있다. 방사선 조사(처리) 기술은 미생물 사멸효과가 크고, 식품의 포장 유무와 상관없이 대량으로 처리할 수 있다는 장점이 있다. 미생물 사멸효과가 크기 때문에 우주식품, 영유아 제품, 환자식 등 멸균이 필요한 식품에 다수 활용되고 있으며, 또한 건조분말식품처럼 미생물 살균 처리가 용이하지 않은 식품에도 사용되고 있다. 방사선 처리는 조사 대상물의 열상승이 적고cold sterilization 대량 처리가 가능하며 포장 상태에서 조사해도 될 만큼 침투성이 좋다. 또한 방사선 처리는 살균, 발아중지, 살란, 살충 효과가 있다. 열처리에 비해 식품의 관능적 품질에 대한 효과가 적으나 몇몇 민감 식품에서는 처리 후 관능적인 변화가 일어날 수도 있다. 국가적으로 방사선 조사가 가능한 식품과 처리 선량에 대한 기준이 있으며, 현재 세계 53개국 234기의 시설에서 향신료, 건조채소류, 근채류, 가금류 등 약 250여 종의 식품군에 적용이 허가되어 사용되고 있다.

방사선 처리 식품에 대한 안전성에 대하여 아직까지 의견이 분분하지만 오랜 기간 처리 식품의 안전성에 대한 연구결과에서는 적절한 수준의 방사선을 처리한 식품은 안전하다는 평가를 내리고 있다. 일반적으로 200nm 이하의 파장을 방사선이라고 한다.

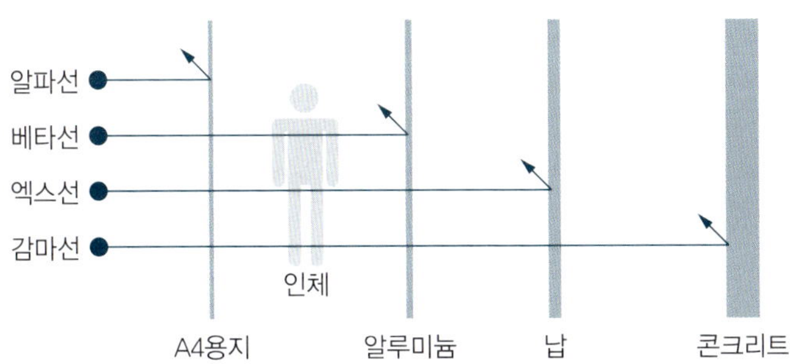

그림 9-6 방사선의 종류와 파장 및 투과성

표 9-3 방사선 처리 식품과 처리 용량의 예

지역	국가	식품	처리선량 (kGy)
북·중남미	미국	돼지고기	1.0
		가금류	3.0
	캐나다	감자	0.1
		향신료	10.0
	브라질	딸기	3.0
		생선	2.2
유럽	프랑스	까망베르 치즈	3.5
		달걀 흰자	4.0
	네덜란드	개구리 다리	5.0
		건조과일	1.0
	영국	뿌리 식품	0.2
		조개	3.0
아시아·아프리카	중국	마늘	0.1
		쌀	1.0
	대만	망고	1.0
		소시지	4.0
	남아프리카공화국	아보카도	3.0
		과일주스	3.0

식품의 방사능 오염과 방사선 조사(처리)

1. 방사능 vs. 방사선

- 방사능(radioactivity): 정성적으로 방사성 물질이 방사선을 내는 강도를 뜻하며, 정량적으로는 방사성 물질에 들어 있는 불안정한 핵의 양을 말함. 1초에 하나의 방사선이 일어나는 방사능의 세기를 1 Bq(becquerel, 베크렐)이라고 하고, 방사선이 노출되었을 때 얼마나 손상을 입을 것인가를 나타내는 유효선량을 Sv(시버트)라고 표시한다.
- 방사선(radioactive rays): 방사능을 가진 원자에서 발생하는 빛 또는 물질 또는 에너지가 높아 불안한 물질이 안정된 상태를 찾기 위해 방출하는 에너지의 흐름을 말함. 방사선의 에너지를 나타내는 단위로 Gy(gray, 그레이)를 사용하며 1 Gy는 식품 1 kg당 흡수한 에너지량이 1줄(joule)일 때를 말함. 감마선 등 방사선 조사에서의 에너지 흡수량은 주로 kGy로 표시한다.

2. 방사능 오염식품 vs. 방사선 조사식품

- 방사능 오염식품: 일본 대지진으로 인한 후쿠시마현 원자력발전소 등에서 누출된 방사능이나 핵실험에서 발생된 방사능 물질(세슘, 스트론튬, 요오드 등)에 의해 비의도적으로 방사능 물질에 오

염된 식품

• 방사선 조사식품: 식품 내 미생물을 살균하거나 숙도 지연, 기생충 및 해충의 살균을 위하여 방사선이 처리된 식품

그림 9-7 방사능 물질 위험성 표시와 방사선 조사식품의 국제 마크

(4) 광펄스

광펄스pulsed light는 넓은 스펙트럼 백색광의 강하고 짧은 파의 충격을 이용한 식품 보존법으로 적외선infrared, IR에서 자외선ultraviolet, UV까지의 분광을 포함한다. 하지만 파장이 짧은 자외선을 주로 이용하며, 자외선은 다시 파장의 크기에 따라 UV-A(315~400 nm), UV-B(280~315 nm), UV-C(200~280 nm) 등으로 구분하는데 이 중에서 세포의 DNA에 가장 손상을 잘 일으키는 260 nm(약 2600 Å) 파장이 포함된 UV-C가 가장 많이 활용되고 있다. 즉 DNA인 핵산의 흡수대가 260~265 nm에서 최대 살균력을 가진다. UV-C는 세균, 효모, 곰팡이, 바이러스 등 공

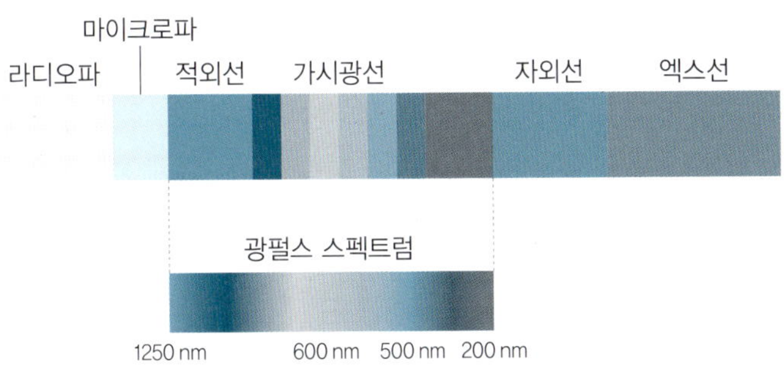

그림 9-8 광펄스 스펙트럼의 범위

기 및 표면 미생물에 대하여 강한 살균력을 가지고 있으므로 식품제조 용수, 생수, 음료 등의 살균 및 식품가공 기계기구의 표면살균, 시설 내 공기 살균, 폐수 살균처리 등에 널리 활용되고 있다. 또한 소형의 자외선 살균소독기는 단체급식 및 외식업체의 컵, 식기, 도마, 고무장갑, 앞치마 등의 살균소독에 이용되고 있다.

광펄스는 높은 살균력을 가지고 있지만, 표면이나 투명한 액체에서만 효과가 있다는 단점을 가지고 있으며, 최근에는 열처리 등과 결합하여 처리하는 경우 더 높은 살균력을 나타내는 것으로 보고되었다.

2 화학적 제어법

식품에 존재하는 미생물을 제어하기 위하여 다양한 종류의 항균물질이 사용되고 있다. 이러한 항균물질은 그 유래에 따라 화학적 항균물질과 자연성분으로 구성된 자연유래 항균물질로 구분된다. 식품에 사용되는 항균물질은 그 목적에 따라 살균소독제disinfectants or sanitizer, 방부제antiseptic, 보존제preservative 등이 있다.

1) 화학적 항균물질

식품에 미생물을 제어하기 위한 화학적 항균물질로 표면에 있는 미생물의 살균소독을 위한 화학적 살균소독제와 미생물의 생육을 억제하여 유통기간을 연장시키려는 보존제가 대표적이다. 이 중에서 화학적 살균소독제는 식품에 사용할 경우 식품첨가물로 분류하는데, 식품 및 식품가공 기구, 기기 등에 사용할 수 있는 살균소독제는 식품첨가물공전에 기재되어 철저하게 관리되고 있다. 식품첨가물공전의 살균 및 소독용도 물질의 종류 중 기구 등의 한시적 인정 대상은 염소chlorine, Cl_2, 차아염소산나트륨sodium hypochlorite, NaClO, 이산화염소chlorine, ClO_2, 과산화수소hydrogen peroxide, 이염화이소시아눌산나트륨sodium dichloroisocyanurate, 자몽종자추출물grapefruit seed extract, 주정, 유기산(초산, 젖산, 프로피온산, 소르브산,

표 9-4 식품첨가물공전에 수록된 국내 식품의 살균 및 소독에 사용되는 항균물질의 예

살균소독제	제한
염소(chlorine)	케이크류 및 카스텔라 제조용 소맥분에만 사용 (2.5 g/kg 이하)
차아염소산나트륨(sodium hydrochloride)	차아염소산나트륨 및 이를 함유하는 제제는 참깨에 사용하여서는 안 됨
이산화염소(chlorine dioxide)	케이크류 및 카스텔라 제조용 소맥분에만 사용 (30 mg/kg 이하)
과산화수소(hydrogen peroxide)	최종 제품 완성 전 분해 또는 제거
이염화이소시아놀산나트륨 (sodium dichloroisocyanurate)	
자몽종자추출물(grapefruit seed extract)	
주정	
유기산(초산, 젖산, 프로피온산, 소르빈산, 벤조산)	
산화칼슘(calcium oxide)	
오존(ozone)	

벤조산), 산화칼슘calcium oxide, 오존ozone 등이 있다. 하지만 주로 염소, 요오드 등의 할로겐계, 4급 암모늄계, 음이온계 등 계면활성제, 과산화수소, 과산화초산 등 산소계, 알코올계 등이 일반적이며, 이 중에서도 가격이 저렴하고 사용이 용이한 무기염소계인 차아염소산나트륨(락스 성분)이 가장 널리 사용되고 있다.

식품의 보존제는 식품의 미생물에 의한 부패를 방지할 목적으로 식품에 첨가되는 물질로서 식품의 미생물을 생육을 억제하는 데 효과가 있지만 식품의 관능적 품질에는 영향을 주지 않는 화합물을 말한다. 식품에서 주로 사용되는 대표적인 보존제로는 데히드로초산, 소르브산칼륨, 소르브산칼슘, 안식향산나트륨, 안식향산칼륨, 안식향산칼슘, 파라옥시안식향산메틸, 파라옥시안식향산프로필, 프로피온산나트륨, 프로피온산칼슘 등이 있다.

2) 자연유래 항균물질

최근 화학적 항균물질 사용에 대한 소비자의 우려와 기피가 많아지면서 자연에서 유래한 독성이 없는 항균물질에 한층 관심이 높아지고 있다. 이에 자연유

표 9-5 식품의 보존제의 종류와 사용식품 예

첨가물명	사용식품 예
소르브산, 소르브산칼륨	어육제품, 단무지, 간장, 케첩, 발효유, 유산균 음료, 곡류 가공품(팥앙금 등), 치즈, 된장, 잼, 해조류의 절임제품, 어패류 가공 건제품(오징어채, 진미포 등)
데히드로초산, 데히드로나트륨	치즈, 버터, 마가린
프로피온산, 프로피온산칼슘, 프로피온산나트륨	치즈, 빵, 과자, 초콜릿
벤조산나트륨	마가린, 잼, 과일 통조림주스류
소르브산, 소르브산염	치즈
아질산나트륨	육류
안식향산, 안식향산칼슘, 안식향산나트륨 파라옥시안식향산에틸, 파라옥시안식향산부틸, 파라옥시안식향상프로필	간장, 화장품, 청량음료, 드링크류, 과일(과채의 표피), 식초

래 항균물질에 대한 연구가 최근 증가하고 있으며, 자연유래 항균물질은 그 유래에 따라서 식물유래, 동물유래, 미생물유래 항균물질로 구분할 수 있다.

식물유래 항균물질은 마늘·양파 등과 같은 파속 식물에 포함된 페놀화합물, 겨자·브로콜리·배추 등에 포함되어 있는 티오시안산염thiocyanate, 녹차·로즈마리·계피 등의 식물성 오일essential oil 등을 포함한다. 반면 동물유래 항균물질은 모유 등에 포함되어 있는 락토페린lactoferrin, 락토페록시다제lactoperoxidase, 트랜스페린transferrin이나 달걀에서 발견되는 오보플라보단백질ovoflavoprotein, 리소자임lysozyme, 아비딘avidin 등이 있다. 미생물 유래 항균물질은 대표적으로 박테리오신bacteriocin이 있으며 박테리오신은 세균이 내는 항균성 단백질 혹은 펩티드로써 주로 젖산균에 의해서 생산되는 여러 박테리오신이 알려져 있다. 그중 *Lactococcus lactis*가 생산하는 니신nisin이라는 박테리오신이 현재 미국에서 허가되어 치즈, 육류, 음료 등에 부패 혹은 병원성 미생물의 제어를 위해서 사용되고 있다.

실험

실험 9 미생물 열저항성인자 D값 산출하기

1. 실험 원리 및 목적

미생물의 열저항성 인자인 D-value를 온도 조건 별로 산출하는 방법을 학습한다.

2. 실험 재료 및 방법

실험 재료

Bacillus subtilis/ 증류수/ nutrient broth/ PCA agar/
배양기/ 원심분리기/ 분광광도계/ 피펫/ 항온 수조/ 광학 현미경

실험 방법

1. *Bacillus subtilis*을 하루전에 멸균한 10 mL Nutrient broth에 접종한 후 30℃에서 밤새 배양한다.
2. 10 mL 배양액을 멸균된 500 mL의 Nutrient broth(2L 용기의 삼각플라스크)에 접종한 후 30℃에서 48시간 배양한다.
3. 균의 내부에 포자가 형성되었는지 광학현미경으로 확인한다.
4. 현미경으로 95% 이상이 포자가 형성된 것이 확인되면 멸균된 튜브에 넣고 원심분리기 4500×g에서 10분간 원심분리한다.
5. 상등액을 제거하고 증류수를 상등액 분량을 넣고 흔들어서 균을 씻는다. 이 과정을 2번 더 반복한다.
6. 포자수가 10^7~10^9 spores/mL로 되도록 OD값이 0.5 정도로 준비한다.
7. 항온수조에서 85℃, 95℃ 열처리를 실시하고 시간별로 샘플을 채취하여 nutrient agar에 표준평판법으로 생균수를 평가한다. 열처리 시간별로 샘플 시료별로 2번 반복하여 평판배지에 균수를 측정한다.
8. 그래프를 작성하고 D-값을 계산한다.
   ※ 일정한 가열온도에서 식품 내 표적미생물의 사멸정도를 나타내는 D값(D-value, decimal reduction time)을 계산할 수 있는데, 이 값은 주어진 가열온도에서 식품의 표적미생물 농도를 90% 감소시키기 위해 필요한 가열시간으로 정의되며 다음의 식으로 표현된다.

N_t는 시간 t에서의 식품 내 표적미생물 농도이다.

$$D = \frac{t_2 - t_1}{\log N_{t_2} - \log N_{t_1}}$$

예시: *B. subtilis* 포자의 사례(아래 그림은 D_{85} value = 30분, D_{95} value = 3분으로 산출됨)

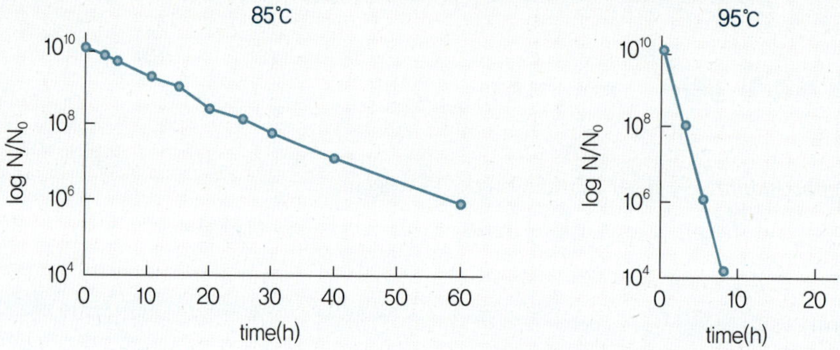

FOOD MICROBIOLOGY • chapter 10

발효식품과 미생물

1. 미생물의 에너지대사
2. 주요 발효 미생물

학습목표

1. 발효식품의 생산에 이용되는 미생물의 종류를 안다.
2. 발효식품의 생산에 이용되는 미생물의 발효원리를 이해한다.

미생물이 식품에서 영양분을 섭취하여 생육하는 경우 식품의 부패를 일으킨다. 그러나 때에 따라 식품에서 미생물이 증식하여 사람에게 유용한 물질을 생산하는 경우가 있는데, 이처럼 미생물에 의한 유용한 물질의 생산을 발효라고 한다. 실제 발효란 식품학적으로 미생물이 탄수화물을 에너지원으로 이용할 때 알코올이나 유기산, 탄산가스 등 여러 부산물을 생성하는 현상을 말하며, 부패와 다르게 인간에게 유용하게 작용한다. 이러한 발효과정은 미생물이 당 혹은 탄수화물과 같은 탄소원을 섭취한 후 호흡을 통해 에너지를 생산하는 과정이므로 각 미생물의 에너지대사 과정을 이해하는 것은 각 미생물이 발효식품을 생산하는 원리를 이해하기 위한 기초라 할 수 있다.

1 미생물의 에너지대사

미생물은 산소가 있거나 없는 환경에서 호기적 혹은 혐기적 호흡을 통해 에너지를 생산할 수 있으며, 이러한 호흡과정을 통해 당류를 산화시켜 에너지를 생산한다. 미생물이 당류를 산화하여 에너지를 생산하는 첫 번째 과정을 해당과정glycolysis이라고 하며, 해당과정은 포도당glucose에서 피루브산pyruvic acid, pyruvate을 생산하는 산화적 인산화 과정의 첫 번째 단계를 말한다. 미생물의 해당과정은 크게 세 가지 통로pathway가 알려져 있는데, 1) Embden-Meyerhof-

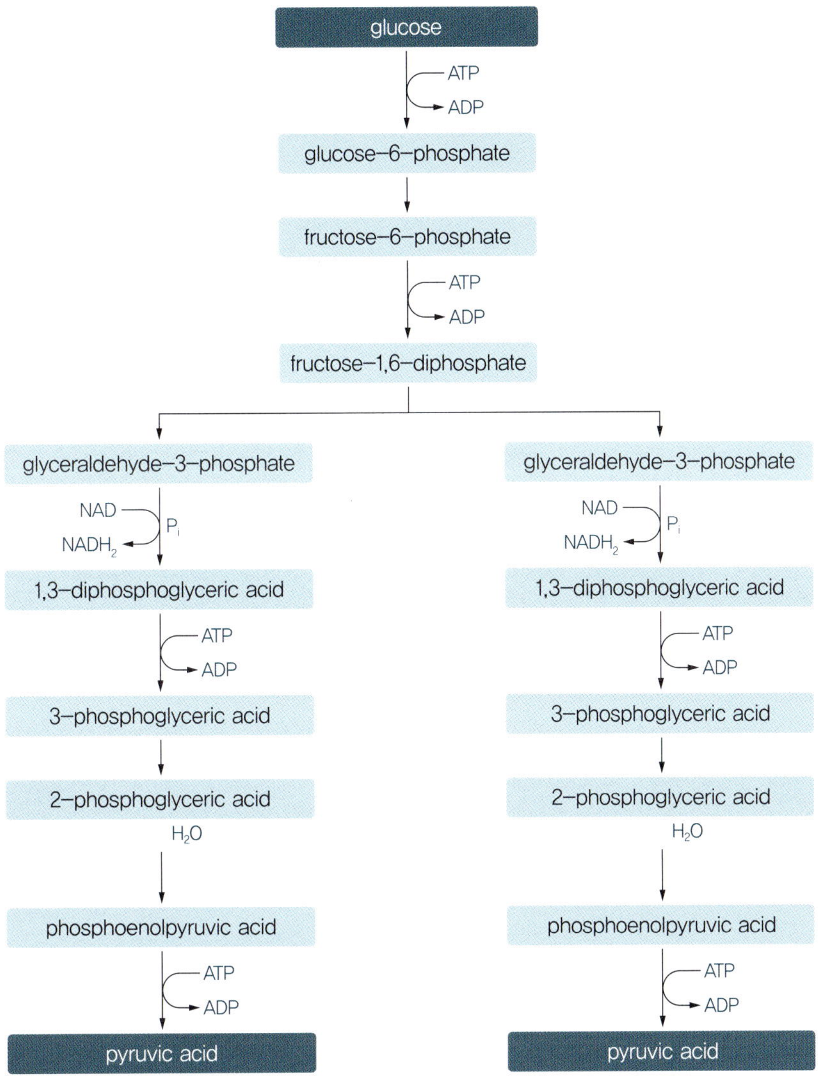

그림 10-1 Embden–Meyerhof–Parnas 통로(EMP)의 대사과정

ParnasEMP 통로 2) Heterolacticphosphoketolase 통로, 3) Entner-DoudoroffED 통로가 그것이다.

1) Embden-Meyerhof-Parnas 통로

Embden-Meyerhof-ParnasEMP 통로는 인간의 해당과정과 동일한 것으로 한 분자의 포도당에서 두 분자의 피루브산이 만들어지며 알코올 발효를 하는 효모, 정상발효젖산균homo-lactic acid bacteria, 대장균 등과 같은 미생물이 이러한 해당과정을 거쳐 에너지를 생산하게 된다. 이후에 젖산균의 경우 피루브산에서 최종적으로 두 분자의 젖산을 생산하며, 효모의 경우 피루브산에서 알코올과 이산화탄소 가스를 생산한다.

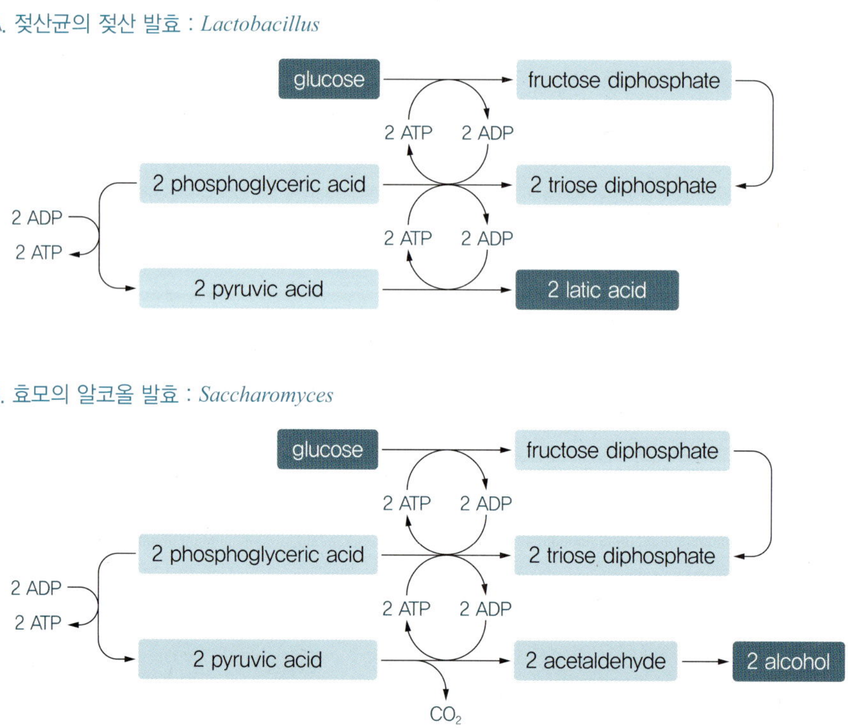

그림 10-2 Embden–Meyerhof–Parnas 통로 해당과정 관련 발효의 예

2) Heterolactic 통로

Heterolacticphosphoketolase 통로는 포도당 한 분자에서 한 분자의 피루브산과 한 분자의 에탄올ethanol이 생성되면 그 과정에서 한 분자의 이산화탄소 가스CO_2가

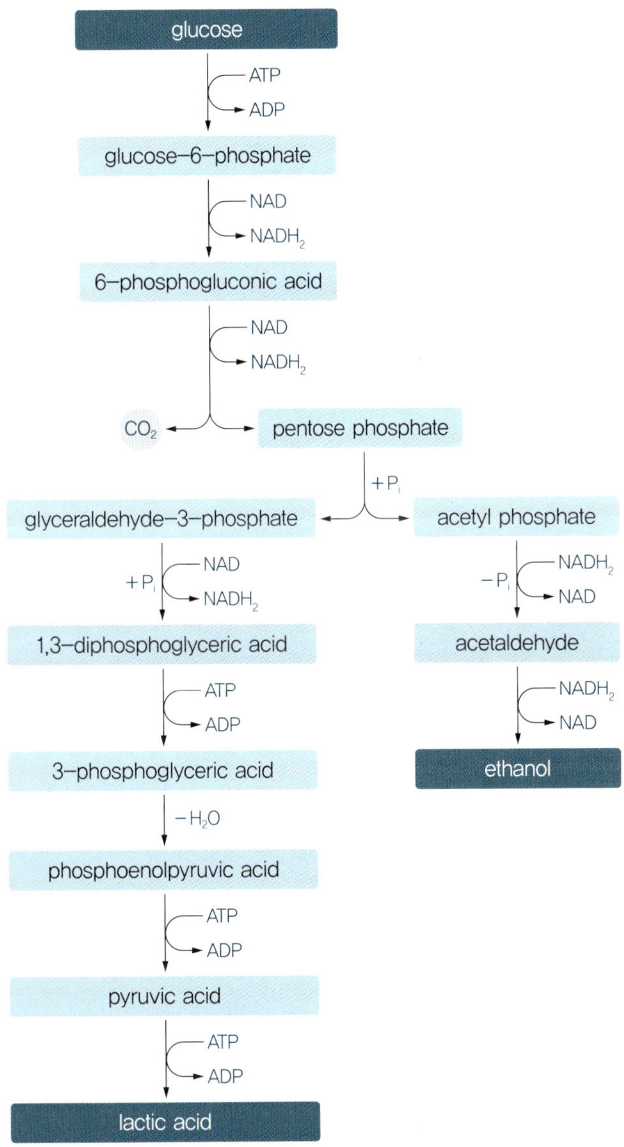

그림 10-3 Heterolactic(phosphoketolase) 통로의 대사과정

생성되는 해당과정이다. 이러한 대사과정을 거치는 미생물로는 이상발효젖산균 hetero-lactic acid bacteria와 초산균(식초균*Acetobacter* 속)이 대표적이다. 이상발효젖산균은 본 대사과정을 거치기 때문에 젖산만을 생산하는 정상발효젖산균과는 달리 발효 또는 에너지대사 과정에서 에탄올과 이산화탄소 가스를 생성하게 된다.

3) Entner-Doudoroff 통로

Entner-Doudoroff 통로EDP는 한 분자의 포도당을 분해하여 피루브산을 거쳐 결과적으로 두 분자의 에탄올을 생성하는 대사과정이다. 이러한 대사과정

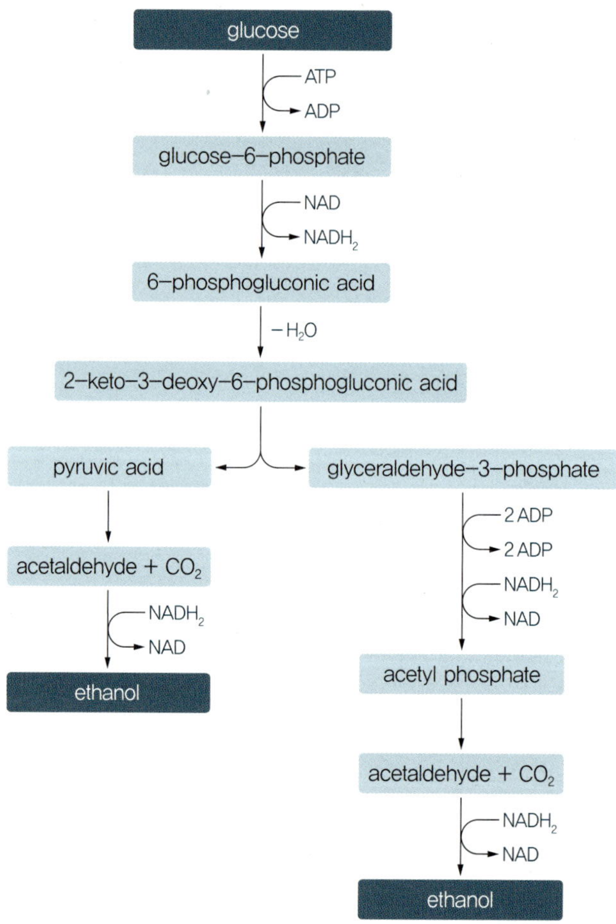

그림 10-4 Entner–Doudoroff 통로의 대사과정

은 발효 미생물에서는 흔하게 발견되지 않으나 부패 미생물인 *Pseudomonas aeruginosa*, 병원성 미생물인 *Vibrio cholerae* 등에서 볼 수 있다.

위의 세 가지 종류의 해당과정을 거쳐 에너지를 생산하는 미생물의 예는 다음 표 10-1과 같다. 미생물은 인간과 다르게 생육을 위하여 종류에 따라 다른 대사과정의 해당과정을 거쳐 에너지를 생산하기 때문에 결국 식품 내에서 생육하고 난 후 부산물의 종류에 차이가 난다. 이러한 이유로 미생물의 종류에 따른 발효된 식품에서 차이가 나타난다.

표 10-1 미생물의 종류에 따른 해당과정

미생물	Embden-Meyerhof-Parnas 통로	Heterolactic (phosphoketolase) 통로	Entner-Doudoroff 통로
Acetobacter aceti	−	+	−
Agrobacterium tumefaciens	−	−	+
Azotobacter vinelandii	−	−	+
Bacillus subtilis	major	minor	−
Escherichia coli	+	−	−
Lactobacillus acidophilus	+	−	−
Leuconostoc memsenteroides	−	+	−
Pseudomonas aeruginosa	−	−	+
Vibrio cholerae	minor	−	major
Zymomonas mobilis	−	−	+

2 주요 발효 미생물

발효식품의 생산에 이용되는 주요 미생물은 세균, 효모, 곰팡이를 포함한다. 세균의 경우 젖산균lactic acid bacteria과 비피더스균bifidobacteria, 고초균*Bacillus* *subtilis*, 초산균(식초균*Acetobacter* 속) 등이 있으며, 효모는 빵과 술의 발효에 이용되는 사카로마이세스*Saccharomyces* 속가 대표적이다. 곰팡이는 치즈 발효에 이용되는 페니실리움*Penicillium* 속과 양조공업에 이용되는 아스퍼질러스*Aspergillus* 속 등이 있다.

1) 젖산균

젖산균lactic acid bacteria, LAB은 그람양성균으로 비운동성 무포자 간균 혹은 구균으로 당을 발효하여 젖산 혹은 젖산 이외의 에탄올이나 이산화탄소와 같은 부산물을 생산하는 균이다. 발효식품에 자주 이용되며 여러 종이 현재 알려져 있으나 이 중 식품의 발효에 주로 이용되는 젖산균은 락토바실러스*Lactobacillus* 속, 스트렙토코커스*Streptococcus* 속, 류코노스톡*Leuconostoc* 속, 피디오코커스*Pediococcus* 속 등이다. 젖산균은 발효형태에 따라서 정상발효젖산균homo-lactic acid bacteria와 이상발효젖산균hetero-lactic acid bacteria로 구분한다. 정상발효젖산균은 포도당으로부터 젖산만을 생성하며(85% 이상), 이상발효젖산균은 포도당으로부터 약 50% 이상의 젖산을 생성하고, 그 외에도 에탄올이나 이산화탄소 가스 등의 다른 부산물을 수반한다. *Lactobacillus* 속은 종에 따라 정상 혹은 이상젖산발효를 하며, *Leuconostoc* 속은 대표적인 이상발효젖산균이다. 그 외 *Streptococcus* 속, *Pediococcus* 속 등은 정상젖산발효를 하는 것으로 알려졌다.

정상젖산균 발효

$$\underset{\text{(포도당)}}{C_6H_{12}O_6} \longrightarrow \underset{\text{(젖산)}}{2\,CH_3 \cdot CHOH \cdot COOH}$$

이상젖산균 발효

$$\underset{\text{(포도당)}}{C_6H_{12}O_6} \longrightarrow \underset{\text{(젖산)}}{CH_3 \cdot CHOH \cdot COOH} + \underset{\text{(에탄올)}}{C_2H_5OH} + \underset{\text{(이산화탄소)}}{CO_2}$$

$$\underset{\text{(포도당)}}{2\,C_6H_{12}O_6} + H_2O \longrightarrow \underset{\text{(젖산)}}{2\,CH_3 \cdot CHOH \cdot COOH} + \underset{\text{(에탄올)}}{C_2H_5OH} + \underset{\text{(아세트산)}}{CH_3COOH} + \underset{\text{(이산화탄소)}}{2\,CO_2} + 2\,H_2$$

표 10-2 발효형태에 따른 *Lactobacillus* 속 분류

발효 양상	특징	유산균 종류
정상젖산발효	당 → 젖산 생성 가스 생성 ×	*L. bulgaricus* *L. delbrueckii* *L. thermophilus* *L. acidophilus* *L. casei* *L. lactis*
이상젖산발효	당 → 50% 젖산 CO_2, 에탄올 생성	*L. fermenti* *L. brevis*

젖산균은 요구르트와 같은 발효유 및 발효유제품의 발효에 이용되며, 그 외에도 김치 등과 같은 채소발효, 청주 등 발효 식품의 주요 발효균이다.

표 10-3 발효식품의 이용되는 젖산균의 예

젖산균 종류	발효식품
Lactococcus lactis subsp. *lactis*	치즈, 발효유제품
Lactococcus lactis subsp. *cremoris*	치즈, 발효유제품
Lactobacillus helveticus	치즈, 발효유제품
Lactococcus delbrueckii subsp. *bugaricus*	요구르트, 치즈
Lactobacillus sanfranciscensis	발효빵
Lactobacillus casei	치즈, 발효유제품
Lactobacillus plantarum	소시지, 김치, 피클
Lactobacillus curvatus	소시지
Streptococcus thermophilus	요구르트, 치즈
Pediococcus acidilactici	소시지, 김치, 피클
Pediococcus pentosaceus	소시지
Oenococcus oeni	와인
Leuconostoc lactis	치즈, 발효유제품
Leuconostoc mesenteroides subsp. *cremoris*	김치, 치즈, 발효버터유

2) 비피더스균

비피더스균*Bifidobacterium* 속은 주로 인간의 장이나 동물의 소화관에 존재하는 그람양성의 편성혐기성 세균이다. 최근의 프로바이오틱(인간의 건강에 유익한 작용을 하는 생균제)으로 인간에게 유익한 기능이 알려지면서 발효유제품 혹은 건강제제로 사용되는 균이다. 젖산균과 달리 비피더스균만의 특이적 에너지 대사 과정을 거치며 이 과정에서 두 분자의 포도당을 분해하여 세 분자의 초산(아세트산)과 두 분자의 젖산을 생성한다. 이 균은 병원성균의 감염 억제, 정장작용(장 건강에 이로운 작용), 면역력 강화, 설사 예방 및 치료 등 건강에 유익한 여러 효과를 가진 것으로 보고되었다.

Probiotics(프로바이오틱) vs. Prebiotics(프리바이오틱)

1. Probiotics(프로바이오틱)
- 장내 미생물의 균형을 향상시킴으로써 인간의 건강에 유익한 영향을 미치는 생균제
- 예: *Bifidobacterium* spp., *Lactobacillus* spp.

2. Prebiotics(프리바이오틱)
- 하나 혹은 제한된 수의 미생물 특히 프로바이오틱의 성장 및 활성을 촉진하는 식품성분
- 예: 프럭토올리고당(fructooligosaccharides), 이눌린(inulin), 갈락토올리고당(transgalacto-sylated oligosaccharides), 콩올리고당(soybean oligosaccharides), 아이소말토올리고당(isomaltooligosaccharides) 등(올리고당은 주로 비피더스균의 생육을 촉진함)

3. Synbiotics
- Syn; synergism(상승작용)
- 프로바이오틱과 프리바이오틱을 동시에 사용함으로써 효과를 상승시키는 작용
- 예: 발효유에 비피더스균(*Bifidobacterium* spp.)과 올리고당을 함께 사용함

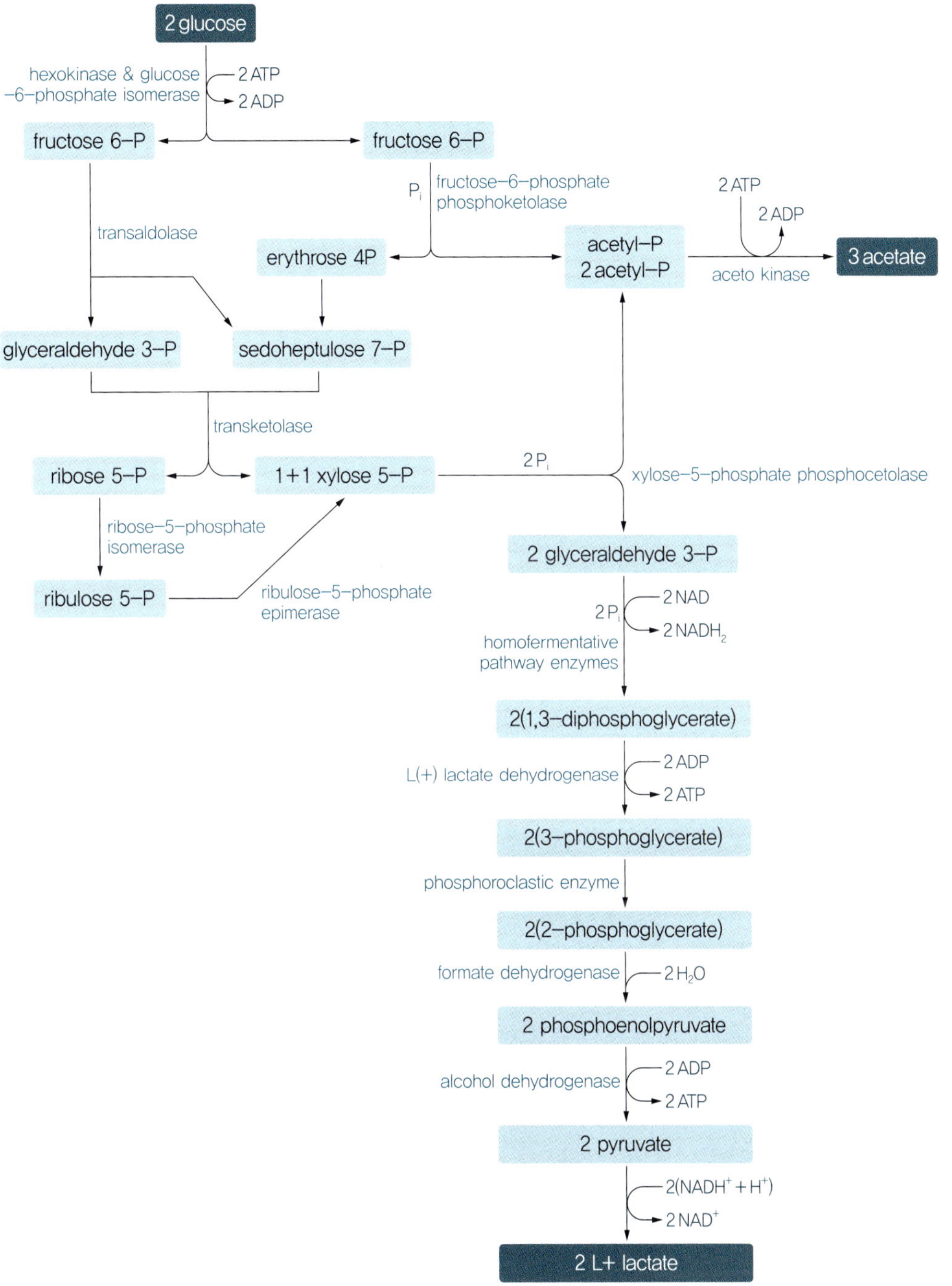

그림 10-5 비피더스균의 에너지대사 과정

3) 고초균

바실러스*Bacillus*균은 그람 양성의 호기성 간균으로 포자를 형성하여 자연계에 널이 분포하고 있는 균이다. *Bacillus*균 중에 *Bacillus cereus*는 식품에 독소를 생성하여 식중독을 야기하는 대표적인 식중독 균주로 알려졌으나 *Bacillus subtilis*(고초균)는 강력한 단백질 분해효소protease와 전분 분해효소amylase를 생산함으로써 주로 콩을 원료로 하는 전통 발효식품인 간장, 된장, 청국장의 발효에 관여한다.

4) 초산균(식초균)

초산균*Acetobacter* 속은 그람음성의 호기성 간균으로 에탄올을 호기적으로 산화하여 초산(아세트산acetic acid)을 생성하기 때문에 식초의 발효에 이용되어 초산균으로 불린다. 대표적으로 *Acetobacter aceti*가 있으며, 에탄올을 원료로 초산을 생산하기 때문에 술에서 초산을 발효할 때 이용되고 있다. 한편 주류에서는 술의 부패 혹은 품질을 저하시키는 균으로 관리되고 있다.

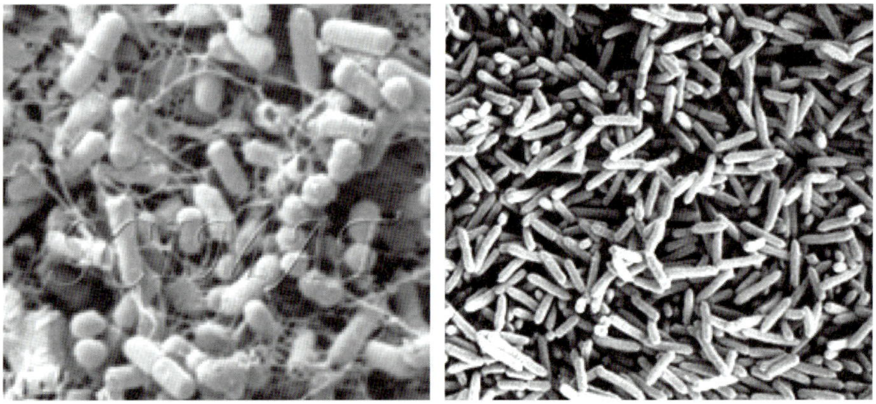

그림 10-6 고초균(*Bacillus subtilis*)과 초산균(*Acetobacter aceti*)

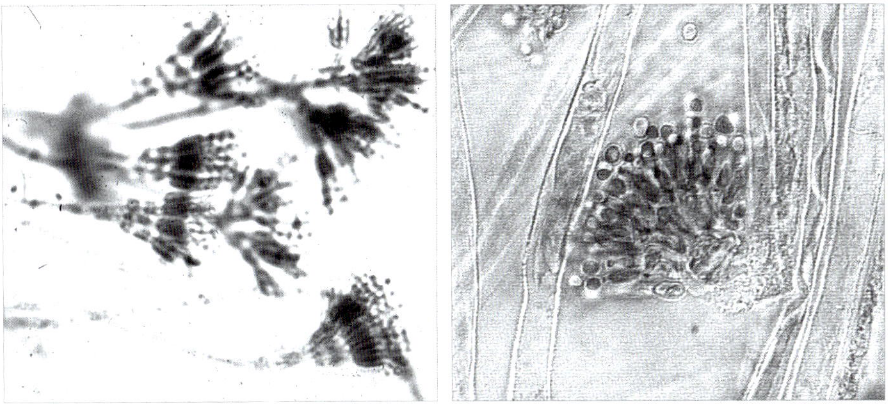

그림 10-7 곰팡이(*Penicillium* sp.)와 황국균(*Aspergillus oryzae*)

5) 발효 효모

효모는 빵과 맥주, 청주, 와인 등 알코올 발효에 이용되는 발효 미생물이다. 대표적인 발효효모는 *Saccharomyces* 속이 이용되고 있으며, 그중에서도 *Saccharomyces cerevisiae*가 가장 널리 활용되고 있다. *Saccharomyces* 속은 발효식품과 발효공업에 가장 유용한 효모로 형태는 난형이다. 각 식품에 따라 사용되는 *Saccharomyces* 속의 예로 *Saccharomyces cerevisiae*는 빵과 맥주 등 다수 이용되고 있으며, 그 외 맥주발효에 *Saccharomyces calsbergensis*, 청주발효에 *Saccharomyces sake*, 와인발효에 *Saccharomyces ellipsoideus* 등이 사용되고 있다.

6) 발효 곰팡이

곰팡이의 경우 일부 종류가 곰팡이 숙성 치즈 또는 곡류와 관련된 발효에 사용되고 있다. 예를 들어 푸른곰팡이인 *Penicillium* 속은 곰팡이 숙성 치즈(까망베르, 로크포르 치즈 등)의 발효에 이용되며, 황색곰팡이(황국균)인 *Aspergillus oryzae* 또는 *Aspergillus sojae* 등은 간장, 청주, 일본식 된장, 막걸리 등의 발효식품 생산에 이용되고 있다.

실험 10 병행복발효주 제조

1. 실험 원리 및 목적

병행복발효주를 제조하여 누룩에 의한 전분의 분해와 효모에 의한 알코올의 생성이 함께 일어나는 전통주의 발효 및 저온에서 숙성 과정을 학습한다. 재료 준비를 위해 시판 막걸리 키트를 활용할 수 있다.

2. 실험 재료 및 방법

실험재료

쌀/ 건조효모/ 개량누룩/ 증류수/ 전기밥솥/ 체/ 주정계/ PCA/ MRS/ YPD 배지/ 멸균 생리 식염수/ 페트리디쉬/ 배양기/ 피펫/ 저울/ 유산지/ 유리봉/ 용기

실험방법

발효

1. 멥쌀 2.0kg을 전기밥솥에 넣고 고두밥을 만든다.
2. 고두밥을 넓게 펴서 빠르게 식히고 25 L의 유리병 혹은 독에 고두밥, 효모(25.0 g), 누룩(26.0 g), 증류수 3.0 L를 넣고 골고루 혼합한다.
3. 뚜껑을 덮고 28℃에서 48시간 동안 발효한다. 주정계를 이용하여 발효 중 알코올농도의 증가를 확인한다. 관능검사로 맛과 냄새의 변화를 주기적으로 확인한다.
4. 발효가 완료되면 체에 걸러 막걸리를 용기에 넣는다.

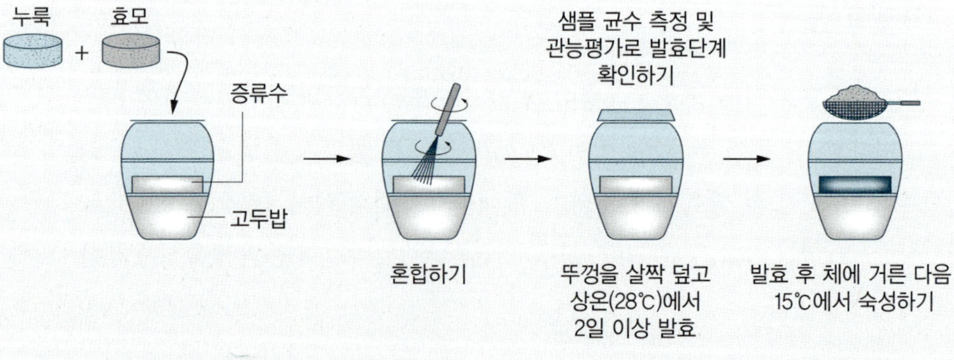

실험

미생물 균수 측정

1. 균일하게 혼합된 시료를 멸균한 생리 식염수(0.85% NaCl)로 희석법에 따라 희석한다.
2. 미생물 종류별 균수 측정을 위하여 각 희석 단계의 희석액을 사용한다. 총균수는 PCA (plate count agar)에, 유산균수는 MRS(Lactobacilli MRS agar) 배지에, 효모수는 YPD(yeast extract peptone dextrose)배지에 희석액 0.1 mL씩 피펫으로 분주한 뒤 알코올램프에 화염멸균 후 식힌 유리봉으로 도말한다.
3. 매일 시료를 채취하고 시료가 분주된 배지를 37℃에서 24~48시간 배양한 후 colony를 계수하여 미생물 수의 변화를 확인한다.

FOOD MICROBIOLOGY ● chapter 11

부패와 식중독 미생물

1. 식품의 부패
2. 식품의 부패 판정
3. 부패에 관여하는 미생물
4. 식중독 정의 및 발생기전
5. 식중독 원인균의 특성 및 예방책

학습목표

1. 미생물에 의한 식품의 부패와 부패 관련 미생물을 이해한다.
2. 식중독 미생물의 특징 및 관리방법을 이해한다.

1 식품의 부패

미생물에 의한 식품의 부패란 식품에서 일어나는 가장 쉬운 변질 중 하나로 주로 단백질과 같은 함질소유기물이 부패균의 작용에 의해 분해되어 저분자물질이 되는 과정에서 악취 및 유해물질을 생성하여 먹을 수 없는 상태를 말한다. 부패균이란 식품의 부패를 초래할 수 있는 세균, 효모, 곰팡이 등이 포함되며, 식품의 부패 시에는 하나의 균이 작용하기보다는 몇 종류의 세균이 시기를 달리하여 증식하여 식품의 부패를 일으키는데 주로 단백질 분해력이 강한 세균이 주를 이룬다.

식품의 부패가 진행되면 탄수화물, 단백질, 지방 등의 성분에 식품 중에 있는 효소가 작용하여 자기소화로 저분자 화합물이 유기산, 아미노산, 지방산 등으로 분해된다. 그다음에는 세균이 식품에 증식하면서 효소를 분비하여 그 효소의 반응에 의해 식품성분이 변하면서 여러 가지 부패산물을 생성하여 부패가 완성된다.

부패를 일으키는 균은 식품의 종류에 따라 다르다. 아미노산은 부패세균이 생

표 11-1 식품영양소의 미생물 대사에 의한 최종 생산물

탄수화물	단백질과 비단백 질소화합물	지방
CO_2, H_2, $H2O_2$, Lactate, acetate, formate, succinate, butyrate, ethanol, propanol, diacetyl, acetoin, dextran etc.	CO_2, H_2, NH_3, H_2S, amine, keto-acids, mercaptans, organic disulfides, putrescine, cadaverine, skatole	fatty acids, glycerol hydroperoxides, carbonyl compounds (aldehyde, ketones, nitrogenous bases

산하는 효소에 의해 여러 가지 분해 생성물을 생성하는데 단백질의 부패과정에는 탈탄산 반응, 탈아미노반응이 일어나며 암모니아가 생성된다. 식품 부패에 관여하는 미생물 대사에 의한 식품성분의 최종산물은 다음 표 11-1과 같다.

2 식품의 부패 판정

일반적으로 천연식품보다 가열 조리된 식품이 부패하기 쉬운데 이는 가열 조리를 통해 식품의 조직이 연화되고 단백질이 변성되면서 부패세균의 침입과 증식에 알맞은 조건이 되기 때문이다. 그러나 식품이 부패되는 초기에는 육안으로 정확한 부패의 판정이 어려워 다음과 같은 검사를 통해 부패를 판정한다.

1) 생균수 검사

식품이 부패하면 세균 증식이 일어나므로 일반 세균 수를 측정하여 신선도를 판정하는데 생균수가 10^7~10^8인 때를 초기 부패단계로 판단한다.

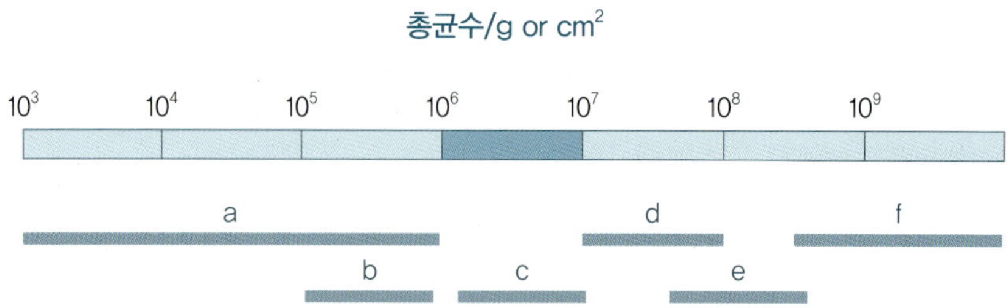

a: 대부분의 식품에서 관능적 변화 없음
b: 원유에서 신맛 발생
c: 진공포장된 육제품에서 이취 발생
d: 호기포장된 육제품과 채소류에서 이취 발생
e: 거의 모든 식품의 부패
f: 모든 제품의 구조적 변화 보임

그림 11-1 부패지표로서 사용되는 식품에 따른 총균수

2) 화학적 검사

(1) 휘발성 염기질소

어류나 육류와 같은 단백질 함유식품은 부패가 진행됨에 따라 휘발성 암모니아, 아민류 등과 같은 휘발성 염기질소volatile basic nitrogen를 생성하는데 주로 어육과 식육의 신선도 지표로 이용한다. 신선한 어육에는 10~15mg%, 초기 부패육에는 30~40mg%, 부패육에는 50mg% 이상 함유되어 있다. 휘발성 염기질소 중 트리메틸아민trimethylamine은 주로 어패류의 신선도 검사에 사용되는데 신선한 어패류에는 3mg% 이하로 존재하나 부패가 시작되는 초기에는 4~6mg% 함유하게 된다.

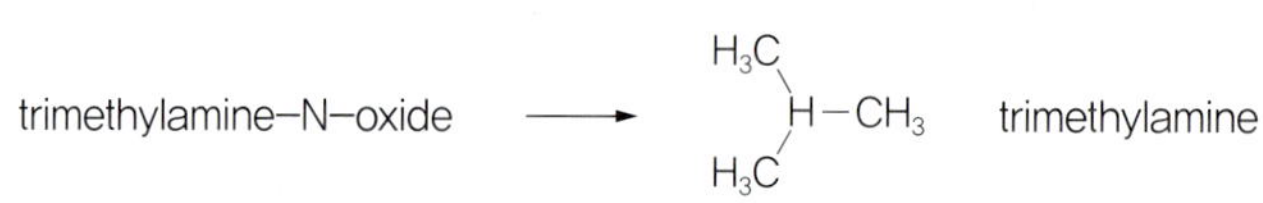

(2) K값

어육의 신선도를 나타내는 지표로 어육 중의 adenosine triphosphateATP는 사후강직에 관여한 후 adenosine diphosphateADP, adenosine monophosphate

AMP, inosine acidIMP 등으로 분해되고, 부패가 진행되면서 inosineHxR, hypoxanthineHx 등으로 되는데 K값을 구하는 식은 다음과 같다. K값이 60~80%가 되면 초기 부패를 의미한다.

$$\text{K값}(\%) = \frac{HxR + Hx}{ATP + ADP + AMP + IMP + HxR + Hx} \times 100$$

(3) pH

탄수화물이 많이 함유된 식품은 세균에 의해 유기산 발효를 일으켜 pH가 저하되지만, 단백질이 많이 함유된 식품은 부패가 시작되면 pH가 저하되다가 암모니아 등의 생성으로 다시 pH가 상승한다. 따라서 식품의 pH 측정을 통해 식품의 부패 정도를 확인할 수 있다. 어육의 경우 pH가 5.5 전후이면 신선하고 6.2~6.5가 되면 초기 부패로 판정한다. 특히 굴과 같은 어패류의 경우는 pH가 미생물학적 품질지표로 매우 중요한데 pH 5.9~6.2는 신선, pH 5.8은 부패 시작, pH 5.5~5.7은 곰팡내 시작, pH 5.2 이하면 부패로 판단한다.

(4) 관능검사

부패를 알아보는 가장 간단한 방법으로 시각, 촉각, 후각 등을 이용하는 방법이다. 식품이 부패가 시작되면 아민, 암모니아, 산패, 곰팡이 냄새 등이 생기고 색이 변색된다. 고체식품의 경우는 연화 및 점액화 등의 현상도 볼 수 있다.

3 부패에 관여하는 미생물

식품의 부패에 관여하는 미생물은 살아 있는 식품에 존재하는 자연균총natural microflora으로 세균, 효모, 곰팡이 등이 있다. 그중 가장 부패를 많이 일으키는 것은 세균이다. 특히 가공식품에서 급속한 부패의 주원인은 세균이고 그다음은 효모, 곰팡이 순이다. 식품의 부패는 이용 가능한 영양분의 양이 한계가 있을 때 미생물들 사이에 경쟁구도가 형성되고 주어진 환경에서 가장 빨리 증식할 수 있는 미생물이 우위를 차지하며 부패현상이 나타난다.

부패에 영향을 미치는 요인은 오염 미생물의 조성 및 구성 미생물의 상호작용, 식품의 물리화학적 특성(내적 요인intrinsic factors)과 저장환경(외적 요인extrinsic factors) 사이의 복잡한 상호작용에 의해 결정된다. 식품의 물리화학적 특성으로서 식품의 영양분 조성, 자연적 항균물질, 식품의 pH, 수분활성도, 산화-환원전위 및 미생물 침입에 대한 방어작용 등이 영향을 미치며, 식품의 외적 요인으로서 식품저장온도, 시간, 식품 주위의 상대습도 등이 영향을 끼친다. 따라서 식품의 내적·외적 요인을 알게 되면 특정 식품의 부패원인균을 예상할 수 있다. 그러나 식품에 있어서 부패 미생물총 조성은 미생물 사이에 경쟁을 야기시키며 우위를 차지한 미생물의 성장은 식품 환경을 변화시키면서 또 다른 미생물의 성장에 영향을 미치게 된다.

부패미생물은 식품의 외형, 색, 조직감, 냄새 등의 변질현상을 야기하는데, 외형의 변화는 세균에 의해 점질물이, 곰팡이에 의해 균사에 의한 솜털이 식품 표면에 나타나며, 효모에 의해서는 가스가 형성되는 것을 관찰할 수 있다. 또한 식품에서 미생물이 증식하면서 조직에 변화를 일으키게 되는데 주로 펙틴 분해효소pectinase를 생산하여 조직을 연화시킨다. 생선, 육류, 가금류 등에서는 *Pseudomonas fluorescens*가 부패과정 중 단백질 분해효소proteinase를 생산하여 육류의 조직을 연화시킨다. 미생물이 대사되는 과정에서 생성되는 이취는 단백질에 의한 amine, ammonia, hydrogen sulfide, 황 함유 화합물 등 때문이다. 부패균은 식품의 종류에 따라 다른데 식품군별 주요 부패미생물은 다음과 같다.

1) 육류

동물의 피부와 장은 고유의 미생물총을 가지고 있으며 도축, 가공단계에서 육류를 오염시킨다. 특히 육류는 영양소가 풍부하므로 다양한 미생물의 좋은 영양배지가 되는데 육류의 부패와 관련된 균은 *Pseudomonas*, *Psychrobacter*, *Acinetobacter*, *Moraxella*, *Shewanella*, *Aeromonas*, *Escherichia*, *Enterobacter*, *Proteus*, *Brochothrix*, *Micrococcus*, *Enterococcus lactobacilli* 등으로 점질물질,

부패취, 변색 등의 원인이 된다. 육제품의 주요 부패미생물은 주어진 환경에서 영양소, 산소 이용 가능성, 저장온도, pH 등에 영향을 받는다.

2) 어패류

어패류의 부패와 관련된 세균은 주로 수중 세균으로 호기성인 *Pseudomonas*, *Acinetobacter*, *Moraxella*, *Flavobacterium* 속, *Aeromonas* 속과 통성혐기성인 *Shewanella*, *Alcaligenes*, *Vibrio* 속, 대장균군coliforms 등이 주요 부패균이다. 염장이 된 어패류는 특히 호염성인 *Vibrio*와 *Micrococcus*에 의해 부패가 일어나기 쉽고 훈제된 어패류는 낮은 수분활성도 때문에 세균의 증식은 억제되나 곰팡이가 표면에 증식하기 쉽다.

3) 우유

우유의 부패는 주로 유당, 단백질, 지방산의 대사에 관련된 미생물 등에 의해 일어난다. 냉장저장된 우유의 부패균은 주로 그람음성이고 저온간균인 *Pseudomonas*, *Alcaligenes*, *Flavobacterium* 속과 coliform 등에 의해 일어나는데 *Alcaligenes viscolactis*는 점액질의 polysaccharides를 생산하여 우유 표면의 점질을 형성한다. 우유를 붉은색으로 변화시키고 불쾌한 냄새의 원인 부패균은 *Serratia marcescens*이며, 저온에서 오래 보관된 우유의 부패에는 *Pseudomonas*가 관여한다. 이들 균들은 우유를 살균처리 후에 오염되는 균으로 냉장저장 시 증식하기 때문에 우유가 제한된 유통기한을 갖는다.

4) 과일, 채소

과일, 채소의 부패는 주로 자기소화autolysis에 의해 부패가 진행되며 관련된 미생물은 과일은 주로 곰팡이, 채소는 곰팡이와 세균이 모두 작용한다. 이들 부패균은 주로 흙, 물, 공기 등의 환경으로부터 오염이 주요 원인이며 특히 상해를 입

표 11-2 식품의 부패와 관련된 주요 미생물

분류	주요 미생물	
	세균(속)	진균류(속)
식육	*Bacillus, Pseudomonas, Escherichia, Proteus, Clostridium, Staphylococcus, Flavobacterium*	*Aspergillus, Penicillium, Rhizopus, Mucor, Candida*
어패류	*Pseudomonas, Escherichia, Proteus, Clostridium, Vibrio, Micrococcus*	*Candida, Torulopsis, Rhodotorula*
우유	*Streptococcus, Lactobacillus, Micrococcus, Clostridium, Brevibacterium, Serratia*	*Torulopsis, Saccharomyces, Candida*
과일, 채소류	*Bacillus, Pseudomonas, Erwinia, Lactobacillus*	*Aspergillus, Botrytis, Alternaria, Fusarium*
곡류	*Pseudomonas, Bacillus*	*Aspergillus, Penicillium, Candida*

거나 절단된 과일, 채소에서 더 잘 자란다. 과일은 당분의 함량이 높고 저단백의 pH는 주로 4.5 이하이다. 따라서 과일의 주 부패는 곰팡이, 효모, 저산성 세균인 lactic acid bacteria, *Acetobacter*, *Gluconobactor* 속에 의해 일어난다. 주요 부패 곰팡이는 *Penicillium*, *Aspergillus*, *Alternaria*, *Botrytis*, *Rhizopus* 속 등으로 검거나 회색 또는 연한 갈색의 썩은 부패 상태rot를 형성한다.

채소에 부패를 일으키는 곰팡이류는 *Penicillium*, *Phytopthora*, *Alternaria*, *Botrytis*와 *Aspergillus* 속 등이고, 주요 세균은 *Pseudomonas*, *Erwinia*, *Bacillus*와 *Clostridium* 속이다. 미생물에 의한 채소의 부패는 검거나 회색 또는 연하고 줄기 끝이 썩은 부패 상태rot로 나타난다. 채소가 부패되면 색깔의 변화와 함께 미생물에 의한 부패는 조직이 파괴되고 악취가 난다. 이러한 부패는 절단된 즉석 샐러드, 절단된 채소 등에서 더욱더 쉽게 일어난다.

5) 곡류

곡류는 수분함량이 낮아 세균에 의한 부패는 흔하지 않으나 수확 전후 환경으로부터 침입한 *Pseudomonas*, *Bacillus* 속 등이 문제될 수 있다. 건조가 불충분하게 일어났을 때는 주로 곰팡이에 의해 부패가 일어나는데 곡류의 부패에 관여하는 곰팡이는 *Aspergillus glaucus*, *Aspergillus candidus*, *Aspergillus flavus*, *penicillium* 속 등이다.

4 식중독 정의 및 발생기전

1) 식중독의 정의

식중독이란 식품의 섭취로 인하여 인체에 유해한 미생물 또는 유독물질에 의하여 발생하였거나 발생한 것으로 판단되는 감염성 또는 독소형 질환을 의미한다. 집단식중독이란 역학조사 결과 식품 또는 물이 질병의 원인으로 확인되거나 의심되는 경우로서 동일한 식품이나 동일한 공급원의 물을 섭취한 후 2인 이상의 사람이 유사한 질병을 경험한 사건으로 정의된다. 식중독의 대표 증상으로는 고열, 복통, 설사, 구토 등이 일어나지만 경우에 따라서는 호흡곤란, 탈수증상을 일으켜 생명이 위험할 수도 있다.

2) 세균성 식중독의 발생기전

식중독이 발생하기 위해서는 반드시 식품food 병원성 세균pathogen, 숙주host가 만나서 서로 복합적 상호작용이 이루어져야 한다. 이들 세 가지 요인이 어떤 조건 및 상태인가에 따라 식중독 발생의 양상이 달라지는데 병원성 세균의 병원성이 숙주의 면역성, 방어기전을 압도할 때 식중독이 발생한다.

(1) 식품

병원성 미생물의 성장에 매우 중요한 영양분을 공급하며 세균의 성장에 도움을 주는 식품이 있는데, 이러한 식품을 잠재적 위험식품potentially hazardous foods이라고 한다. 잠재적 위험식품은 주로 탄수화물·단백질의 함량이 높고, pH가

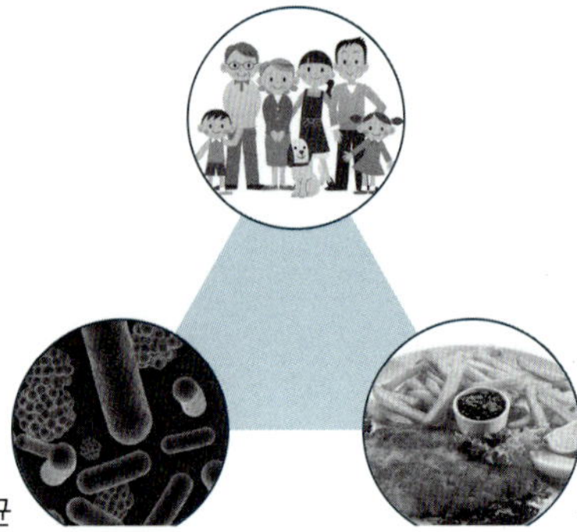

그림 11-2 식중독 발생 기전

4.6 이상이며, 수분활성도가 0.85 이상인 식품으로 육류, 가금류, 생선류, 알류, 우유, 절단된 과일류 등이 포함된다.

(2) 병원성 세균

병원균의 독성virulence 여부 및 식중독을 일으키는 데 필요한 최소한의 감염량 infectious dose이 존재하면 식중독이 발생하는데 미생물에 따라 감염량은 숙주의 연령 및 건강상태에 따라 달라진다 표 11-3.

(3) 숙주

숙주의 연령, 건강, 영양 및 면역상태에 따라 병원성 세균에 의해 식중독이 발생할 수 있다. 식중독에 취약한 고위험군 그룹에 속하는 숙주에는 영유아, 아동, 임신부, 노인, AIDS 환자 및 약물 치료를 받는 사람 등이 있다. 이런 고위험군에 속한 사람들은 식중독의 증상과 지속기간도 더 심하고 때론 생명을 잃을 수도 있어 주의가 요구된다.

3) 식중독의 종류

식중독은 그 원인물질에 따라 생물학적·화학적·자연독 식중독으로 분류할

표 11-3 식중독균의 감염량과 잠복기

식중독 유형	병원성 세균	감염량 (Infectious dose)
감염형	*Salmonella enterica*	$>10^5$ CFU
	Campylobacter jejuni	$5\times10^2\sim10^4$ CFU
	Escherichia coli O157:H7	50~100 CFU
	Listeria monocytogenes	$10^2\sim10^3$ CFU
	Vibiro cholerae/ hemolyticus/ vulnificus	$10^4\sim10^{10}$ CFU/g
	Shigella spp.	10~100 CFU
독소형	*Staphylococcus aureus* cells	$10^5\sim10^8$ CFU/g
	Staphylocococcal enterotoxin	1 ng/g of food
	Clostridium botulinum neurotoxin	0.9~0.15 μg (iv route) 70 μg (oral route)
독소감염형	*Clostridium perfringens*	$10^7\sim10^9$ CFU
	Bacillus cereus	$10^5\sim10^8$ CFU or spores/g
바이러스	Norovirus	10 particles
	Hepatitis A	10~100 particles
기생충	*Cryptosporidium parvum*	10 oocysts

자료: Arun K Bhunia, 2008

수 있는데 주로 병원성 세균에 의해 일어나는 세균성 식중독은 발생 메커니즘에 따라 감염형infection, 독소형intoxication, 독소감염형toxicoinfection으로 구분할 수 있다 그림 11-3.

(1) 감염형 식중독

살아 있는 다량의 병원성 미생물에 오염된 식품을 섭취한 경우 감염량이 숙주의 방어능을 넘을 정도로 충분한 양이 들어오면 미생물은 장관 내에서 증식하여 장염을 유발, 발생하는 식중독으로 잠복기가 비교적 길다. *Salmonella*, *Vibrio*, *E. coli*, *Campylobacter*, *Listeria* 속 등에서 감염형 식중독을 일으키는 병원균이 있다.

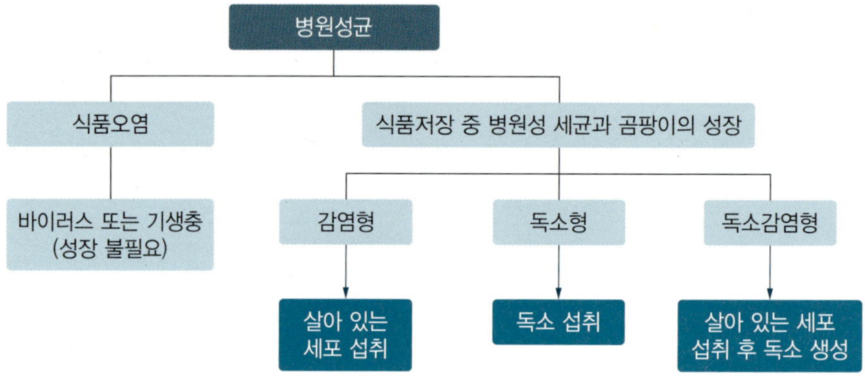

그림 11-3 식중독의 여러 형태를 나타내는 도식도

(2) 독소형 식중독

독소형 식중독은 식품에 오염된 병원성 미생물 세포가 장독소enterotoxin를 분비하여 사람이 이를 섭취하였을 때 장독소가 장에 작용하여 장염을 유발하여 발생하므로 미생물이 독소를 분비할 정도로 증식하지 않는다면 식품이 미생물에 오염되었다 할지라도 독소형 식중독은 발생하지 않는다. 일반적으로 독소형 식중독은 이미 식품에 독소가 생성되어 있으므로 잠복기는 비교적 짧은데 *Staphylococcus aureus*, *Clostridium botulinum*이 독소형 식중독을 일으키는 주요 세균이다.

미생물에 의해 생성되는 독소toxin는 인체조직 및 생리에 해를 끼치는 화학물질로 대부분이 단백질로 이루어져 있다. 독소는 미생물이 자라고 있는 식품 환경으로 분비되는데 대표적인 예는 포도상구균*Staphylococcus aureus*에 의해 생산되는 설사나 복통의 원인인 장독소enterotoxin가 있다. 이런 종류의 독소는 균의 존재와 상관없이 인체 내로 침입하여 병을 일으킬 수 있다.

독소에는 세포가 사멸 또는 분해할 때 방출되는 내독소endotoxin와 세포를 구성하고 있지 않지만 미생물 대사에 의해 생성되는 단백질로 세포 외 환경으로 분비되는 외독소exotoxin가 있다. 내독소는 그람음성균에 의해서만 생성되지만, 외독소는 그람양성, 그람음성균이 둘 다 생성할 수 있다. 외독소와 내독소의 생성 방법은 그림 11-4와 같다.

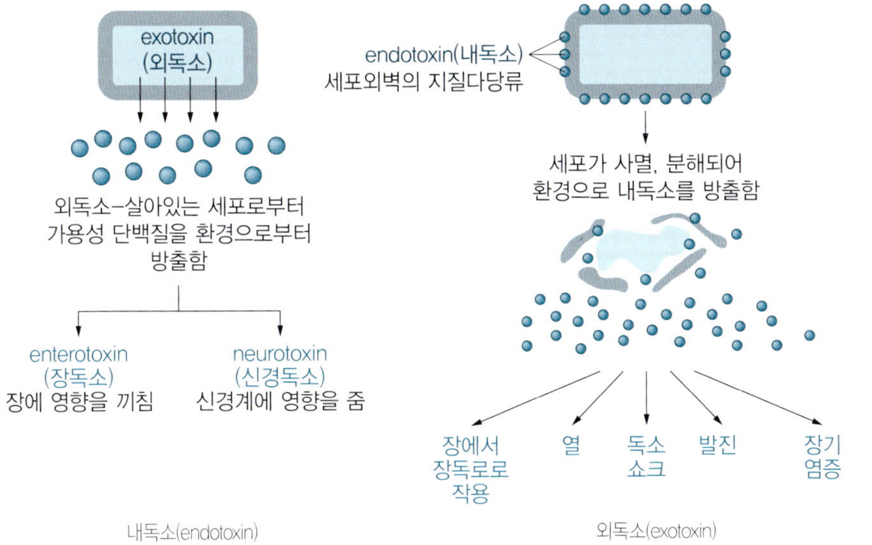

그림 11-4 박테리아에 의해 생성되는 내독소와 외독소

(3) 독소감염형 식중독

독소감염형 식중독은 살아 있는 다량의 미생물에 오염된 식품을 섭취한 경우 미생물이 장관 내에서 증식할 때 독소를 생성하여 발생하는 식중독으로 *Clostridium perfringens*, *Bacillus cereus* 등이 독소감염형 식중독을 일으키는 세균이다.

표 11-4 식중독의 유형 및 일반적 증상

유형	감염형	독소형	독소 감염형
식중독 균	*Salmonella* 속, *Vibrio* spp., 병원성 대장균 *Campylobacter* 속, *Listeria monocytogenes*	*Staphylococccus aureus*, *Clostridium botulinum*	*Clostridium perfringens*, *Bacillus cereus*
잠복기	수시간~3일 (보통 12~36시간)	1~6시간 (보통 2~4시간)	8~24시간 (보통 10~12시간)
주요 증상	복통, 설사, 메스꺼움, 구토 등	메스꺼움, 구토, 복통, 시력장애, 언어장애, 호흡곤란 등	복통, 설사, 메스꺼움, 구토 등

5 식중독 원인균의 특성 및 예방책

1) 감염형 식중독균

(1) 살모넬라

살모넬라*Salmonella*는 2,600여 종의 혈청형이 있는데 그중 가금류, 달걀 등에 오염이 많이 되는 *S.* Typhimurium, *S.* enteritidis, *S.* heidelberg, *S.* newport 등이 사람에게서 식중독을 많이 일으키는 균으로 알려져 있다. 이 중 *S.* Typhimurium에 의한 살모넬라증이 증가하고 있는데 살모넬라 식중독의 감염량은 일반적으로 10^6개 이상의 균체가 필요하다. 숙주의 감수성, 혈청형의 독성, 섭취된 음식의 유형에 따라 감염량은 영향을 받아 *S.* Typhimurium의 경우 수백 개의 세포로도 식중독을 일으킬 수 있다.

살모넬라 식중독은 장내세균과에 속하는 *Salmonella* 속 세균이 원인이다. 살모넬라균은 그람음성의 무아포 간균, 통성혐기성으로 편모를 가지고 있어 운동성이 있고 사람을 포함한 포유동물 및 조류 등에 주로 분포되어 있으며 생존능력이 뛰어나다. *S.* Typhimurium이 생존할 수 있는 시간은 대변에서 60시간, 물에서 5~15일, 얼음에서 3개월, 육류에서 8주, 저온 및 건조한 환경에서도 생존할 수 있다. 살모넬라에 의한 식중독 예방은 살모넬라는 열에 약하므로 가열 처리 및 교차오염이 생육, 조리기구 등에 의해 일어나지 않도록 주의한다. 살모넬라는 8℃의 냉장온도에서 서서히 증식할 수 있으므로 냉장온도 관리를 철저히 해야 한다.

■ **원인식품:** 육류, 가금류, 달걀 등과 같은 동물성 식품이 주요 원인식품이다.

(2) 캠필로박터

캠필로박터*Campylobacter*균은 동물에서 사람으로 전염될 수 있기 때문에 캠필로박터증은 인수공통질병으로 분류된다. 미국의 FDA 및 EU의 보고에 의하면 캠필로박터증은 미국과 유럽의 위장염 발생에 가장 큰 원인이며 그 발생률은 매년 증가하는 추세이다. 캠필로박터 식중독을 일으키는 주 원인세균은 *Campylobacter jejuni*와 *Campylobacater coli*로 알려졌다.

캠필로박터 균종은 그람음성, oxidase 양성의 곡선 또는 나선형 막대기 모양의 세균으로 대부분 한쪽 끝 또는 양쪽 끝에 극성 편모를 가지고 있어 매우 특징적인 '코르크 스크류cork-screw' 형태의 운동성을 보인다. 중요한 특징은 미호기성으로 5~10%의 산소가 존재할 때만 증식할 수 있으며, 발육 최적온도는 37~42℃로 다소 고온에 강하다. 냉장온도에서는 증식은 불가능하지만 생존은 가능하고 시간이 지남에 따라 살아 있으나 배양은 불가능한viable but nonculturable, VBNC 상태로 바뀌는 능력이 있다. VBNC 세포는 일반 배지에서는 배양할 수 없으나 살아 있는 세포로 동물이나 인간은 감염시킬 수 있어 위험하다.

캠필로박터는 가금류의 장내에 서식하고 있는 미생물로 가금류의 분변에 10^6/g 이상 존재하는 걸로 알려져 있다. 따라서 캠필로박터에 의한 식중독 예방을 위해서는 가금류의 분변에 의한 직접 또는 간접적인 식품오염을 방지해야 하며 오염된 물로 생채소 등을 씻는 일을 삼가야 한다. 또한 가금류 조리 시 철저한 개인 위생을 통해 교차오염을 방지해야 한다.

- **원인식품:** 주로 가금류, 소고기, 돼지고기, 기타 육제품, 우유 및 유제품 등에 오염되며, 빈도는 낮지만 어육제품, 홍합, 신선 채소 등에서 발견되기도 한다.

(3) 병원성 대장균

대장균*E. coli*은 우리 몸, 대장 속에 살아가면서 우리와 삶을 공유하는 세균으로 보통의 대장균은 건강한 사람의 대장에서 상주하면서 영양물질을 합성하며, 대장의 정상적인 생리 기능을 유지하고, 장의 구조를 튼튼하게 하는 데 중요한 역할을 한다. 병원성 대장균pathogenic *E. coli*은 사람에게 식중독 등의 병을 일으키는데 발병 특성 등에 따라 장출혈성 대장균hemorrhagic, EHEC, 장독소형 대장균toxigenic, ETEC, 장침입성 대장균invasive, EIEC, 장병원성 대장균pathogenic, EPEC, 장흡착성 대장균aggregative, EAEC으로 분류된다. 이 중 장출혈성 대장균hemorrhagic, EHEC은 출혈성 설사를 동반하고, 때로는 용혈성 요독증hemolytic uremic syndrome, HUS을 유발하여 매우 위험한 식중독균이다. 혈청형은 O157, O26, O103, O104, O111, O146 등이 있고, *Shigella*가 생산하는 독소와 유사한 Shiga-like toxinverotoxin을 생산한다.

병원성 대장균은 통성혐기성 간균으로 주모성 편모가 있어 운동성이나 편모가 없고 비운동성인 것도 있다. 병원성 대장균이 공포의 대상이 되는 이유는 *E. coli* O157:H7의 경우 감염력이 매우 강하며, 식중독 발병 후 단기간에 사망할 가능성이 매우 높다. 특히 *E. coli* O157:H7은 일반 대장균과는 달리 균이 증식할 때 베로독소verotoxin라는 강력한 독소를 생성해 대장을 파괴하며 그 결과 심한 복통과 통증을 느끼고, 파괴된 장관에서는 출혈 때문에 피가 섞인 설사변이 나오게 된다. 출혈 후 베로독소는 혈액의 흐름을 따라 체내를 돌면서 적혈구를 파괴해 적혈구가 정상적인 기능을 잃게 되어 장기에 해를 미치며, 체력이 약한 노인이나 아동 등은 신장기능에 장해를 일으켜 사망에 이르게 되는 용혈성요독증을 일으킬 확률이 5% 정도이다. 또한 용혈성빈혈, 혈소판감소증, 급성심부전증의 3대 징후를 보이는데, 용혈성요독증 환자의 약 30%는 신장 기능의 완전 회복이 어렵다.

예방을 위해서는 개인위생을 철저히 하고 적절한 온도에서 가열처리, 냉장보관, 교차오염 방지 등의 행동을 습관화해야 한다. 최근 연구에 의하면 분쇄가공육에 오염된 장출혈성 대장균EHEC의 경우 -18℃ 냉동온도에서도 균의 사멸이 거의 일어나지 않는 것으로 나타나 주의가 요망된다.

■ **원인식품:** 분쇄가공육, 양상추, 시금치, 샐러드 등이 문제가 된다.

학교급식에서 식중독 사고

병원성 대장균에 의한 식중독 사고

학교급식 식중독 사고의 원인균으로 병원성 대장균이 42.6%를 차지하는 것으로 보고되고 있다. 2012년, 2014년에 학교급식에서 김치에 오염된 병원성 대장균에 의한 식중독 사고가 발생하였는데, 원인식품으로서 총각김치 3건, 알타리김치, 배추김치가 원인식품으로 추정되었으며 그 원인은 장관병원성대장균(enteropathogenic *E. coli*, EPEC), 장흡착성대장균(enteroaggregative *E. coli*,

EAEC), 장관독소원성대장균 (enterotoxigenic *E. coli*, ETEC O169 과 ETEC O6)인 것으로 확인되었다. 학교급식에서 분리된 병원성 대장균은 ampicillin, nalidixic acid 등과 항생제에도 내성이 관찰되어 학교급식에 납품되는 김치위생관리가 매우 요구된다.

2020년 6월 안산시 유치원에서 장 출혈성 대장균에 의한 식중독 사고가 보고되었다. 환자 16명에게서 장출혈성 대장균에 의한 합병증인 "용혈성요독증후군(HUS) 증세가 나타났으며, 이중 4명은 신장투석을 하며 집중치료를 받고 있다. 2016년 햄버거 프랜차이즈 매장 내 햄버거 세트를 먹고 HUS 진단을 받은 어린이는 신장기능의 90%를 상실, 신장장애 2급판정을 받고 매일 10시간씩 신장투석을 받고 있다. 장출혈성 대장균에 의한 식중독 사고가 특히 어린이들에게 치명적인 점을 고려해서 어린이집, 유치원을 포함하여 학교급식에서 병원성 대장균에 의한 사고가 일어나지 않도록 철저한 위생관리에 주의가 요망된다.

초콜릿 케이크에서 살모넬라 톰슨에 의한 식중독 사고

2018년 전국 57개 학교 학생 2207명이 식중독 의심증세를 보였다. 학교에서 급식으로 제공된 초콜릿케이크를 먹은 다수의 학생들 에게서 살모넬라 균으로 인해 식중독이 발생하였다. 살모넬라는 주로 닭고기, 계란 등 가금류 식품을 통해 전파되는데 살모넬라 톰슨 균은 달걀 껍데기에 붙어 있는 경우가 많으며, 섭씨 65도 이상에서 30분 이상 가열하면 사멸하지만, 냉동 상태나 건조 상태에서는 없어지지 않는다. 제조과정에서 액상란의 살균 부재 등 위생관리가 제대로 되지 않은 점이 주요 원인으로 지목되었는데 액상란은 유통기한이 72시간으로 과자나 빵의 원료로 주로 사용되고 있어 철저한 살균소독과정의 중요성이 강조되어야 한다.

(4) 장염 비브리오

장염비브리오균*Vibrio*은 그람음성 간균으로 운동성이 있으며 통성 혐기성으로 식중독을 유발하는 병원성 균은 사람과 토끼의 혈구를 용혈시키는 카나가와Kwnagawa 현상을 보인다. 이 용혈은 내열성 용혈소hemolysin에 의하여 일어나며 카나가와 현상 양성과 균의 병원성은 일치하므로 이 용혈소가 장염 식중독을 일으키는 인자로 추정되고 있다. 비브리오균은 소금이 전혀 들어 있지 않은 배지에서는 발육하지 않으며, 3~5%의 식염 농도에서 분열이 10~12분 정도로 발육시간이 매우 빠르나 10% 이상의 소금에서는 발육이 정지된다.

장염비브리오균은 바닷물에 존재하는 식중독균으로 해수온도가 15℃ 이상이면 증식을 시작하며, 20~37℃의 온도에서 3~4시간 만에 100만 배로 증가한다. 주요 감염경로는 여름철 따뜻해진 바닷물에서 급격히 증식한 장염비브리오균이 어류, 패류, 연체동물 등의 표피와 내장 및 아가미 등에 부착되어 이를 섭취할 때 식중독이 발생하게 된다.

식중독 예방요령은 횟감용 칼, 도마는 꼭 구분하여 사용하며, 사용한 조리기구는 깨끗이 씻은 후 가열하여 2차 오염을 방지한다. 어패류는 가능한 한 여름철에는 날로 먹지 않고 구입 후 신속히 냉장보관하도록 한다.

주요한 식중독 원인균에는 *Vibrio parahaemolyticus*와 *Vibiro vulnificus*이 있다. 특히 *V. vulnificus*는 높은 치사율(40% 이상)을 보이며 오염된 해산물, 특히 생굴 섭취를 통해 혈관으로 침투한 세균에 의해 20~40시간 내 패혈증을 유발한다. 특히 면역성이 떨어진 노인, 간질환이 있는 환자에게는 매우 위험할 수 있으므로 해산물을 날로 섭취하지 않도록 주의한다. *Vibrio parahaemolyticus*는 감염량이 10^6 이상으로 알려져 있으나 *V. vulnificus*의 경우 10^2 이하로도 감염을 일으킬 수 있어 매우 위험하다.

■ **원인식품:** 바다에서 채취한 어패류, 생선회 등이 주요 원인식품이다.

(5) 리스테리아

리스테리아*Listeria*는 그람양성의 간균으로 포자를 형성하지 않는 호냉성의 통성혐기성균으로 주모성 편모를 이용하여 움직이는 인수공통 병원균이다. 건조하거나 염도가 높은 열악한 환경에서도 생존할 수 있으며 저온에서도 잘 자란다. 주요 식중독 원인균인 *L. monocytogenes*는 자연환경에 널리 분포되어 있기 때문에 근본적 오염 방지는 어려우나 위생적으로 식품 제조 및 취급을 통해 리스테리아에 의한 식중독 발생을 줄일 수 있다. 이처럼 고염농도(10% NaCl), 저온 상태의 환경에서도 잘 적응하여 성장하기 때문에 식품 제조단계에서의 균 오염 방지 및 제거가 가장 최선의 방법이다. 리스테리아는 4℃ 냉장온도에서 증식하므로 가정에서는 주기적으로 냉장고를 청소함으로써 리스테리아에 의한 식중독이 발생하지 않도록 해야 한다. 또한 냉동식품, 건조식품에서도 강한 생존력을 보이는 것으로 보고되었다.

*L. monocytogenes*는 특히 임산부에게 감염되면 자연유산, 조산, 사산 등을 초래하며, 신생아 감염 시는 패혈증, 수막염 등을 일으켜 다른 식중독균보다 치사

율(25% 이상)이 높다. 특히 면역이 약화된 사람이나 신경계 장애자의 경우 1,000 마리 이하의 균으로도 발병이 가능하며 치사율은 38~40%로 매우 높다. 특히 냉장온도에서 오랜 시간 유통 판매되는 치즈, 살라미, 열처리된 유제품과 즉석섭취식품ready to eat food 등에서 검출되기도 하기 때문에 냉장식품의 섭취 시 주의가 필요하다.

- **원인식품:** 원유, 살균처리하지 아니한 우유, 핫도그, 치즈(특히 소프트치즈), 아이스크림, 소시지 및 건조소시지, 가금육, 식육 등 식육제품과 훈연 생선 및 채소류 등이 있다.

2) 독소형 식중독균

(1) 클로스트리디움 보툴리늄

산소를 싫어하는 혐기성 세균인 클로스트리디움 보툴리늄*Clostridium Botulinum*은 그람양성 간균으로 산소가 없는 곳에서도 생존하며 열에 강한 포자를 만들어 살균처리를 해도 균은 죽더라도 포자는 생존할 수 있다. 따라서 충분한 살균이 이루어지지 않으면 사멸되지 않은 포자가 발아해 영양세포로 증식하고 그 양이 충분할 때 독소를 분비하여 식중독을 일으킬 수 있다. 보툴리눔 독소는 일종의 단백질로 100℃에서 15분 이상 가열 시 변성이 되기 때문에 충분히 가열하면 중독을 막을 수 있다. 보툴리눔 포자는 열에 강하나 121℃에서 15분간 가열하면 사멸되며 250 ppm의 아질산염nitrite에 의해 발아가 저지된다.

클로스트리디움 보툴리늄 포자는 주로 농산물 경작지의 토양에 분포되어 흙에 붙어 자라는 농산물이나 과일 등에서 주로 발견되는데 이 균에 의한 식중독은 대표적으로 소시지와 산도(pH) 4.5 이상의 통조림식품 등에서 발생하고 있다. 클로스트리디움 보툴리늄은 독소를 생성하는 타입에 따라 A, B, C, D, E, F로 나누어지는데 사람에게 주로 식중독을 일으키는 것은 A, B, E의 세 가지 형이다. E형은 특히 4℃ 냉장온도에서도 증식하여 독소를 생성하므로 적절한 냉장보관이 매우 중요하다. 보툴리늄균은 특히 신경에 작용해서 근육을 마비시키는 신경독neurotoxin을 분비하여 독소형 식중독을 일으키는데 사물이 둘로 보이거나 가까운 거리를 제대로 보지 못하는 등의 안구 증상이 나타나고 입마름, 연하곤란이나 심한 경우에는 호흡이 마비되어 사망에 이르기도 한다.

■ **원인식품:** 식육, 어류, 채소, 과실 통조림, 어류의 소금 절임식품 등이 문제가 된다.

(2) 황색포도상구균

황색포도상구균*Staphylococcus aureus*은 그람양성 구균, 통성혐기성 균으로 4~5개 정도의 구균이 모여 있는 경우가 많아 포도상구균이라 부른다. 다른 균에 비해 소금에 강하여 소금 농도가 높은 곳에서도 증식하며 식품 중에서 증식하여 생산한 장독소enterotoxin가 1μg 정도 함유한 식품을 섭취할 때 식중독을 일으키는데 1μg 정도의 독소가 생성되려면 10^6 정도로 균의 증식이 필요하다. 장독소는 내열성이 강하여 100℃에서 60분간 가열해야 파괴된다. 포도상구균은 SEA, SEB, SEC1, SEC2, SEC3, SED, SEE의 7개의 다른 장독소를 생산한다. 독소에 따라 독성 및 열에 안정성에 차이가 있는데 SEA에 의해서 식중독이 가장 많이 발생하는 것으로 알려졌다. 일반적인 가공, 조리 열로는 독소를 파괴시키지 못하므로 독소가 생성되지 않게 하는 것이 매우 중요하다. 포도상구균은 균의 증식에 좋지 못한 환경에서도 다른 균보다 특히 식품에서 더 잘 증식하는 능력이 있다.

황색포도상구균은 토양, 하수 등의 자연계에 널리 분포하며 주요 급원은 사람이나 동물로 건강한 사람의 피부에서도 쉽게 분리될 수 있는데 건강인의 약 30%가 이 균을 보균하고 있어 코 안이나 피부에 상재하고 있는 황색포도상구균이 식품에 혼입될 가능성이 있다. 따라서 식품 취급자는 손을 청결히 하며, 손에 창상 또는 화농이 있으면 식품을 취급해서는 안 된다. 황색포도상구균에 대한 예방은 식품제조에 필요한 모든 기구와 기기 등을 청결히 유지하여 교차오염을 방지한다. 식품은 적당량을 조속히 조리한 후 모두 섭취하고, 식품이 남았을 경우에는 실온에 방치하지 말고 5℃ 이하에 냉장보관하여 균이 오염되었다 할지라도 증식을 예방하여 독소가 생성되지 않게 하는 것이 매우 중요하다.

■ **원인식품:** 육류 및 그 가공품과 우유, 크림, 버터, 치즈 등과 이들을 재료로 한 과자류와 유제품, 밥, 김밥, 도시락, 두부 등과 복합조리식품, 크림, 소스, 어육연제품 등이 있다.

3) 독소감염형

(1) 바실러스 세레우스

바실러스 세레우스*Bacillus cereus*는 그람양성의 호기성 간균으로 편모를 갖고 있으며 135℃에서 4시간 가열에도 견디는 내열성의 포자를 형성하는 토양세균의 일종으로 사람의 생활환경을 비롯하여 토양, 하천, 먼지, 오수 등 자연계에 널리 분포하고 있다. 많은 식품이 아주 적은 양의 바실러스 세레우스균과 포자를 가지고 있으나 이들 식품을 섭취한다고 식중독이 발생하지는 않는다. 그러나 이들 식품이 포자발아를 일으켜 균의 증식이 일어나 살아 있는 세포가 g당 10^6~10^8 CFU 정도로 증식하여 이 정도의 균이 포함된 식품을 섭취했을 때 위장염을 일으킨다. 바실러스 세레우스는 두 가지 종류의 독소를 생성하는데 독소는 균이 성장하는 동안 생성되어 세포 안에 있다 세포가 파괴될 때 분비되는데 주로 장관 안에서 일어난다.

바실러스 세레우스 독소는 증상에 따라 설사형과 구토형이 있는데 설사형 독소diarrhea toxin는 장내에서 생성되는 열, 산, 알칼리, 단백질 가수분해효소에 민감하고 살아 있는 세포를 섭취한 후 6~12시간 내 설사, 복통 등의 증상을 보이나 열이나 구토증상은 없다. 반면 구토형 독소emetic toxin는 열 산, 알칼리, 단백질 가수분해효소에 저항력을 갖으며 살아 있는 세포를 섭취한 후 1~5시간 내 메스꺼움, 구토, 복통, 설사 등의 증상을 보인다.

주요 예방책은 곡류, 채소류는 세척하여 사용하며 조리된 음식은 장기간 실온방치를 금지하고, 5℃ 이하에서 냉장보관한다. 저온보존이 부적절한 김밥 같은 식품은 조리 후 바로 섭취해야 한다.

■ **원인식품:** 토양상재균으로 자연계에 널리 분포하며, 토양과 밀접한 관계가 있

는 식품 원재료와 그 가공조리식품이 식중독 원인식품이고, 설사형은 향신료 사용 요리, 육류 및 채소의 수프, 푸딩 등이 대표적 원인식품이고, 구토형은 주로 쌀밥, 볶음밥 등이 원인이다.

(2) 클로스트리디움 퍼프린젠스

클로스트리움 퍼프린젠스*Clostridium perfringens*는 세균 분류상 *Clostridium botulinum*과 같은 클로스트리디움 속에 속하는 균으로 발견자인 웰치William Henry Welch의 이름을 따서 웰치균이라고도 한다. *Cl. perfringens*는 동물의 관장, 토양, 물 등 도처에 분포하고, *Cl. perfringens*는 그람양성 간균으로 포자를 형성하며 보툴리누스균과 마찬가지로 산소를 싫어하는 편성혐기성 균이나 약간의 산소에도 견디는 특성이 있다. 식품 오염 시 빠른 속도로 증식하는데 성장에 몇 개의 아미노산이 필요하여 특히 단백질 식품에서 매우 빠르게 증식한다. 식중독은 영양세포가 섭취되어 장내에서 포자화sporulation되면서 생성된 독소에 의하여 발병한다.

10^5 CFU/g 이상 다량의 *Cl. perfringens*가 분비하는 장독소enterotoxin는 장관의 세포에 작용하며 독소 생성 능력에 따라 A, B, C, D, E, F 등 6종류로 구분되는데 사람의 식중독에 관여하는 것은 주로 A형과 C형의 독소감염형 식중독 균이다. 이 균에 의한 식중독은 발생 빈도는 낮으나 일단 발생하면 환자수가 많은 것이 특징이다. 이 세균은 열에 강한 포자를 만들기 때문에 가열해서 조리한 음식에서도 식중독을 일으키는데 대량으로 조리한 급식 등에서 주로 발생하여 환자수가 많은 대규모 식중독 사건을 일으킨다. *Cl. perfringens* 식중독은 대개 치명적이지는 않으나 잠복기가 짧고 설사와 복통을 동반하며, 어린이와 노인의 경우 위험할 수 있다. 주요 예방책은 단체급식 등에서 식품을 준비, 조리하는 전 과정을 위생적으로 관리하고, 조리 시 영양세포와 포자를 죽일 수 있는 충분히 높은 온도에서 가열하여야 하며, 열처리된 식품은 가능한 한 신속하게 냉각하여 냉장고에서 보관하여 살아남은 영양세포의 증식 및 포자가 발아하지 못하도록 한다.

- **원인식품:** 육류 및 그 가공품, 어패류 등 동·식물성 단백질 식품 등이 문제가 된다.

실험 11 멸균제품 세균발육시험

1. 실험 원리 및 목적

통·병조림, 레토르트 등 상온에서 보관하는 멸균제품에서 세균의 발육유무를 확인하기 위해 세균발육 시험을 실시한다. 멸균제품에 세균이 남아서 발육하는 경우에는 품질이상을 초래하거나 유해 세균의 포자가 잔존하는 경우에는 식중독을 발생시킬 수 있기 때문에 멸균 여부 확인이 필요하다.

티오글리콜린산염 배지는 혐기성 미생물, 호기성 미생물, 까다로운 미생물의 성장을 지원하는 배지이다. 많은 영양분(카제인, 효모, 쇠고기 추출물, 비타민 등)을 포함하기 때문에 세균의 성장을 향상할 수 있다. 이 배지는 레자주린을 포함하여 상층부는 산소와 접해 붉은 색을 띄고 하층부는 산소와 접하지 않아서 붉은색을 띄지 않아야 한다. 티오글리콜린산과 0.075 % 한천이 포함되어있어 공기 중의 산소가 배지내로 운반되지 않도록 하여 시험관 하단에는 혐기성 세균이 자랄 수 있도록 한다.

2. 실험재료 및 방법

실험재료

고압증기멸균기/ 배양기/ 무균대/ 균질기/ 피펫/ 멸균시료백/ 희석액(멸균생리식염수)/
티오글리콜린산염 배지/ pH 미터/
식품 시료 또는 미생물(멸균 제품의 경우 대부분 미생물이 나오지 않는다)

실험방법

가온보존시험

1. 시료 5개를 35~37℃에서 10일간 보존한다.
2. 상온에서 1일간 추가 방치한 후 용기·포장이 팽창 또는 새는 경우, 세균발육 양성으로 하고 음성으로 나타나는 경우에는 다음 세균실험을 실시한다.

세균시험

3. 세균시험은 가온보존시험 음성으로 판정된 검체 5개를 각각 5개 시험관으로 적용하여 시

험한다(즉, 전체 5개 시료인 경우는 총 25개 티오글리콜린산 배지 시험관에 접종한다).

대조군을 위해 멸균된 티오글리콜린산염 배지를 별도로 준비한다.

4. 무균대에서 밀봉된 시료의 개봉부의 표면을 70% 알코올 탈지면으로 잘 닦고 개봉하여 무균대 내의 저울을 이용하여 검체 25 g을 희석액 225 mL에 가한다.
5. 검체 25 g을 희석액 225 mL 혼합액을 균질기에 균질화 시킨다.
6. 균질화 된 시료 1 mL를 미리 준비된 뚜껑있는 멸균시험관에 희석액 9 mL 넣어 voltex에 잘 혼합한다. (시험용액 준비 완료)
7. 시험용액 1 mL씩을 5개의 티오글리콜린산염 배지에 각각 아래쪽부터 상층부까지 조심스럽게 접종하여 35~37℃에서 48±3시간 배양한다.
8. 위에서 실시된 35~37℃에서 48±3시간 배양된 5관 중 어느 하나라도 세균증식이 확인되어 부유물이 발생되면 세균발육 양성으로 판정한다. 세균 증식이 확인되지 않으면 최종 음성으로 판정한다.

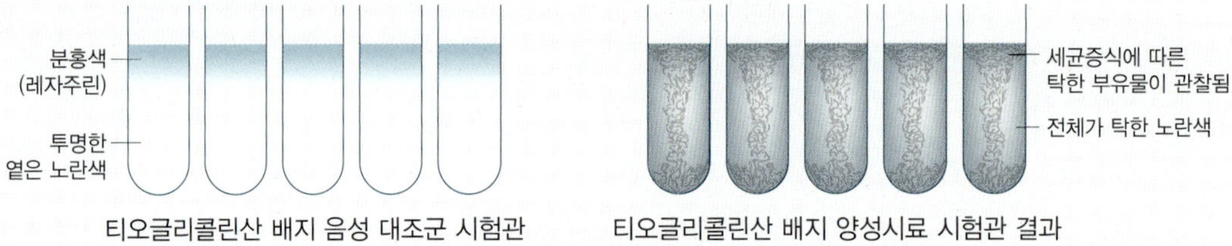

세균시험(좌: 음성대조군, 우: 양성반응)

FOOD MICROBIOLOGY • chapter 12

식품품질검사와 미생물 검출

1. 식품품질검사의 목표
2. 식품의 미생물학적 품질검사의 목적

학습목표

1. 식품품질검사의 목적 및 검사방법을 이해한다.
2. 주요 미생물 검출법을 이해한다.

1 식품품질검사의 목표

식품의 품질을 구성하고 있는 요소는 크게 양적 요소, 영양적 요소, 기호성 요소, 위생안전성 요소로 나눌 수 있다. 이 중 식품의 위생안전성 요소는 식품원료에 오염된 잔류농약 및 항생물질, 유해미생물에 의한 오염 유무, 이물질 및 독소물질의 혼입, 첨가물 사용 등이다. 식품품질검사는 그 종류와 시험법이 워낙 방대하며 그 목적과 성격에 따라 검사항목, 내용 등이 달라진다. 식품품질검사의 주요 항목은 다음 표 12-1과 같다.

표 12-1 식품품질검사의 주요 항목

종류	항목
관능검사	사람의 오감에 의한 검사 예: 외관, 색, 경도, 냄새 및 이물의 부착 등
미생물학적 검사	병원성 미생물 일반, 세균수, 대장균군 및 장내세균, 곰팡이, 효모, 바이러스 등
이화학적 검사	pH, 영양성분, 식품첨가물, 유해물질 및 항생물질 검사
물리학적 검사	색, 조직감 등

2 식품의 미생물학적 품질검사의 목적

식품의 미생물학적 품질검사의 목적은 첫째, 식품에 기인하는 질병의 발생 시 원인물질의 규명과 감염·오염경로의 규명, 둘째, 식품에 의한 위해방지 및 품질유지를 위한 기간 설정, 셋째, 식품의 위생품질에 대한 실태파악 및 관리방안을 결정하기 위한 것이다. 이를 위하여 식품미생물 검사를 실시하는데, 식품미생물 검사를 통해 오염지표세균을 검출해서 신선도 및 부패의 정도를 판정하고 병원성 세균을 검출해서 식품의 안전성을 판정한다.

오염지표세균 검사로는 식품 중의 신선도를 감별하기 위해 일반세균, 비위생적 처리의 척도로 대장균군, 분변오염지표세균인 대장균검사가 있다. 이들 오염지표세균 검사는 식품의 부패 정도를 확인하고 병원성 미생물의 오염 가능성이 있는 비위생적 식품을 판단하는 지표로 삼을 수 있다.

1) 식품의 미생물 검사를 위한 검체 채취의 일반원칙

식품의 미생물 검사에서 제일 유의할 점은 검체 중 미생물의 상황이 환경조건에 따라 변화하므로 원래 검체 중에 함유되어 있던 미생물 외에 별개의 미생물이 시험조작 중 오염될 수 있다는 것이다. 따라서 이와 같은 시험상의 오염을 방지하기 위하여 시험조작은 원칙상 무균적으로 조작해야 하며 동시에 실험실 내의 환경을 청결하게 해야 한다. 식품의 미생물 검사를 위해 검체를 채취할 때 주의할 점은 다음과 같다.

- 미생물학적 검사를 위한 검체는 다른 미생물에 오염되지 않도록 단위포장 상태 그대로 수거하도록 한다. 검체를 소분 채취할 경우에는 멸균된 기구, 용기 등을 사용하여 무균적으로 행해야 한다.
- 검체는 관련 정보 및 특별 수거계획에 따른 경우와 식품접객업소의 조리식품 등을 제외하고는 정상적인 방법으로 보관, 유통 중에 있는 완전 포장된 것에서 채취해야 한다.

- 부패·변질 우려가 있는 검체: 멸균용기에 무균적으로 채취하여 저온(5℃±3 이하)을 유지시키면서 24시간 이내에 검사기관에 운반해야 한다. 부득이한 사정으로 이 규정에 따라 검체를 운반하지 못한 경우에는 재수거하거나 채취 일시 및 그 상태를 기록하여 식품위생검사기관에 검사 의뢰한다.
- 부패·변질 우려가 없는 검체: 반드시 냉장온도에서 운반할 필요는 없으나 오염, 검체 및 포장의 파손 등에 주의해야 한다.
- 검체를 채취, 운송, 보관할 때에는 채취 당시의 상태를 유지할 수 있도록 밀폐되는 용기, 포장 등을 사용해야 한다. 얼음을 사용할 때에는 얼음 녹은 물이 검체에 오염되지 않도록 주의해야 한다.

2) 미생물 검출법(식품공전법)

미생물 검출법으로는 식품의 미생물 검사에서 주로 사용되는 전통 검사법과 신속검출법이 있다. 전통 검사법으로는 일반세균수를 측정하는 표준평판법을 원칙적으로 사용하는데 그 외 최확수MPN법, 직접 현미경법, 막 여과법 등이 있다.

(1) 미생물 전통 검사방법

① 일반세균수: 표준평판법

가장 보편적으로 쓰이는 방법으로 살아 있는 세균은 집락을 형성한다는 것을 전제로 한다. 따라서 평판배지 위에 형성된 집락수는 시료 내에 포함되어 있는 집락 형성이 가능한 살아 있는 세균의 숫자에 비례한다. 시험배양액을 몇 단계 10배수법으로 희석하여 평판배지에 접종하여 배양 후 생성된 집락수가 1개의 평판당 30~300개의 집락을 생성한 평판을 택하여 집락수를 계산하는 것을 원칙으로 한다. 일반세균수는 대부분 식품 및 그 제조과정 중의 일반적인 세균 오염상황을 나타내는 지표가 되고 식품의 안전성, 보존성, 위생적 취급의 적절함을 평가하는 수단이다.

방법은 시료 원액을 희석액에 따라 10~1,000배까지 희석하여 각 희석단계에

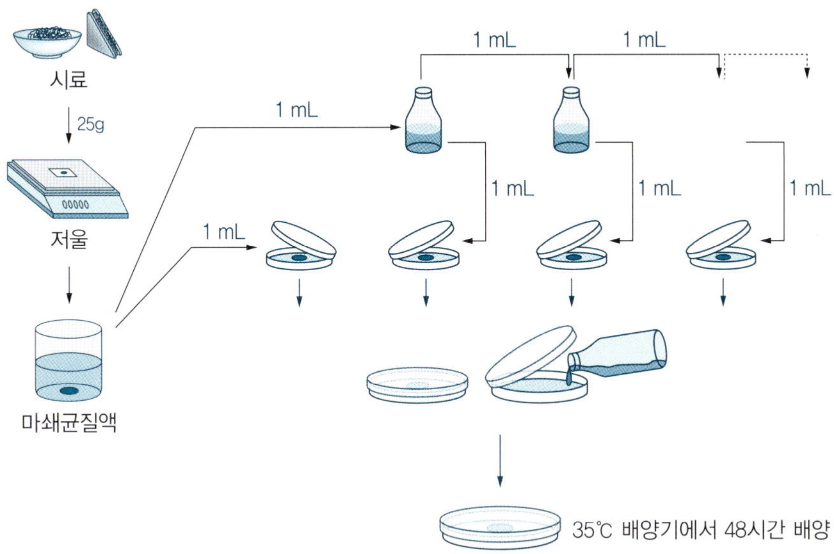

그림 12-1 일반세균수 검사방법

서 1mL를 2장의 플레이트petri dish에 분주한다. 미리 50℃에 보온한 표준한천배지 20mL를 각 플레이트에 부어 희석시료와 배지를 잘 혼합하여 평판에 굳힌다. 35℃로 48시간 배양한 후 균의 콜로니colony를 측정한다.

② **최확수법**

최확수법most probable number, MPN이란 이론상 가장 가능한 수치를 말하여 동일 희석배수의 시험용액을 배지에 접종하여 대장균군의 존재 여부를 시험하고 그 결과로부터 확률론적인 대장균군의 수치를 산출하여 이것을 최확수MPN로 표시하는 방법이다. MPN법은 식품기준상에서 평판측정법으로 탐지되지 않는 적은 수의 숫자를 가져야 하는 특정 미생물을 검출할 필요가 있을 때 사용되고, 특히 대장균과 같은 위생지표미생물을 검출하는 데 주로 사용된다.

최확수법은 시험용액 10mL, 1mL, 0.1mL와 같이 연속해서 3단계 이상을 각각 5개씩 또는 3개씩 발효관에 가하여 배양 후 얻은 결과에 의하여 검체 100mL 중 또는 100g 중에 존재하는 대장균수를 표시하는 것이다. 다수의 샘플을 사용하여 원 희석액으로부터 양성튜브의 여러 가지 조합에 대한 MPN 값을 나타내는 통계

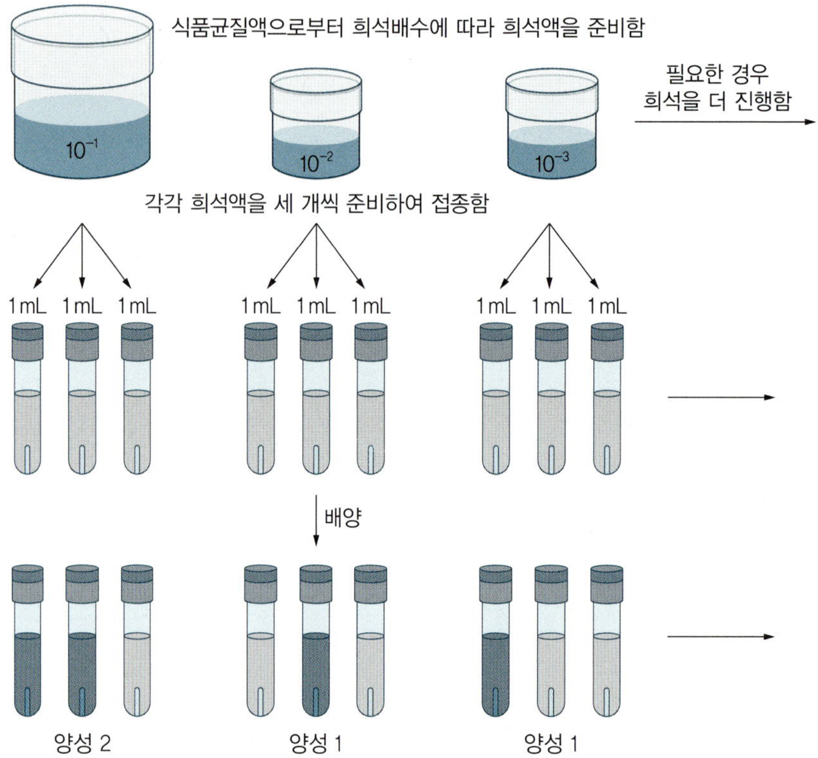

그림 12-2 세 개의 튜브를 사용한 최확수법

적표(최확수표)와 연결하여 결과값을 표시한다. 그림 12-2은 세 개의 튜브를 사용한 최확수법의 예이다.

③ **직접현미경법**(direct microscopic count)

식품시료에 있는 미생물의 오염도를 광학현미경을 사용하여 직접 검사하는 방법으로 주로 액체식품이나 반고체식품에 사용할 수 있는 방법이다. 적은 양의 식품시료(0.01 mL 액상식품이나 균일화하여 희석한 식품)를 슬라이드에 떨어트려 건조한 후 염색하여 현미경으로 그 수를 세는 방법이다. 이 방법은 매우 빠르게 결과를 확인할 수 있는 경제적인 방법이긴 하나 죽은 세포와 살아 있는 세포를 구별하지 못하며, 샘플 양이 많을 때에는 실험자에게 피로감을 주어 실험결과에 오류가 나타날 수 있다. 또한 대부분 식품에는 다른 잔여물이 많아 정확하게 미

표 12-2 최확수법 표

각 희석배수당 1양성 튜브의 수			
10^{-1}	10^{-2}	10^{-3}	MPN/g
0	1	0	2
1	0	0	4
1	1	0	7
1	2	0	11
2	0	0	9
2	0	1	14
2	1	0	15
2	1	1	20
2	2	0	21
3	0	0	23
3	0	1	40
3	1	0	40
3	1	1	70
3	2	0	90
3	2	1	150
3	2	2	210
3	3	0	200
3	3	1	500
3	3	2	1100
3	3	3	〉1100

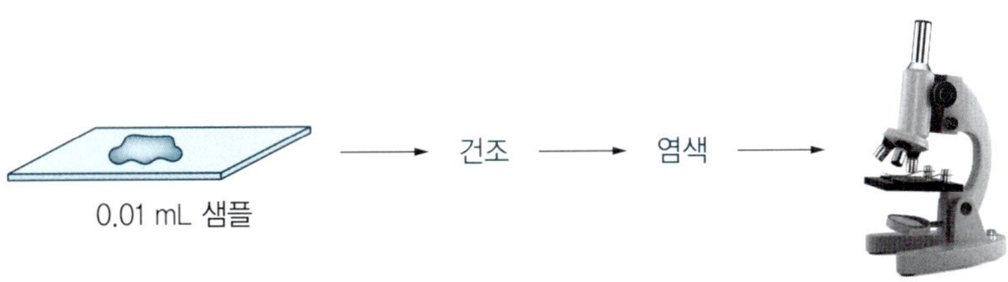

그림 12-3 직접현미경법

생물 수만을 세는 것이 매우 어렵다. 이 방법은 과거 우유 품질을 측정하는 데 사용되었다.

④ **막 여과법**

막 여과법membrane filtration technique은 0.45㎛ 크기의 구멍을 갖는 셀룰로스 아세테이트 막에 알려진 부피의 액체를 통과시키는 것이다. 이때 세균, 효모, 곰팡이는 액체로부터 제거되어 막 표면에 남으면 막을 한천 또는 영양배지 위에 옮겨 배양한다. 막 표면에 남은 미생물은 영양배지에 의해 콜로니를 형성하고 막 위에 있는 콜로니를 세어 여과된 용액 mL당 콜로니의 수를 계수한다.

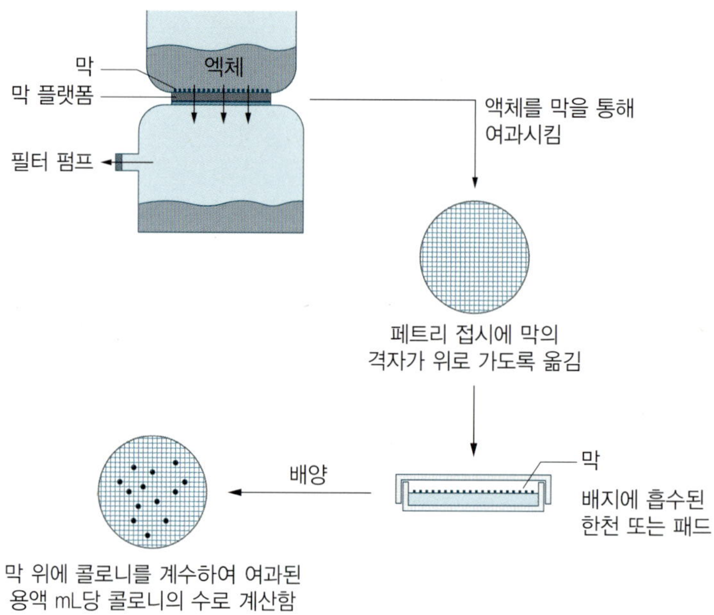

그림 12-4 막 여과법

(2) 미생물 신속검사방법

지금까지 소개한 미생물 검출방법은 복잡하고 시간이 많이 걸리는 단점이 있다. 최근 이러한 전통 검사법의 단점을 보완한 신속검출법으로 kit식 검사제품들이 많이 개발되었다. 신속검출법으로 주로 많이 활용되고 있는 방법은 건조필름법, bioluminescence method(ATP 측정법), PCR법, 효소면역 측정법(ELISA), DNA probe법 등이다.

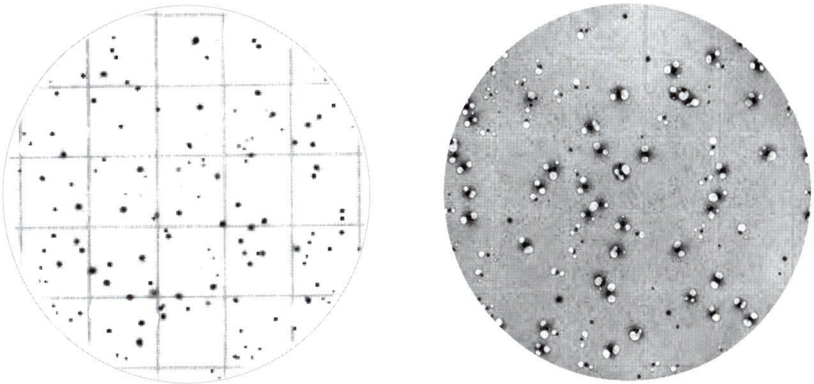

그림 12-5 일반세균과 대장균군/대장균용 건조필름 검사결과

① 건조필름법

건조필름법pertrifilm plates은 건조필름배지를 이용하여 세균 및 진균류를 검사하는 미생물시험법으로 건조필름배지는 biological film에서 세균 및 진균류가 증식할 수 있도록 영양성분을 필름에 코팅한 것이다. 국내에서 유일하게 공인된 제품인 3M™ Petrifilm은 미생물의 생육 특성을 고려하여 지시약이 건조필름배지에 포함되어 있어 균의 판독이 한천배지보다 용이하다. 3M™ Petrifilm은 한천배지와 같은 영양성분을 이용하므로 실험의 원리는 전통적인 한천배지법과 같으나 배지의 제조나 배양시간 등을 최대한 감소하여 짧은 시간에 많은 실험을 할 수 있도록 개발된 새로운 미생물 시험법이다.

건조필름petrifilm은 미생물 생장에 필요한 영양성분과 cold water soluble gel 그리고 염색지시약 등을 film에 특수 코팅하여 미생물 검사를 할 수 있도록 개발된 건조필름배지dry rehydratable film media로서 필름, 코팅, 접착제의 핵심기술로 만들어졌는데 현재 일반세균, 대장균/대장균군, 포도상구균, 리스테리아, 장내세균, 효모 및 곰팡이 등을 검출할 수 있는 건조필름이 개발되었다.

■ 3M™ Petrifilm™ aerobic count plate

일반 세균은 호기적인 조건에서 자라는 모든 세균을 지칭하며 일반적으로 신선도나 위생상태를 감별할 때 건조필름을 이용하면 48시간 이내 일반세균의 검출이 가능하다.

■ 3M™ Petrifilm™ coliform/*E.coli* count plate(**대장균군/대장균용**)

대장균군 중 43~45℃에서 유당(젖당lactose)을 분해하여 가스를 생성하는 균을 분원성 대장균군이라 하며, 대장균군보다 더 구체적인 분변오염의 지표가 되는 균이다. 대장균군용 건조필름을 적용하여 분원성 대장균군 검출이 가능한데 대장균군용 건조필름으로 분원성 대장균군을 검출할 때는 배양온도를 44~44.5℃로 높게 배양하여 검출하면 된다.

대장균은 분변에 가장 흔하고 많이 존재하여 분변오염의 정확한 지표가 되는데 3M™ Petrifilm에는 β-glucuronidase Indicator가 들어 있어 β-glucuronidase를 가진 대장균은 모두 파란색으로 검출되고 대장균군은 붉은색 균체로 나타나며, 균체 가장자리에 대장균군 성장 시 발생되는 이산화탄소 가스가 나타난다.

② **ATP 측정법**(bioluminescence method)

살아 있는 미생물 세포는 ATP를 가지고 있어 세포의 에너지원으로 ATP를 사용하여 세포활동을 하게 된다. ATP 측정법은 발광반딧불에서 추출한 루시페린이라는 기질과 루시퍼라제 효소가 미생물이 가지고 있는 ATP와 반응했을 때 빛을 발생하는 원리에 의한 것이다. 발생하는 빛의 양은 ATP의 농도에 비례하며 ATP는 살아 있는 세포수가 많을수록 증가하게 된다. 발광된 빛은 빛의 신호를 증폭하여 전기적 신호로 변화시키도록 디자인된 빛 측정기구에 의해 측정된다. ATP 측정법의 원리는 다음 그림 12-6과 같다.

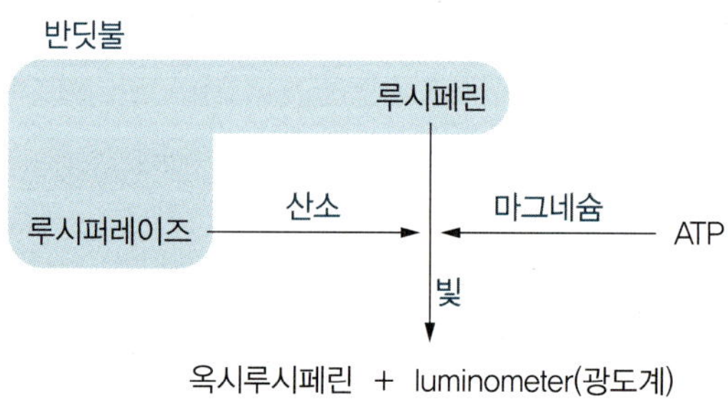

그림 12-6 루시페린과 루시퍼라제가 빛을 발생하는 원리

ATP 광도계를 이용하여 식품의 미생물학적 분석은 특히 식품산업에서 사용되는 도구의 표면 오염에 대한 신속한 모니터링을 위해 유용하게 사용되고 있다. 급식업체나 식품산업체에서 세척의 효과를 즉시 평가하는 데 사용된다.

그림 12-7 ATP 측정기

③ **PCR법**

PCR(중합효소 연쇄반응polymerase chain reaction)은 미생물의 DNA 사슬분리를 위한 열변성denaturation, 시발체의 결합annealing 및 DNA의 합성(중합반응 polymerization)의 세 단계를 반복하면서 DNA를 증폭시켜 신속하게 미생물을 정성분석하는 방법이다. PCR을 구성하고 있는 요소는 증폭하고자 하는 주형이 되는 DNADNA template, 프라이머primer, dNTP(dATP, dCTP, dGTP, dTTP 구성), DNA 중합효소polymerase 등인데 PCR에서 사용하는 polymerase는 Taq1 polymerase로 이것은 고세균Archaea인 *Themus aquaticus*로부터 추출한 효소로 열에 저항성이 있는 성질을 이용해서 PCR 분석법에 사용된다. 프라이머는 DNA 중합효소가 붙어서 DNA 합성을 개시할 수 있는 15~50 염기쌍base pair 정도의 올리고뉴클레오티드를 말한다.

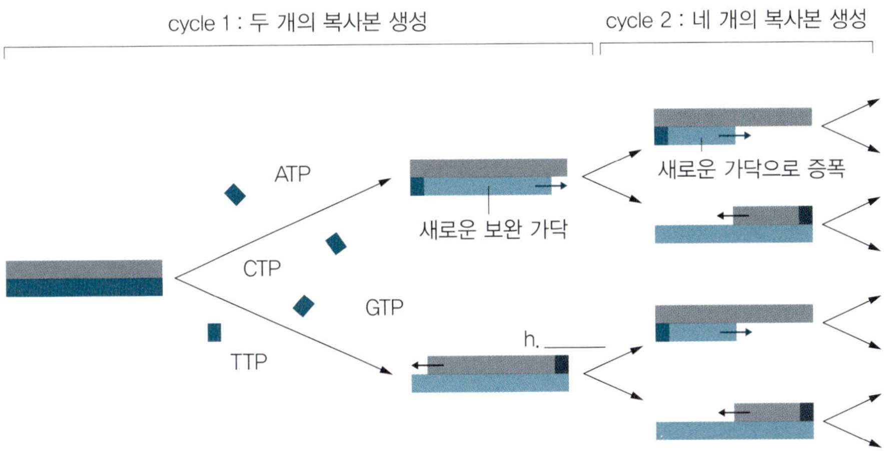

그림 12-8 PCR(중합효소 연쇄반응) 방법의 원리

PCR은 증폭시키려 하는 DNA template와 함께 우리가 증폭시키고자 하는 특정 지역에 결합하는 프라이머primer와 DNA 중합효소, 새로운 DNA를 만들기 위한 재료인 dNTPdeoxynucleotide triphosphate를 함께 넣어 94~96℃ 정도로 열을 가하면 한 개의 DNA가 두 가닥으로 분리된다. 이후 온도를 50~64℃ 정도로 내리면 프라이머와 중합효소가 외가닥 DNA의 특정 부위에 결합하고, 다음에 합성되어 2개의 DNA가 된다. 이것이 1주기가 되며 다시 온도를 올려서 이 과정을 반복하면 4개, 8개, 16개가 되는 식으로 폭발적인 연쇄작용을 통해 원하는 DNA의 양이 늘어나게 된다.

④ 효소면역측정법(ELISA)

ELISA는 항체를 사용한 면역학적 측정법immunoassay으로 enzyme linked immuno-sorbent assay라고 한다. 항체는 생체에 이물인 항원이 체내에 들어오는 것에 의하여 면역반응을 일으켜 만들어지는 단백질로서 그것을 만든 요인이 된 항원에만 특이적으로 결합하는 성질이 있다. 효소면역측정법은 상업적 키트kit 형태로 개발되어 병원성균 신속검출법으로 많이 이용되고 있는 방법으로 우선적으로 병원성균 포착용 항체를 마이크로플레이트 바닥에 붙이고 blocking agent인 bovin serum albumin을 첨가하여 플레이트 바닥에 다른 단백질이 붙지 못하도록 한다. 이 항체와 반응할 수 있는 항원으로 병원성 균 또는 독소를 포함하고 있을 것으로 생각되는 시료를 첨가하여 항원-항체반응을 유도한다.

만약 시료에 살모넬라가 없다면 항체와 결합하지 않으나 살모넬라가 있다면 첨가한 살모넬라 포착용 항체와 결합하게 된다. 다시 효소가 붙은 항체(살모넬라 포착용)를 첨가하여 항체가 샌드위치 형태 '항체-항원(병원성균 또는 독소)-항체-효소'로 결합하도록 한다. 샌드위치 형태의 반응물은 그 효소에 작용하는 기질을 첨가함으로써 효소는 기질과 반응하여 색을 띤 반응물을 생산하는데, 이것을 광학기를 이용해 색의 강도를 확인함으로써 병원성균 또는 독소의 존재를 확인한다.

다음 그림 12-9는 살모넬라 분석을 위한 샌드위치 ELISA법에 대한 설명이다.

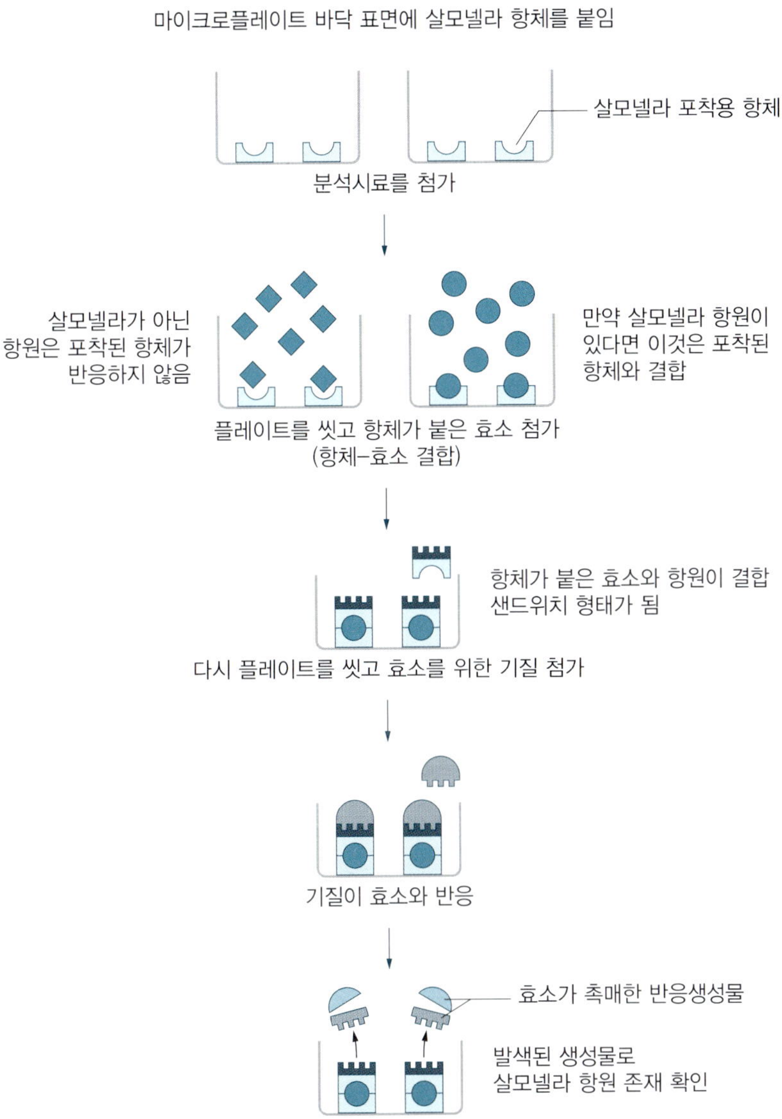

그림 12-9 식품 내 살모넬라 분석을 위한 샌드위치 ELISA법

⑤ **핵산(DNA) probe법**

검출하고자 하는 미생물이 가지고 있는 특징적인 DNA나 RNA 염기배열체를 준비하여 probe(탐침자, 원하는 것을 찾아내는 매개체 역할물질)를 이용하여 단일 가닥의 유전자와 접합hybrid을 형성하는 probe에 방사성 동위원소를 표지시킨

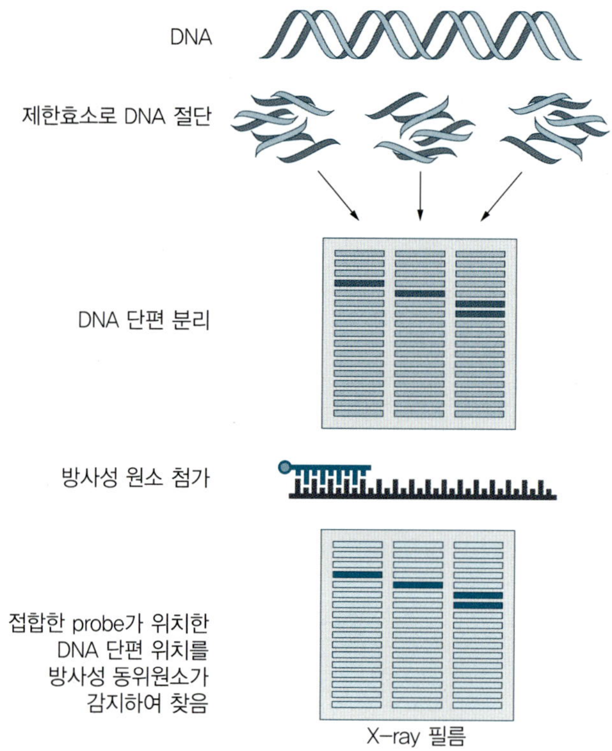

그림 12-10 DNA probe법의 원리

다. 미생물의 유전자 추출 후 제한효소로 처리하여 DNA probe와 반응시켰을 때 DNA 염기배열체와 접합hybridization이 일어남으로써 해당 미생물의 존재 유무를 확인할 수 있다. 접합이 되었는지는 32P와 같은 방사성물질을 부착하거나 생화학적 반응을 이용하여 확인할 수 있는데 오염되어 있는 특정 미생물의 수가 많이 요구된다.

REFERENCE

강영희. 생명과학대사전. 아카데미서적, 2011.

강옥주 외. 재미있는 식품미생물학. 수학사, 2011.

권요셉 외. 식품미생물학 실험실습 COOKBOOK. 여문각, 2017.

권훈정 외. 식품위생학. 교문사, 2011.

금종화 외. 알기 쉬운 식품위생학. 효일, 2011.

금종화 외. 최신 식품미생물학. 효일, 2010.

김진 외. 조리용어사전. 광문각, 2007.

노완섭 외. NEW 식품미생물학. 지구문화사, 2010.

민경찬 외. 필수 식품미생물학. 광문각, 2005.

박신인 외. 식품미생물학 실험서. 효일, 2021.

서울대학교 의생명연구원. 생물안전 등급별 연구시설, http://ibc.snuh.org/request/biosafe/_/singlecont/view.do

식품의약품안전처. 식품공전, 2021.

식품의약품안전처. 식품기준 및 규격 미생물 시험법 해설서, 2021.

신명숙 외. 농업미생물은행(KACC)의 곰팡이 보존. 한국균학회지, 2014.

신해헌 외. 알기 쉬운 식품미생물학 & 실험. 교문사, 2021.

유상렬 외. 식품미생물학. 수학사, 2007.

이영승 외. 찹쌀 첨가에 따른 전통발효주의 품질 특성. 한국식품영양과학회지, 2013

이종경 외. The effect of acid shock on sporulating *Bacillus subtilis* cells. *J Appl Microbiol*. 2003.

이진성 외. 식품미생물학. 바이오사이언스출판, 2013.

천종식. 고마운 미생물, 얄미운 미생물. 솔, 2005.

한국민족문화대백과사전편찬부. 한국민족문화대백과사전. 한국정신문화연구원, 1997.

한국식품과학회. 식품과학기술대사전. 광일문화사, 2008.

한영숙 외. 식품미생물학. 파워북, 2011.

허윤행 외. 식품미생물학. 지구문화사, 2012.

홍태희 외. 식품미생물학 및 실험. 지구문화사, 2011.

Arun K. Bhunia. *Foodborne Microbial Pathogens: Mechanisms and Pathogenesis*. Springer, 2008.

Berdell R. Funke. *Study Guide for Microbiology*. Benjamin/Cummings, 1992.

Bibek Ray. *Fundamental Food Microbiology*. CRC Press, 2001.

FDA. BAM Appendix 2: Most Probable Number from Serial Dilutions, 2020.

James M. Jay et al. *Modern Food Microbiology*. Springer, 2000.

John Garbutt. *Essentials of Food Microbiology*. ARNOLD, 1997.

Michael T. Madigan 외(오계헌 역). Brock의 미생물학 12판, 바이오사이언스(주), 2009.

Joanne Willey, Linda Sherwood, and Chris Woolverton. *Prescott, Harley, Klein's Microbiology*. McGraw-Hill International Edition, 2008.

USDA. Quantitative Analysis of Bacteria in Foods and Sanitary Indicators. Laboratory Guidebook, 2015.

INDEX

저자 소개

이종경
영국 노팅엄대학교 이학박사
현재 한양여자대학교 식품영양과 교수

윤기선
미국 로드아일랜드주립대학교 이학박사
현재 경희대학교 식품영양학과 교수

오세욱
고려대학교 이학박사
현재 국민대학교 식품영양학과 교수

이선영
미국 워싱턴주립대학교 이학박사
현재 중앙대학교 식품공학부 식품영양전공 교수

개정판
식품미생물학

2014년 3월 20일 초 판 발행
2021년 9월 6일 개 정 판 발행
2023년 9월 4일 개정2쇄 발행

지은이 | 이종경 · 윤기선 · 오세욱 · 이선영
발행인 | 유제구
발행처 | 파워북
주 소 | 경기도 고양시 일산동구 호수로 358-25
동문타워 2차 529호
전 화 | (02) 730-1412
팩 스 | (031) 908-1410
등 록 | 1997년 1월 31일 제2014-000067호

정 가 21,000원
ISBN 978-89-8160-460-8 (93590)